"十三五"普通高等教育本科部委级规划教材

# 印染质量控制与管理

王维明　主编

中国纺织出版社

## 内 容 提 要

本书以顾客及相关方满意的现代质量观为中心，较为详细地阐述质量和印染产品质量的内涵，简要介绍了产品质量管理理论及统计质量控制的常用方法，系统讲解了生产技术管理、生产现场管理、能源管理与节能减排、精细化管理、信息管理、产品开发与产权保护等相关知识在印染产品质量控制与管理中的重要作用。同时设置了设计性实验，可以提高学生对印染产品质量影响因素的控制能力及新产品工艺的设计能力。

本书可作为高等纺织院校（包括独立学院）轻化工程专业（纺织化学与染整工程方向）的教学用书，也可作为相关领域的工程技术人员、科研工作者的参考书。

## 图书在版编目（CIP）数据

印染质量控制与管理/王维明主编. -- 北京：中国纺织出版社，2019.8（2025.1重印）
"十三五"普通高等教育本科部委级规划教材
ISBN 978 - 7 - 5180 - 5871 - 6

Ⅰ. ①印… Ⅱ. ①王… Ⅲ. ①纺织品—染整—质量控制—高等学校—教材②纺织品—染整—质量管理—高等学校—教材 Ⅳ. ①TS190.6

中国版本图书馆 CIP 数据核字（2019）第 004877 号

---

策划编辑：朱利锋　　责任校对：寇晨晨
责任印制：何　建

中国纺织出版社出版发行
地址：北京市朝阳区百子湾东里 A407 号楼　邮政编码：100124
销售电话：010—87155894　传真：010—87155801
http://www.c-textilep.com
中国纺织出版社天猫旗舰店
官方微博 http://weibo.com/2119887771
北京虎彩文化传播有限公司印刷　各地新华书店经销
2019 年 8 月第 1 版　2025 年 1 月第 3 次印刷
开本：787×1092　1/16　印张：15
字数：303 千字　定价：58.00 元

---

# 前言

21 世纪是质量的世纪，21 世纪的质量是顾客及相关方满意的质量。产品的质量已不再局限于其满足顾客的程度，而是涉及政府、环境、企业股东、原材料供应商等相关方的利益。为此，提高产品质量、降低生产成本、改善生产效率已成为提升企业核心竞争力的必经之路。全面实施现代质量管理体系，采用先进的质量管理理念，是实现上述目标的有效途径。

随着国际市场竞争的加剧，质量已成为企业核心竞争力的基础，提升产品质量，将有利于企业赢得顾客的青睐、占领更大的市场。印染企业传统单一的以增加产量来提高经济效益的粗放型发展模式日益捉襟见肘，发展重心必须转向产品质量的提升。目前，一些印染企业的工程技术人员长期从事染整专业的技术工作，对染整工艺大多非常熟悉与精通，但由于在学校接受专业训练时对质量管理知识涉猎较少，有些人甚至完全不了解能源、信息等资源管理的基础知识，严重制约了他们在质量控制与管理方面的进步。

本着为印染企业培养一批兼具印染专业知识与产品质量管理知识的复合应用型人才，以及提升企业工程技术人员的产品质量控制与管理能力的理念，我们编写了《印染质量控制与管理》教材。本教材以实用性为原则，坚持理论联系实际，较为系统地叙述了质量与产品质量的涵义、质量控制与管理的统计学常用方法、印染产品常规质量影响因素及其控制方法，并较为详细地阐述了企业生产技术管理、生产现场管理、能源管理、信息管理、精细化管理及产品创新与产权保护的相关知识。同时，根据印染前处理、染色、印花和印染整理四个阶段的特征，设置了设计性实验，以提高学生对印染产品质量影响因素的控制能力及新产品工艺的设计能力。

本教材第一章、第二章、第四章、第六章、第七章、第八章、第九章由绍兴文理学院王维明编写，第三章由绍兴文理学院刘越教授编写，第五章由绍兴文理学院虞波副教授编写。

本书在编写过程中，参考、吸纳了许多学者的研究成果，在此表示衷心的感谢。由于编者水平有限，难免出现疏漏和不足之处，真诚地希望广大读者批评指正。

编　者

2019 年 4 月

# 课程设置指导

**课程名称**  印染质量控制与管理
**适用专业**  轻化工程（纺织化学与染整工程方向）
**总 学 时**  48（其中理论教学时数 32，实验教学时数 16）
**课程性质**  轻化工程类本科专业的选修课或必修课

## 课程目的

1. 熟悉印染产品质量含义与要求；
2. 熟悉主要工艺参数对印染产品常规质量的影响规律；
3. 掌握印染产品质量控制与管理的主要内容与基本方法。

## 课程教学的基本要求

教学环节包括课堂教学、实验教学、作业和考核。通过各教学环节，重点培养学生对理论知识的理解与应用能力。

1. 课堂教学。在讲授基本概念的基础上，采用启发、引导、案例分析与讨论的方式进行教学。

2. 实验教学。实验为设计型实验，采用教师为主导、学生为主体的方式进行教学，通过实验设计、操作、测试、分析与讨论等一系列过程，提高学生对理论知识的理解能力和实践应用能力。鉴于课时的限制，可根据实际情况对实验设计项目进行筛选，并将学生分成每组 3~6 人，多个小组配合完成一个设计项目。实验项目的方案设计、操作指导和结果讨论由其中一个小组负责，其他每个小组负责一个因素不同水平的实验。

3. 作业。每章给出若干思考题，尽量系统反映该章的知识点，布置适量书面作业。

4. 考核。综合采用习题、阶段性考核、设计项目实验和期末闭卷笔试进行考核。

## 教学环节学时分配表

| 章数 | 课程内容 | 理论学时 | 实验（实践）学时 |
|---|---|---|---|
| 第一章 | 质量与印染产品质量 | 4 | 0 |
| 第二章 | 产品质量管理理论 | 4 | 0 |
| 第三章 | 印染企业生产技术管理 | 6 | 0 |
| 第四章 | 企业生产现场管理 | 4 | 0 |
| 第五章 | 能源管理与节能减排 | 4 | 0 |
| 第六章 | 企业精细化管理 | 3 | 0 |
| 第七章 | 企业信息管理 | 3 | 0 |
| 第八章 | 产品开发与产权保护 | 4 | 0 |
| 第九章 | 实验设计项目 | 0 | 16 |
| 共计 | | 32 | 16 |

# 目录

第一章 质量与印染产品质量 ……………………………………………………… 1

第一节 质量的概念 ………………………………………………………………… 1

一、质量的基本概念 ……………………………………………………… 1

二、质量内涵的发展 ……………………………………………………… 2

第二节 产品质量与产品质量标准 ……………………………………………… 5

一、产品质量的含义 ……………………………………………………… 5

二、产品质量的形成过程 ………………………………………………… 6

三、产品质量标准 ………………………………………………………… 7

第三节 印染产品质量 …………………………………………………………… 10

一、常规质量特性 ………………………………………………………… 10

二、纺织品生态质量 ……………………………………………………… 13

复习指导 …………………………………………………………………………… 14

思考题 ……………………………………………………………………………… 14

第二章 产品质量管理理论 ……………………………………………………… 15

第一节 质量管理的演变历程 …………………………………………………… 15

一、工业时代以前的质量管理 …………………………………………… 15

二、工业时代的质量管理 ………………………………………………… 16

三、21世纪的质量管理 …………………………………………………… 18

第二节 质量管理理论与模式 …………………………………………………… 20

一、质量管理理论 ………………………………………………………… 20

二、质量管理模式 ………………………………………………………… 32

第三节 质量认证与管理 ………………………………………………………… 35

一、质量认证的概念 ……………………………………………………… 35

二、质量认证的类型 …………………………………………………… 36

三、生态质量认证 ……………………………………………………… 38

## 第四节 统计质量控制的常用方法 ……………………………………… 40

一、统计质量控制的定性方法 ………………………………………… 40

二、统计质量控制的定量方法 ………………………………………… 44

三、统计质量控制的其他工具 ………………………………………… 48

## 第五节 质量控制与管理的意义 ………………………………………… 49

一、产品质量与人们生活息息相关 …………………………………… 49

二、产品质量和市场竞争息息相关 …………………………………… 50

三、产品质量与经济效益息息相关 …………………………………… 50

## 复习指导 …………………………………………………………………… 51

## 思考题 ……………………………………………………………………… 51

# 第三章 印染企业生产技术管理 ………………………………………… 53

## 第一节 印染企业生产管理概述 ………………………………………… 53

一、印染企业生产管理的特点和目的 ………………………………… 53

二、印染企业生产管理的原则 ………………………………………… 55

## 第二节 印染企业生产过程管理 ………………………………………… 56

一、印染企业生产作业计划 …………………………………………… 56

二、生产过程管理 ……………………………………………………… 60

## 第三节 印染企业生产技术控制与管理 ………………………………… 63

一、前处理产品质量影响因素及其控制 ……………………………… 63

二、染色产品质量影响因素及其控制 ………………………………… 66

三、印花产品质量影响因素及其控制 ………………………………… 70

四、整理产品质量影响因素及其控制 ………………………………… 77

## 复习指导 …………………………………………………………………… 79

## 思考题 ……………………………………………………………………… 79

## 第四章　企业生产现场管理 ························· **80**

### 第一节　生产现场管理概述 ······················· 80

一、生产现场的概念 ····························· 80

二、生产现场管理的概念 ······················· 80

三、生产现场管理的任务和内容 ················· 81

四、生产现场管理的特点 ······················· 82

五、生产现场管理的基本原则 ··················· 83

### 第二节　生产现场管理的常用方法 ··············· 84

一、5S 管理 ··································· 84

二、目视管理 ································· 88

三、防错法 ··································· 91

### 第三节　印染企业生产现场管理 ················· 92

一、印染企业生产车间布局 ····················· 92

二、印染企业生产现场环境管理 ················· 94

三、印染企业设备管理 ························· 95

四、生产现场安全管理 ························· 95

五、生产现场管理其他制度 ····················· 96

**复习指导** ········································ 98

**思考题** ········································ 98

## 第五章　能源管理与节能减排 ····················· **100**

### 第一节　能源管理概述 ························· 100

一、能源概述 ································· 100

二、能源管理概述 ····························· 101

三、能源与能源管理的相关术语 ················· 103

四、能源管理的基础工作 ······················· 105

### 第二节　印染产品能耗计量与计算 ··············· 112

一、纺织品分类 ······························· 112

二、印染产品计量单位 ························· 113

三、印染产品标准品计算 ·············································· 114

四、印染产品能耗计算 ·············································· 115

**第三节 印染企业能源管理任务与现状** ·············· 116

一、印染企业用能与节能指标 ···································· 116

二、印染企业能源管理现状 ········································ 117

**第四节 印染企业节能减排措施** ·························· 119

一、节能减排技术 ···················································· 119

二、生产设备改造升级 ·············································· 122

三、能源的节约与回用 ·············································· 122

**复习指导** ································································ 124

**思考题** ···································································· 124

**第六章 企业精细化管理** ········································ **126**

**第一节 精细化管理概述** ·········································· 126

一、精细化管理的概念 ·············································· 126

二、精细化管理的宗旨 ·············································· 127

三、精细化管理的特征 ·············································· 127

四、精细化管理的内容 ·············································· 129

五、精细化管理的方法 ·············································· 129

六、企业精细化管理的意义 ········································ 131

**第二节 精细化管理的实施** ······································ 132

一、精细化管理实施的基本条件 ································ 132

二、精细化管理的实施过程 ········································ 133

三、加强精细化管理的基本途径 ································ 136

四、中国企业实施精细化管理存在的问题与对策 ········ 137

**第三节 印染企业精细化管理** ·································· 139

一、印染企业精细化管理的主要内容 ························ 139

二、印染企业生产过程精细化管理分析 ···················· 139

三、印染企业实施精细化管理的关键因素 ················ 143

复习指导 ·········································· 145

思考题 ·········································· 146

## 第七章 企业信息管理 ·········································· **147**

### 第一节 信息与信息管理概述 ·········································· 147

一、信息的概念 ·········································· 147

二、信息管理概述 ·········································· 150

### 第二节 信息管理的基本方法 ·········································· 155

一、逻辑顺序法 ·········································· 155

二、物理过程法 ·········································· 157

三、企业系统规划法 ·········································· 161

四、战略目标转化法 ·········································· 162

五、战略数据规划法 ·········································· 163

六、信息系统法 ·········································· 163

### 第三节 信息管理系统 ·········································· 166

一、信息管理系统概述 ·········································· 166

二、常用管理信息系统简介 ·········································· 168

### 第四节 印染企业信息化建设 ·········································· 175

一、印染企业信息化建设的意义 ·········································· 176

二、印染企业信息化建设存在的主要问题 ·········································· 177

三、印染企业信息化的主要内容 ·········································· 178

四、印染企业信息化建设顺利推进的关键 ·········································· 181

复习指导 ·········································· 182

思考题 ·········································· 182

## 第八章 产品开发与产权保护 ·········································· **184**

### 第一节 产品开发概述 ·········································· 184

一、产品与新产品 ·········································· 184

二、产品开发 ·········································· 185

**第二节 新产品开发管理** ···································· 191

一、研发管理概述 ·································· 191

二、产品开发管理模式 ······························ 197

三、新产品开发质量管理 ···························· 200

**第三节 知识产权与产权保护** ···························· 202

一、知识产权概述 ································ 203

二、新产品开发与知识产权保护 ························ 206

**复习指导** ········································ 210

**思考题** ········································· 211

**第九章 实验设计项目** ································ **212**

**实验一 棉织物退煮漂一浴法前处理** ···················· 212

一、实验目的 ·································· 212

二、实验原理 ·································· 212

三、实验材料 ·································· 212

四、实验内容与要求建议 ···························· 213

五、测试指标 ·································· 213

六、思考题 ··································· 213

**实验二 中空聚酯与棉纤维混纺织物前处理** ·················· 213

一、实验目的 ·································· 213

二、实验原理 ·································· 213

三、实验材料 ·································· 214

四、实验内容与要求建议 ···························· 214

五、测试指标 ·································· 214

六、思考题 ··································· 215

**实验三 棉织物活性染料染色** ·························· 215

一、实验目的 ·································· 215

二、实验原理 ·································· 215

三、实验材料 ·································· 215

四、实验内容与要求建议 ……………………………………………………… 215
五、测试指标 …………………………………………………………………… 216
六、思考题 ……………………………………………………………………… 216

**实验四 腈纶纱线阳离子染料染色** …………………………………………… 216
一、实验目的 …………………………………………………………………… 216
二、实验原理 …………………………………………………………………… 216
三、实验材料 …………………………………………………………………… 216
四、实验内容与要求建议 ……………………………………………………… 217
五、测试指标 …………………………………………………………………… 217
六、思考题 ……………………………………………………………………… 217

**实验五 烂花印花工艺** ………………………………………………………… 217
一、实验目的 …………………………………………………………………… 217
二、实验原理 …………………………………………………………………… 217
三、实验材料 …………………………………………………………………… 218
四、实验内容与要求建议 ……………………………………………………… 218
五、测试指标 …………………………………………………………………… 218
六、思考题 ……………………………………………………………………… 218

**实验六 涤棉混纺织物分散/活性染料同浆直接印花** ………………………… 218
一、实验目的 …………………………………………………………………… 218
二、实验原理 …………………………………………………………………… 219
三、实验材料 …………………………………………………………………… 219
四、实验工艺 …………………………………………………………………… 219
五、测试指标 …………………………………………………………………… 219
六、思考题 ……………………………………………………………………… 219

**实验七 棉织物无甲醛防皱整理** ……………………………………………… 220
一、实验目的 …………………………………………………………………… 220
二、实验原理 …………………………………………………………………… 220
三、实验材料 …………………………………………………………………… 220
四、实验工艺 …………………………………………………………………… 220
五、测试指标 …………………………………………………………………… 221
六、思考题 ……………………………………………………………………… 221

**实验八 棉织物"三防"整理及性能测试** ·················· 221

一、实验目的 ················· 221
二、实验原理 ················· 221
三、实验材料 ················· 221
四、实验工艺 ················· 222
五、测试指标 ················· 222
六、思考题 ················· 222

**参考文献** ················· 223

**附录1 常用能源与能耗工质折标煤参考系数** ·················· 225
**附录2 常用单位换算表** ·················· 226
**附录3 机织物折合标准品修正系数** ·················· 227

# 第一章　质量与印染产品质量

## 第一节　质量的概念

质量是人们在活动实践中对所发现的有关规律的理论概括和总结，反映了实体满足明确和隐含需要能力的特性总和。

### 一、质量的基本概念

#### （一）质量的定义

质量是一个随着时代变化而不断变化的概念，人们对质量的认识也因关注点不同而有所不同。随着 ISO 9000 标准在企业的广泛应用，ISO 9000 关于质量的定义逐渐为越来越多的人所接受。ISO 9000：2000 在总结了质量不同概念的基础上，将质量概括为"质量是一组固有特性满足要求的程度"。这一定义可以从以下几个方面来理解。

（1）质量以产品、体系或过程为载体。"固有"是指在某事或某物中本来就有的，尤其是那种永久的特性。"特性"是指可区分的特征，它可以是固有的或赋予的、定性的或定量的。特性有物理的、感官的、行为的、时间的、人体功效的等多种类型。

（2）"要求"是指明示的、通常隐含的或必须履行的需求或期望。"通常隐含的"是指组织、顾客和其他相关方的惯例或一般做法，所考虑的需求或期望是不言而喻的。"特定要求"可使用修饰词表示，如产品要求、质量管理要求、顾客要求等；"规定要求"是经明示的要求，需在文件中予以阐明。要求可由不同的相关方提出。

（3）质量是名词。"质量"本身并不反映一组固有特性满足顾客和其他相关方要求的能力的程度。所以，产品、体系或过程质量的差异要用形容词加以修饰，如质量好、质量差和质量高等。

（4）顾客和其他相关方对产品、体系或过程的质量要求是动态的、发展的和相对的，它随着时间、地点、环境的变化而变化。所以，应定期对质量进行评审，按照变化的需要和期望，相应地改进产品、体系或过程的质量。

#### （二）质量的含义

"质量"具有狭义和广义两方面的含义，狭义的质量就是指产品的质量；广义的质量，既包括产品质量，又包括生产过程、生产活动在内的工作的优劣程度。狭义质量概念与广义质量概念的比较如表 1 – 1 所示。

表 1 – 1　狭义质量概念与广义质量概念比较

| 项目 | 狭义质量概念 | 广义质量概念 |
|---|---|---|
| 产品 | 有形制成品（硬件） | 硬件、服务、软件和流程性材料 |
| 产业 | 制造业 | 制造、服务、政府等各行各业，营利或非营利组织 |
| 过程 | 直接与产品制造有关的过程 | 所有的过程：制造等核心过程、销售等支持过程 |
| 质量被看作是 | 技术问题 | 经营问题 |
| 顾客 | 购买产品的顾客 | 内部和外部的所有有关人员 |
| 如何认识质量 | 基于职能部门的文化 | 基于普遍适用的"朱兰三部曲"原理 |
| 质量目标体现 | 工厂的各项指标 | 公司经营的计划承诺和社会责任等 |
| 劣质成本 | 与不合格的制造品有关 | 无缺陷使成本综合最低 |
| 质量的主要评价 | 符合规范、程序和标准 | 满足顾客及相关方的要求，体现各方价值 |
| 改进是用于提高 | 部门业绩 | 公司业绩 |
| 质量管理培训 | 集中在质量部门 | 全公司范围 |
| 负责协助质量工作 | 中层质量管理人员 | 高层管理者组成的质量委员会 |

## 二、质量内涵的发展

### （一）质量内涵的演变历程

原始时代的生产者即消费者，以生产出自己所需要的产品为目的。自从出现了社会分工，生产者与消费者分离，生产者需要掌握消费者的需求，并以此进行产品生产，此时质量意识已经萌生。但直到工业革命以前，产品一直依靠手工方式来生产，产品的质量依靠技术和技巧熟练的工匠来保证，此时没有人对"质量"进行深入的理论探讨。工业革命和大生产方式出现以后，随着科学技术和市场需求的不断发展，一些专家相继提出了质量的定义，质量的内涵也不断得到拓展、深化和完善。质量内涵的发展，大致经历了"符合性质量""适用性质量""顾客及相关方满意质量"的三个历程。

#### 1. 符合性质量

克劳士比在 1979 年对质量的定义有一个经典而严格的叙述，即"质量是符合要求"。在这个定义中，产品或服务的质量等价于全部可测量的满足标准的特性参数，也就是说，符合性质量的判断依据是标准和特性参数。此时，质量的问题也就转化成了是否有不符合要求的问题，质量变得清晰可见。由此可见，符合标准的产品或服务就是合格的。20 世纪 80 年代之前人们对质量的理解大都是这种"符合性质量"。

"符合性质量"是一种静态性质量观，难以全面反映顾客的要求，特别是隐含的需求和期望。而且符合性质量受标准是否先进的限制，如果标准不先进，即使是百分之百的符合标准，也不能认为是质量好的产品。为此，质量的概念在满足符合性的基础上又产生了

"适用性"的概念。

### 2. 适用性质量

1988年，朱兰在其出版的《质量控制手册》（第4版）中对质量定义的多种含义进行了探讨，将"实用性"定义为"产品在使用时能成功地满足顾客要求的程度"，强调了"满足顾客需要"在质量概念中的决定性作用。同年，戴明在质量概念中着重指出，必须用顾客满意的术语来定义质量，把"质量"与"过程""经营""顾客满意支付的价格"联系起来，从而扩展了质量的内涵。适用性质量关注的对象是顾客，判断依据是顾客在生理、心理和伦理等方面的要求。适用性的内涵不断被拓展和丰富，如日本质量管理专家狩野纪昭依据顾客的要求和感受，提出了基本型、期望型和魅力型的适用性质量。

### 3. 顾客及相关方满意质量

事实上，企业的生存和发展除了满足顾客以外，也离不开股东、政府、员工、供应方、社会、环境等各种利益相关者的投入和参与，这些利益相关者的参与情况对企业的经营成败有着重要影响。而企业心无旁骛地只关注顾客的需求，逐渐给供需双方之外的其他相关方带来了越来越严重的负面影响。所以，利益相关者的需求和期望成了企业无法回避的现实，企业应该追求所有利益相关者的整体利益，此时，"相关方满意的质量"便应运而生。

ISO 9000：2000标准将质量定义为"一组固有特性满足要求的程度"，其中的"要求"可由不同的相关方提出，相关方除了顾客外，还应包括企业的股东、债权人、雇员、供应方等交易伙伴、政府部门、社区、自然环境等。新的质量定义体现了对所有相关方利益的重视，质量的评价对象从产品扩展到过程、体现等所有方面。

## （二）质量内涵演变的背景

质量内涵的形成及演变是与其环境密切相关的，反映到质量的环境不外乎有两个方面：一个是市场需求结构的变化；另一个是科技革命及生产方式的进步。市场需求结构的变化和科技革命及生产方式的进步始终是质量理论发展的两个基本动力。

### 1. 市场需求结构的演变

在物资匮乏的年代，人们对质量的要求只是满足一般的基本需求。第二次世界大战后相当长的一段时间里，企业生产出什么产品，顾客就购买什么产品，市场基本由卖方主宰，顾客没有选择的余地。这时候，企业考虑的是如何尽可能扩大生产规模，质量活动集中在降低故障出现率上，以产品为关注点的"符合性质量"精辟地概括了这个时代人们对质量的认识。

随着社会的进步，一方面，人们平均拥有的财富增加了；另一方面，商品市场的供给越来越充沛，买方市场逐渐形成。此时顾客有了购买力，又有了极大的选择空间，需求量和期望值被迅速提高。同时，由于信息技术的快速发展，顾客获取信息的渠道也变得前所未有的多样化，过去那种顾客对市场知之甚少的情况已经一去不复返。此时，顾客不再满足于规模需求市场时厂商提供的标准化产品和服务，而企业要想在市场竞争中生存和发展，关注顾客的需求和期望成为必然的选择。"适用性质量"成为市场供需双方多次博弈后达成的暂时平衡中的认识。

20世纪90年代以后，特别是21世纪，追求卓越已成为市场上普遍的共识。在全球经济日新月异、市场竞争千变万化、创新事物层出不穷的今天，顾客对质量的感知远远超出其期望。企业要想在竞争中获胜，必须使顾客感到惊喜，为顾客提供卓越的、富有魅力的质量，从而真正体现顾客的价值。

**2. 科技革命及生产方式的进步**

如果说市场需求结构的演化为质量内涵的演变创造了必然性的话，那么，18世纪末以来的科技革命及生产方式的进步则为质量内涵的发展提供了经济和技术的可行性。

18世纪末期，以蒸汽机发明为主要标志的第一次科技革命极大地推动了纺织业、交通运输业、钢铁工业和机械工业的发展，使人类从手工工具时代跃升到机器时代，促使社会生产发生了革命性的变革，生产力飞速发展，从此，企业逐渐变得专门化，大生产方式开始出现。由于这个时期仍处于短缺经济时代，因此，顾客没有质量的话语权，企业完全主宰着市场，只要符合标准，就是高质量。

19世纪末20世纪初，以发电机与电动机的发明和使用为主要标志的第二次科技革命，极大地推动了化工技术、钢铁技术、内燃机技术等其他技术的发展，把人类文明推进到了一个新阶段，也带动了资本主义国家经济的大发展，使企业进入大规模生产阶段。随着企业规模的不断扩大，生产的产品也日益丰富，供大于求的局面逐渐出现，销售者与消费者的天平开始向消费者这一端倾斜，消费者在市场上有了话语权。此时，企业不得不开始关注顾客的需求，质的内涵进一步扩大。

大规模生产方式在20世纪60年代开始衰退，70年代衰退速度进一步加快，到了80年代，在大规模生产方式和精益生产方式的基础上，大规模订制生产方式开始出现。这种生产方式的出现得益于20世纪40年代末50年代初发生的以原子能、电子计算机和空间技术的发展为主要标志的新技术革命。大规模订制生产，要求企业根据消费需求生产出多品种的个性化产品，进而要求生产流程必须具有相当的敏捷性。随着技术的发展，一大批新技术被应用到生产流程中，如计算机辅助设计与制造（CAD/CAM）、计算机集成制造（CIM）等。这些技术的应用，降低了生产流程的刚性，使生产线的快速组合成为可能，大规模订制生产才具备了技术基础。

随着生产方式从规模生产向规模订制生产的转变，在个性化需求日益增长的背景下，不少学者提出了主观质量的概念，认为"符合性质量"是一种客观的质量，而顾客满意是以消费者为中心的主观质量。

综上所述，质量这一客观事物是受多种因素影响的复杂系统，市场需求结构的演化和科技革命及生产方式的进步是两个最主要的驱动力，质量的内涵也随之不断地延伸和扩展。

# 第二节 产品质量与产品质量标准

## 一、产品质量的含义

"产品质量"是指能反映出满足顾客明确需要和隐含需要的一种能力，不论顾客的需要是明确的还是隐含的，均可以把这种需要转化成各种各样的质量特性。产品质量就是靠自身的质量特性来满足社会和人们各种各样的、明确的和隐含的需要。产品质量是否物美价廉、能否满足人们的需要及其适用的程度，应当成为衡量产品质量好坏的主要标志。因此，从商品的角度来看，产品质量就是产品的使用价值。

### （一）产品质量的特性

产品质量的含义很广泛，它可以是技术的、经济的、社会的、心理的和生理的。一般来说，常把产品使用目的的各种技术经济参数作为质量特性。工业产品的质量特性大体可以分为以下几个方面。

（1）物质方面。物理性能、化学成分等。

（2）操作运行方面。操作是否方便，运转是否可靠、安全等。

（3）结构方面。结构是否轻便，是否便于加工、维护保养和修理等。

（4）时间方面。耐用性（使用寿命）、精度保持性、可靠性等。

（5）经济方面。效率、制造成本、使用费用等。

（6）外观方面。外观是否美观大方、包装质量等。

（7）心理、生理方面。织物的舒适程度、机器开动后的声响等。

### （二）产品质量特性的另一种分类

上述工业产品的质量特性，又可概括为以下7个方面。

（1）性能。产品具有的性质和功能。如纺织品的卫生防臭功能、防紫外线功能。

（2）实用性。产品合用的程度。

（3）可信性。常用产品的可用性、可靠性、维修性和维修保障性来表示。这些性能都同时间因素有关，如可靠性是指产品在规定时间内、规定使用条件下完成规定工作任务而不发生故障的概率。一般来说，它指的是产品精度的稳定性、性能的持久性、零件的耐用性等。由此可见，可信性是产品在使用过程中逐渐表现出来的一种质量特性。

（4）安全性。产品在使用过程中保证将人身伤害或损坏的风险限制在可接受水平的状态。

（5）环境要求。产品在使用过程中是否产生公害、污染环境、影响人的身心健康等。

（6）经济性。产品的寿命周期成本。具体是指产品结构、重量、用料、成本以及使用产品时的劳力、燃料等能源消耗，一般用于衡量产品的经济效果。

（7）美学要求。即讲究产品的结构设计合理、制造工艺先进以及外观造型艺术性三者的统一，产品尽量能体现功能美、工艺美、色彩美、形体美、和谐美、舒适美等要求。

这些质量特性，区分了产品的不同用途，满足了人们不同需要。工业产品的这些特性满足社会和人们需要的程度常被人们用于衡量工业产品质量的优劣。

工业产品的质量特性有一些是可以直接定量的，如织物的强度、化学成分、色牢度、耐久性等，反映的是工业产品的真正质量特性。但是，在大多数情况下，质量特性是难以定量的，如舒适、美观、大方等，这就要对产品进行综合的和个别的试验研究，确定某些技术参数，以间接反映产品的质量特性，国外称之为代用质量特性。不论是直接定量的还是间接定量的质量特性，都应准确地反映社会用户对产品质量特性的客观要求，把反映工业产品主要质量特性的技术经济参数明确规定下来，形成技术文件，这就是工业产品质量标准（或称技术标准）。

## 二、产品质量的形成过程

### （一）质量螺旋

产品质量有一个产生、形成、实现、使用和衰亡的过程。质量专家朱兰称质量形成过程为"质量螺旋"（图1-1）。质量螺旋曲线所描述的产品质量形成过程，包括市场研究、开发研制、设计、制订产品规格、制定工艺、采购、仪器仪表及设备装置、生产、工序控制、检验、测试、销售和服务。质量螺旋中各环节一环扣一环，且环节的排序是有逻辑顺序的，各环节之间相互依存、相互制约、相互促进、周而复始。每经过一次循环，就意味着产品质量水平的一次提升，循环不间断，产品质量就不断提高。

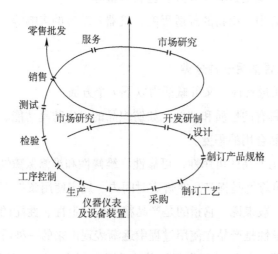

图1-1 质量螺旋曲线

### （二）质量环

"质量环"（图1-2）是由瑞典质量专家桑德霍姆（L. Sandholm）首先提出的，这个循环由市场调研、产品开发、采购、工艺、生产、检验、销售和服务八个职能组成。此外，企业外部还有供应单位和用户两个环节。

"质量环"共包括11个阶段或活动。必须指出，由于各企业特点、生产性质和产品类型的不同，"质量环"包括的阶段或活动是有差异的。但是，"质量环"各个阶段的活动并不是孤立的，而是相互联系、相互依存和相互促进的。因此，应当重视"质量环"各个阶段质量活动的组织与协调，这样才能达到质量管理全过程的有效性。

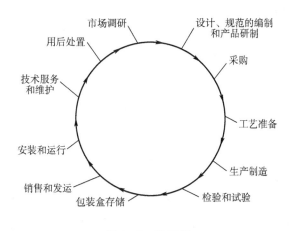

图1-2 质量环

## 三、产品质量标准

### （一）概念

"标准"是指衡量某一事物或某项工作应该达到的水平、尺度和必须遵守的规定，而规定产品质量特性应达到的技术要求，称为"产品质量标准"。对企业来说，为了使生产经营能够有条不紊地进行，则从原材料进厂，一直到产品销售等各个环节，都必须有相应标准作保证。所以，产品质量标准是产品生产、检验和评定质量的技术依据。

完整的产品质量标准应包括技术标准和管理标准两个方面。

**1. 技术标准**

技术标准是对技术活动中需要统一协调的事物制定的技术准则。根据内容不同，技术标准又可分为基础标准、产品标准和方法标准三个方面的内容。

（1）基础标准。标准化工作的基础，制定产品标准和其他标准的依据。常用的基础标准主要有通用科学技术语言标准、精度与互换性标准、结构要素标准、实现产品系列化和保证配套关系的标准、材料方面的标准等。

（2）产品标准。对产品质量和规格等方面所作的统一规定，是衡量产品质量的依据。

产品标准的内容一般包括产品的类型、品种和结构形式；产品的主要技术性能指标；产品的包装、储运、保管规则；产品的操作说明等。

（3）方法标准。以提高工作效率和保证工作质量为目的，对生产经营活动中的主要工作程序、操作规则和方法所作的统一规定。方法标准主要包括检查和评定产品质量的方法标准、统一的作业程序标准、各种业务工作程序标准或要求等。

**2. 管理标准**

管理标准是指为了达到质量的目标，对企业中重复出现的管理工作所规定的行动准则，是企业组织和管理生产经营活动的依据和手段。管理标准一般包括以下内容。

（1）生产经营工作标准。对生产经营活动中具体工作的工作程序、办事守则、职责范围、控制方法等的具体规定。

（2）管理业务标准。对企业各管理部门的各种管理业务工作要求的具体规定。

（3）技术管理标准。为有效地进行技术管理活动、推动企业技术进步而制订的必须遵守的准则。

（4）经济管理标准。对企业的各种经济管理活动进行协调处理所制订的各种工作准则或要求。

**（二）产品质量标准的级别**

按照标准制定、发布机构的级别以及标准适用的范围，标准可分为国际标准、区域标准、国家标准、行业标准、地方标准和企业标准等不同级别。我国《标准化法》规定：我国标准分为国家标准、行业标准、地方标准和企业标准等。

**1. 国际标准**

国际标准是由众多具有共同利益的独立主权国参加组成的世界性标准化组织，通过有组织的合作和协商而制定、发布的标准。国际标准包括国际标准化组织（ISO）和国际电工委员会（IEC）制定发布的标准，国际化标准组织为促进关税及贸易总协定（GATT）《关于贸易中技术壁垒的协定草案》，及标准守则的贯彻实施所出版的《国际标准题内关键词索引》（KWIC Index）中收录的 27 个国际组织制定、发布的标准。

其中 ISO 是目前世界上最大的和最具权威的标准化组织，它成立于 1947 年 2 月，到 2002 年它已有 117 个成员。国际标准化组织的主要任务是制定国际标准，协调世界范围内的标准化工作，组织各成员国和技术委员会进行信息交流。ISO 的工作领域很广泛，除电工、电子以外还涉及其他所有学科，ISO 的技术工作由各技术组织承担，按专业性质设立技术委员会（TC），各技术委员会又可以根据需要设立若干技术委员会（SC），TC 和 SC 的成员分参加委员（P 成员）和观察委员（O 成员）两种。在 ISO 下设的 167 个技术委员会中，明确活动范围属于纺织服装行业的有 3 个。

**2. 区域标准**

区域标准泛指世界某一区域标准化团体所通过的标准。历史上，一些国家由于其独特的地理位置，或是民族、政治、经济等因素而联系在一起，形成国家集团，组成了区域性标准化组织，以协调国家集团内的标准化工作。如欧洲标准化组织（CEN）、欧洲电工标准化委员会（CENEL）、太平洋区域标准大会（PASC）、泛美标准化委员会（COPANT）、经济互助委员会标准化常设委员会（CMEA）、亚洲标准化咨询委员会（ASAC）、非洲标准化组织（ARSO）等，区域标准的一部分也被收录为国际标准。

### 3. 国家标准

国家标准是由合法的国家标准化组织，经过法定程序制定、发布的标准，在该国范围内适用。就世界范围来看，英国、法国、德国、日本、苏联、美国等国家的工业化发展较早，标准化历史较长，这些国家的标准化组织（如英国 BS、法国 NF、德国 DIN、日本 JIS、苏联 TOCI、美国 ANSI 等）制定发布的标准较为先进。1988 年，我国将国际标准化组织（ISO）在 1987 年发布的《质量管理和质量保证标准》等国际标准仿效采用为我国国家标准，编号为 GB/T 10300 系列。我国国家标准在编写格式、技术内容上与国际标准有较大的差别。

从 1993 年 1 月 1 日起，我国实施等同采用 ISO 9000 系列标准，编号为：GB/T 19000—ISO 9000 系列，技术内容和编写方法与 ISO 9000 系列相同，使产品质量标准与国际同轨，以利于适应"复关"形势。目前，我国的国家标准是采用等同于现行的 ISO 9000—2000 标准，编号为 GB/T 19000—2000 系列。

### 4. 行业标准

根据《中华人民共和国标准化法》的规定：由我国各主管部、委（局）批准发布，在全国某个行业范围内统一使用的标准，称为行业标准。行业标准又称为部颁标准，由国务院有关行政主管部门制定并报国务院标准行政主管部门备案，当同一内容的国家标准公布之后，该内容的行业标准即行废止。

当某些产品没有国家标准而又需要在全国某个行业范围内统一的技术要求时，则可以制定行业标准。行业标准由行业标准归口部门统一管理，行业标准的归口部门及其所管理的行业标准范围，由国务院有关行政主管部门提出申请报告，国务院标准化行政主管部门审查确定，并公布该行业的行业标准代号。行业标准分为强制性标准和推荐性标准，推荐性行业标准的代号是在强制性行业标准代号后面加"/T"，如纺织的强制性标准代号为 FZ，纺织的推荐性行业标准代号为 FZ/T。

### 5. 地方标准

地方标准是由地方标准化组织制定、发布的标准，它在该地方范围内适用。我国地方标准是指在某个省、自治区、直辖市范围内需要统一的标准，制定地方标准的对象应具备以下三个条件。

（1）没有相应的国家或行业标准。

（2）需要在省、自治区、直辖市范围内统一的事或物。

（3）工业产品的安全卫生要求。

### 6. 企业标准

企业标准主要是指企业生产的产品没有国家标准和行业标准时，为组织生产提供依据而制订的标准。企业的产品标准须报当地政府标准化行政主管部门和有关行政主管部门备案。已有国家标准或者行业标准的，国家鼓励企业制定严于国家标准或者行业标准的企业标准，企业标准只能在企业内部适用。

# 第三节　印染产品质量

印染是指对纺织材料（包括纤维、纱线、织物和成衣）进行以化学处理为主的工艺过程，包括前处理、染色或印花、后整理、洗水等一系列工艺。印染加工对纺织品的质量具有重要的影响作用。一般而言，印染产品的质量检测主要包括纺织品常规质量特性和生态质量特性，前者主要包括力学性能、尺寸稳定性、色牢度、功能性质量及其持久性等。

## 一、常规质量特性

### （一）力学性能

织物的力学性能通常是指织物在外力作用下引起的应力与变形间的关系，主要包括强度、伸长、弹性及耐磨性等方面的性能。

#### 1. 强度性能

根据受力方式不同，纺织品的强度性能可分别采用拉伸断裂强度、撕裂强度和顶破强度三个指标来表征。

（1）拉伸断裂强度。织物在使用过程中，受到较大的拉伸作用力时，会产生断裂。通常，将织物发生断裂破坏时所受的拉伸力称为拉伸断裂强力（或拉伸断裂强度），在拉伸断裂时所产生的变形与原长的百分比称为拉伸断裂伸长率。织物拉伸断裂性能的影响因素主要有纤维的性质、纱线的结构、织物的组织以及染整后加工条件等。

织物拉伸性能可用断裂强力、断裂伸长、断裂长度、断裂伸长率、断裂功等指标来表示。国际上通常用经向和纬向断裂功之和作为织物的坚韧性指标。

（2）撕裂强度。在服装穿着过程中，织物上的纱线会被异物钩住而发生断裂，或是织物局部被夹持受拉而被撕成两半，织物的这种损坏现象称为撕裂或撕破。目前，我国在经树脂整理的棉型织物和其他化纤织物测试中，有评定织物撕裂强度的项目。织物撕裂强度的影响因素与拉伸性能相比，不同的是撕裂性能还与纱线在织物中的交织阻力有关，因而表现出平纹组织织物的撕裂强度最小，方平组织织物最大，缎纹和斜纹组织处于两者之间。织物的撕裂性能在一定程度上能反映出织物的活络、板结等风格特性。

国家标准中规定织物撕裂强度的测试方法有单缝法、梯形法、落锤法三种，这三种方法分别适合于测试经染整加工处理的织物、各种机织物及轻薄非织造织物。针织物一般不作撕裂性能测试。

（3）顶破强度。织物局部在垂直于织物平面的负荷作用下受到的破坏称为顶裂或顶破。顶破与服用织物的拱肘、拱膝相关，也与手套及裤子的受力情况相似。顶破试验可提供织物多向强伸特征的信息，特别适用于针织物、三向织物、非织造布及降落伞用布等。

国家标准中规定，顶裂试验采用弹子式或气压式顶裂试验机进行，评价指标为顶破强度和顶破伸长。

### 2. 抗皱性与弹性

抗皱性是指织物抵抗弯曲变形的能力，也称为折痕回复性，通常采用经、纬向折皱回复角之和来表征。弹性是指织物变形后的恢复能力，弹性的评价指标为弹性恢复率。抗皱性与弹性同归于织物的弯曲性能。织物并非完全弹性体，织物在外力作用下会产生可变的弹性变形和不可变的塑性变形。当外力去除后织物能立即恢复原状或经过一段时间逐渐恢复原状的性能称为可变弹性变形，包括急弹性变形和缓弹性变形；当外力去除后织物不能恢复原状的性能称为不可变塑性变形。抗皱性和弹性的主要影响因素有纤维性质、纱线结构、织物组织结构及染整后加工条件等。

### 3. 耐磨性

织物在穿着和使用过程中会受到各种磨损而引起织物损坏，将织物抵抗磨损的特性称为耐磨性。磨损是服装织物损坏的主要原因之一，其影响因素仍是纤维的性质、纱线的结构、织物组织结构及染整后加工特性。

织物的磨损分平磨、曲磨和折边磨等。衣服的袖口与裤脚属平磨，而衣裤的肘、膝部是曲磨，上衣领口、裤脚边则属折边磨。

织物耐磨性能的测试有实际穿着试验与仪器试验两类。评价织物耐磨性的指标很多，大致可分为以下三种。

（1）经一定的摩擦次数后，以织物物理性能发生的变化表示。例如，用样卡来对比评定外观色泽、起毛起球级别，或用仪器来测定强度、重量、厚度、透气量等的变化率。

（2）以试样上出现一定的物理形态变化（如产生破洞）时的摩擦次数来表示。

（3）采用综合耐磨值表示，综合耐磨值 = 3/（1/耐平磨值 + 1/耐曲磨值 + 1/耐折边磨值）。

### （二）尺寸稳定性

纺织品的尺寸稳定性，是指织物在受到浸渍或洗涤后以及受较高温度作用时抵抗尺寸变化的性能。它直接关系到衣片尺寸的准确性、服装尺寸的稳定性和服装的造型及稳定性。织物的尺寸稳定性主要表现为缩水性与热收缩性。

### 1. 缩水性

织物的缩水性，是指织物在常温水中浸渍或洗涤干燥后，长度和宽度方向发生的尺寸收缩程度。织物缩水性的测试方法有浸渍法和洗衣机法两种。浸渍法织物所受的作用是静态的，有温水浸渍法、沸水浸渍法、碱液浸渍法及浸透浸渍法等，主要适用于使用过程中不经剧烈洗涤的纺织品（如毛、丝及篷盖布等）。洗衣机法是动态的，一般采用家用洗衣机，选择一定条件进行洗涤试验。洗涤次数增加，织物的缩水率也增大，并趋向某一极限，称为织物的最大（极限）缩水率。

影响织物缩水性的主要因素有纤维的吸湿性、纱线和织物结构的紧密程度、织物加工张力和温度。纤维的吸湿性是织物缩水性的直接影响因素，纱线和织物结构的紧密程度是间接影响因素。

**2. 热收缩性**

织物热收缩性，是指织物在受到较高温度作用时发生的尺寸收缩程度，热收缩主要发生在合成纤维织物中。织物热收缩性的测试是将试样放置在不同的热介质中或进行熨烫，测量作用前后的尺寸变化。

此外，织物在常态或经热、湿作用后，经纬向或局部区域的收缩性能，称为织物收缩的非均匀性。各向异性收缩不是织物的病疵，而局部区域的不均匀、织物畸变均属织物的品质疵点，严重影响织物的外观。

### （三）色牢度

色牢度是指染色或印花纺织品在后续加工或使用过程中保持原来色泽的能力，也称为染色牢度或染色坚牢度。纺织品色牢度测试是纺织品内在质量测试中一项常规检测项目，主要根据试样的变色和未染色贴衬织物的沾色来评定色牢度等级。

纺织品在其使用过程中会受到光照、洗涤、熨烫、汗渍、摩擦和化学药剂等各种外界的作用，有些印染纺织品还经过特殊的整理加工，如树脂整理、阻燃整理、砂洗、磨毛等，这就要求印染纺织品的色泽在这些加工中保持一定色牢度。色牢度好与差，直接涉及人体的健康安全，色牢度差的产品在穿着过程中，碰到雨水、汗水就会造成面料上的颜料脱落褪色，则其中染料分子和重金属离子等都有可能通过皮肤被人体吸收而危害人体皮肤的健康。另外，还会影响穿在身上的其他服装被沾色，或者与其他衣物洗涤时染脏其他衣物。

最常用的色牢度有耐水洗色牢度（或耐皂洗色牢度）、耐摩擦色牢度（包括干摩与湿摩）、耐光色牢度、耐干洗色牢度、耐升华色牢度、耐汗渍色牢度（酸性与碱性）等。

### （四）功能性质量

从广义上来讲，功能整理是赋予纺织品通常不具备的特殊服用性能的化学和物理加工，是纺织品加工的组成部分，也是提升纺织品附加值的重要手段。按功能分类，功能性纺织品开发范畴可分为保健、舒适、卫生、防护、环保和易保养六类（表1—2）。

表 1 - 2 纺织品主要功能性分类

| 类型 | 功 能 |
|------|------|
| 保健功能 | 发热（蓄热）保暖、磁电疗、药物作用、防过敏性、矿泉浴、森林浴（产生负离子）、太阳浴等 |
| 舒适功能 | 蓬松、柔软、弹性、凉爽、透气透湿、轻盈滑爽、防静电亲水调温、吸收快干、香味等 |
| 卫生功能 | 抗菌、防臭、防霉、防污、防蛀等 |
| 防护功能 | 防紫外线辐射、防红外线（隐身功能）、防电磁波、防微波、防化学有毒物、抗菌、防酸防碱等 |
| 环保功能 | 微生物可分解性、可循环利用性等 |
| 易保养功能 | 防缩、抗皱、形态记忆性、防水、防油、防污、易去污、羊毛织物防蛀等 |

## 二、纺织品生态质量

"生态纺织品"的概念主要起源于 1992 年国际生态纺织品研究和检验协会颁发的"Oeko - Tex Standard 100（生态纺织品标准 100）"。生态纺织品有狭义和广义两种含义。狭义的生态纺织品又称为部分生态纺织品或半生态纺织品，是指那些采用对周围环境无害或少害的原料，并合理利用这些原料制成对人体健康无害或达到某个国际性生态纺织品标准（如国际纺织协会推行的标准）的指标，即侧重生产、人类消费及处理某一方面生态性的纺织品。广义的生态纺织品又称为全生态纺织品，是指产品从原材料的制造到运输、产品的生产制造、成品的消费及回收利用、废气处理的整个生命周期都要符合生态性。

所谓纺织品的生态性，是指纺织品及其原料在生产和制造过程中不会对环境造成污染，或在使用过程中对人体健康和周围环境无害，或在最后处置中不会产生有害物质的质量特性。生态纺织品应符合以下技术要求。

（1）产品不得经过有氯漂白处理。

（2）产品不得进行防霉防蛀整理和阻燃整理。

（3）产品中不得添加五氯苯酚和四氯苯酚。

（4）产品不得有霉味、汽油味及有毒的芳香气味。

（5）产品不得使用可分解为有毒芳香胺染料的偶氮染料、可致癌染料和可能引起过敏的染料。

（6）产品中甲醛含量、可提取重金属含量、浸出液 pH、色牢度及杀虫剂残留量均应符合要求。

虽然生态纺织品的生态质量指标较多，但限于检测仪器和检测手段等客观条件，目前还只能对其中部分指标进行检测。

随着人们环保意识的日益增强，生态纺织品在国内外市场上越来越受到消费者的关注，生态纺织品不仅已成为消费的热点，而且已成为提高产品附加值和国际竞争力的主打产品。

# 复习指导

现代产品质量的内涵及印染产品质量的主要评价指标，是对印染产品进行质量控制与管理的依据。通过本章学习，主要掌握以下内容：

1. 理解现代质量的内涵。
2. 理解和熟悉质量的形成过程。
3. 熟悉质量标准的级别及其制定条件。
4. 理解并熟悉印染产品常规质量特性及生态质量特性。

# 思 考 题

1. 名词解释。

质量、产品质量、质量特性、标准、产品质量标准、技术标准、基础标准、产品标准、方法标准、管理标准、拉伸断裂强度、撕裂强度、顶裂强度、抗皱性、坚韧性、弹性、缩水性、热收缩性、色牢度、生态纺织品、纺织品的生态性。

2. 简述符合性质量、适用性质量、顾客及相关方满意质量的含义及其优缺点。

3. 质量理论发展的基本动力是什么？它们是如何推动质量理论发展的？

4. 简述质量的现代涵义。针对质量的现代涵义，应如何对产品质量进行合理控制？

5. 什么是产品质量？衡量产品质量好坏的主要标志有哪些？

6. 什么是技术标准？技术标准可以分解为哪些内容？

7. 什么是管理标准？管理标准包括哪些内容？

8. 简述抗皱性和弹性的含义及其区别。

9. 什么是织物的缩水性？影响织物缩水性的主要因素有哪些？

10. 什么是生态纺织品？生态纺织品的主要技术指标有哪些？

11. 什么是织物的耐磨性？评价织物耐磨性的方法有哪些？

# 第二章 产品质量管理理论

随着我国社会主义市场经济体制的确立与完善，产品质量逐渐成为企业生存、发展的重大问题。这是因为企业不仅面临着一个竞争激烈、强手如林的国际市场，同时面临着一个前所未有的、竞争激烈的国内市场。显然，如果企业进入市场的产品不能在质量、品种、价格和销售服务方面取得优势，企业就难以在日益激烈的市场竞争中求得生存和发展，也就很难在严峻的市场环境中争得一席之地。因此，企业必须加快技术进步，采取先进的工艺技术，不断提高产品质量，降低劳动和物化消耗，增强企业在国内外市场的竞争能力，从而达到不断提高企业经济效益的目的。

## 第一节 质量管理的演变历程

质量管理的产生和发展经历了一个漫长的过程，社会生产力的发展和社会进步是质量管理产生和发展的两个强大驱动力。质量管理的发展历程大致可以划分为工业时代以前的质量管理、工业时代的质量管理和 21 世纪的质量管理三个时期。

### 一、工业时代以前的质量管理

虽然在人类历史的长河中，已很难寻觅最原始的质量管理方式，但我们可以确信人类自古以来一直就面临着各种质量问题。古代的食物采集者必须了解哪些果类是可以食用的，哪些是有毒的；古代的猎人必须了解哪些树是制造弓箭最好的材料。这样，人们在实践中获得的质量知识逐代流传下去。

人类社会的核心从家庭发展为村庄、部落的同时，产生了社会分工，出现了集市。在集市上，人们相互交换产品（主要是天然产品或天然材料的制成品），产品制造者直接面对顾客，产品的质量由人的感官来确定。

随着社会的发展，新的行业——商业出现了，买卖双方不再直接接触，而是通过商人来进行交换和交易。曾经在村庄集市上通行的确认质量的方法行不通了，于是就出现了质量担保，从口头形式的质量担保逐渐演变为质量担保书。商业的发展要使彼此距离相隔遥远的连锁性厂商和经销商之间能够进行有效的沟通，于是产生了"质量规范"（即"产品规格"）。这样，无论距离多么遥远，产品结构多么复杂，有关质量的信息都能够在买卖双方之间直接沟通。随之，简易的质量检验方法和测量手段也相继产生，这就是在手工艺时期的原始质量管理。由于这时期的质量主要靠手工操作者依据自己的手艺和经验来把关，因而，又被称为"操作工的质量管理"。

18世纪中期，欧洲爆发了工业革命，其产物就是"工厂"。由于工厂具有手工业者和小作坊无可比拟的优势，从而导致手工作坊的解体和工厂体制的形成。在工厂进行的大批量生产也带来了许多新的技术问题，如部件的互换性、标准化、工装和测量的精度等，这些问题的提出和解决催促着质量管理科学的诞生。因此，质量管理作为一门科学是发生在工业时代的事情。

## 二、工业时代的质量管理

进入20世纪，人类跨入了以"加工机械化、经营规模化、资本垄断化"为特征的工业化时代。在过去的整整一个世纪中，质量管理的最大发展大致经历了"单纯质量检验""统计质量控制""全面质量管理"三个阶段。

### （一）单纯质量检验（Simply Quality Inspection，简称SQI）阶段

20世纪初，资产阶级工业革命成功之后，资本主义的工厂逐步取代了分散经营的家庭手工作坊，机器工业生产取代了手工作坊式生产，劳动者集中到一个工厂内共同进行批量生产劳动。因"操作工的质量管理"容易造成质量标准的不一致和工作效率的低下，而不能适应生产力的发展。

科学管理的奠基人泰勒（F. W. Taylor）提出了在生产中将计划与执行、生产与检验分开的主张，从而形成了计划设计、生产操作、检查监督各有专人负责的职能管理体制。于是，在一些工厂中开始设立专职的检验部门，对生产出来的产品进行质量检验，鉴别合格品或废次品，从而形成了所谓的"检验员（部门）的质量管理"。专职检验既是从产品中挑出废品，保证出厂产品的质量，又是一道重要的生产工序。通过检验反馈质量信息，从而预防今后出现同类废品。这种有人专职制定标准、有人负责实施标准、有人按标准对产品质量进行检验的"三权分立"的质量管理是质量检验阶段的开始，是一种历史的进步。现代意义上的质量管理从此诞生。

在这个阶段，质量管理纯属"事后把关"。检验人员的职责，无非是对生产出来的产品进行筛选，把合格品与不合格品分开。作为把关性的质量检验，对于保证不合格产品不流入后续生产过程、不流入社会，无疑是必要的，也是有效的。但是，采用事后把关的方法来管理产品质量至少存在以下三个问题：

（1）如何经济和科学地制定质量标准。如果所制定的标准在经济上不合理、使用上不能满足用户要求，那么即使已通过检验，也不能保证产品质量。

（2）怎样防止在制造过程中产生不合格产品。因为质量检验是对产品生产出来后所作的检验，只能起把关作用，无法在生产过程中完全起到预防、控制的作用。一经发现废品，就是"既成事实"，造成人力、物力、财力的损失。

（3）对全部产品进行检验是否可行。显然，在小规模生产的情况下，对全部生产的产

品进行检验或许可行，但在生产规模扩大或大批量生产的情况下，对全部产品进行检验是做不到的，尤其是对不破坏就无法进行检验的产品（如炮弹、纺织品强力等），更行不通。

### （二）统计质量控制（Statistic Quality Control，简称 SQC）阶段

第二次世界大战期间，由于战时的需要，美国大批生产民用品的公司改为生产军需品，当时面临的严重问题是：由于事先无法预防废品产生，致使武器质量难以得到保证。在欧洲战场上，美军炮弹炸膛事件时有发生，造成大量伤亡。为了在军工生产中克服产品质量不稳定的问题以及增加产量、降低成本，并保证及时交货，美国政府开始大力提倡和推广应用统计控制方法进行质量管理。美国国防部于 1942 年召集修哈特（Walter A. Shewhart）等一批专家，用数理统计方法制定了战时质量管理标准，半年后成功地解决了武器等军用物资的质量问题，使美国的军工生产在数量、质量和经济效益上都处于世界领先地位。

第二次世界大战结束后，由于采取质量控制的统计方法给企业带来了巨额利润，除原来生产军火的工厂继续推行该方法外，许多民用企业以及法国、德国、日本等地的企业也都陆续推行统计质量控制，并取得了显著成效。

"统计质量控制"是质量管理发展过程中的一个重要阶段，它的主要特点是：在指导思想上，由以前的事后把关转变为事前预防；在控制方法上，深入广泛地应用数理统计的思考方式和检验方法；在管理方式上，从专职检验人员把关转移到专业质量工程师和技术员控制。因此，"统计质量控制"与"单纯质量检验"相比，不论在指导思想还是使用方法上，都有了很大的进步。但是，"统计质量控制"也存在缺陷，它过分强调质量控制的统计方法，使人们误认为"质量管理就是统计方法""质量管理是统计专家的事"，使多数人感到质量管理高不可攀，并对此望而生畏。同时，它对质量的控制和管理只局限于制造和检验部门，忽视了其他部门的工作对质量的影响。这样，就不能充分发挥各个部门和广大员工的积极性。这些缺陷在一定程度上限制了质量管理统计方法的推广和运用。

### （三）全面质量管理（Total Quality Management，简称 TQM）阶段

自 20 世纪 50 年代起，尤其是 60 年代以后，科学技术的加速发展使产品的复杂程度和科技含量不断提高，人们对产品质量及可靠性、品种和服务质量的要求越来越高，特别是服务业的迅猛发展，更进一步引发了关于服务质量及服务质量管理的新问题。所有这些都对传统的质量管理理论和方法提出了挑战。人们逐渐认识到，产品的形成不仅与生产过程有关，而且还与所涉及的其他许多过程、环节和因素有关，只有将影响质量的所有因素统统纳入质量管理的轨道，并保持系统且协调的运作，才能确保产品的质量。

在这种社会历史背景和经济发展形势的推动下，"全面质量管理"的理论应运而生。1961 年，美国通用电气公司的质量经理费根堡姆（Armand V. Feigenbanm）出版了《全面质量管理》一书，首次提出了"全面质量管理"（TQM）的概念，全面质量管理是为了能够在最经济的水平上并考虑到充分满足用户要求的条件下进行市场研究、设计、生产和服

务，把企业各部门的研制质量、维持质量和提高质量的活动构成一体的有效体系。图 2-1
为全面质量管理模式示意图。费根堡姆在书中指出，为了生产具有合理成本和较高质量的
产品以适应市场的要求，只注意个别部门的活动是不够的，需要对覆盖所有职能部门的质
量活动进行策划。他强调执行质量职能是公司全体人员的责任，应该使企业全体人员都具
有质量意识和承担质量的责任。

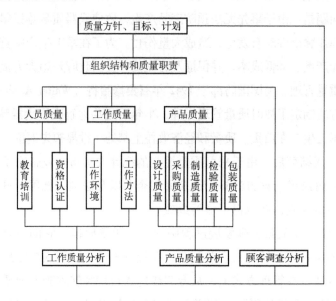

图 2-1　全面质量管理模式示意图

20 世纪 60 年代以后，"全面质量管理"迅速在全世界工商企业得到推广，且绩效显
著，生命力经久不衰。其主要原因在于，"全面质量管理"使原来分散于各部门孤立的质
量管理活动变为系统化管理，使产品的最终检验、各个工序质量控制点的活动与企业的质
量方针、质量目标、质量计划、质量意识、岗位职责、组织结构、员工素质和企业精神融
为一体，从而使质量管理成为企业管理的重要战略。

## 三、21 世纪的质量管理

美国著名质量管理专家朱兰（Joseph M. Juran）曾指出，20 世纪是生产力的世纪，21
世纪将是质量的世纪。这意味着 21 世纪将是高质量（即经营的高质量、产品和服务的高
质量）的世纪，质量管理科学将有更蓬勃的发展。在 21 世纪，不仅质量管理的规模会更
大，更重要的是，质量将被作为政治、经济、科技、文化、自然环境等社会要素中一个尤
为重要的因素来发展。新技术革命的兴起和知识经济的到来，以及由此而提出的挑战，必
定会将 21 世纪的质量管理推向更高的阶段。预计 21 世纪的质量管理科学将经历质量管理
的国际化、质量战略管理和生态质量管理三个阶段。

### （一）质量管理的国际化阶段

以信息技术和交通技术为纽带的世界一体化的潮流正在迅速发展，各国经济的依存度

日益加强。国际贸易壁垒表现出许多新特点：关税壁垒日趋减弱，而非关税壁垒逐渐显现，特别是技术壁垒尤为突出，其表现形式有技术法规、标准、合格评定程序等。

为了削弱和消除技术法规、标准、合格评定程序等技术性因素所形成的技术壁垒对国际贸易的影响，经过八轮的多边贸易谈判，1994 年 3 月签订了《世界贸易组织技术壁垒协议》（下文简称《协议》）（WTO/TBT）。《协议》提出，成员国应遵守的原则有透明度原则、协调原则、采用国际标准和国际准则的原则及等效相互承认原则等。

生产过程和资本流通的国际化是企业组织形态国际化的前提，技术法规、标准及合格评定程序等是质量管理的基础性内容。传统的质量管理必然跨越企业和国家的范围而走向国际化。全球出现的 ISO 9000 以及种类繁多、内容广泛的质量认证制度得到市场的普遍认同，也从一个侧面展现了质量管理的国际化。

### （二）质量战略管理阶段

20 世纪工业化社会的生产方式最主要的特征就是大量生产以及与其相关联的比较稳定的市场环境。显然，在相对稳定的环境下，企业只要能够保证控制某部门市场，就能够使企业保持长久的竞争力。但是，在 21 世纪信息化时代，信息将"穿透"所有领域，特别是在经济全球化的现实中，产品技术寿命缩短，企业及其所依附的市场环境不稳定。质量因素的复杂性、质量问题的严重性及质量地位的重要性，在多变的环境中显得尤为突出。

"质量战略管理"强调将质量管理纳入企业战略管理，根据社会发展、科技进步和市场变化的情况制订质量战略，主要包括以下几个方面的内容。

（1）制订质量方针、质量目标和质量规划。

（2）制订技术进步和质量改进方案，特别是产品创新计划、产品改进计划、产品标准和标准水平的提高措施。

（3）制订产品品牌战略，尽量争取获得名牌产品、免检产品、质量认证等标志，进行积极的产品策划，培育质量文化等。

同时，"质量战略管理"还强调建立和实施质量管理体系；应用现代科学管理方法和先进技术手段；加强质量法规建设，完善质量责任制度；提高企业管理人员和所有员工的质量意识和综合素质等。

### （三）生态质量管理阶段

随着科学技术的飞速发展及人口的不断膨胀，经济的发展开始遭遇资源"瓶颈"和环境容量的严重制约，人们将越来越意识到可持续发展和生态质量的重要性，我们迫切需要从有效利用资源、维护生态平衡的角度和深度来全面审视产品的质量和企业的质量管理。如果从可持续发展观和生态学理论来审视企业的质量管理，可以发现现有的"全面质量管理"其实并不"全面"。无论是朱兰的"质量螺旋模型"，还是 ISO 9000 质量管理体系所界定的产品寿命周期的 12 个阶段，都是依照"资源—产品—消费—处置"这一个循环模式进行的，即全面质量管理仅以满足人们日益增长的多方面需求为宗旨，而往往忽略了这种需求的满足是以生态失衡、损失环境质量为代价的客观现实，没有考虑自然生态再生的过程，是一种不可持续的理论。

"生态质量管理"致力于持续提高正产出的质量，同时减少负产出，以提高综合质量，努力实现社会、经济、生态协调持续发展的管理活动。生态质量是综合考虑正产出与负产出的质量，是一种生产过程与环境互动的质量，一种包括产品生命周期全过程的质量，一种可持续发展的质量，一种以人为本的质量。

"生态质量管理"的实施关键在于，使企业成为控制生态质量的主体。由于生态质量涉及的因素复杂，并且往往是"企业花钱，社会受益"。因此，必须从生态系统的角度来综合考虑"生态质量管理"，使企业成为"生态质量管理"的主体。同时，还必须解决与企业相关联，但企业又难以解决的诸如管理体制、环境政策、市场等方面的问题。"生态质量管理"必将成为社会化乃至国际化的质量的管理。

# 第二节　质量管理理论与模式

## 一、质量管理理论

"质量管理"在其产生和发展的历程中，不断吸收和借鉴现代科学技术与管理科学等内容，其理论日趋完善，已形成了基本完整的基本理论体系，具体包括"质量检验理论""质量控制理论""质量保证理论""质量监督理论""质量经济分析理论""生态质量管理理论"等。

### （一）质量检验理论

#### 1. 质量检验的概念

"质量检验"就是对产品的一个或多个质量特性进行观察、试验、测量，并将结果与规定的质量要求进行比较，以确定各个质量特性符合性的技术检查活动，是产品形成过程中不可缺少的一个组成部分。"质量检验"包括测试、比较、判定与处理四个环节，符合规定要求的称为"合格"，不符合要求的称为"不合格"。

#### 2. 质量检验的职能

"质量检验"主要具有保证职能、预防职能、报告职能和监督职能，具体表现如下：

（1）保证职能。保证不合格的原材料不投产、不合格的半成品不转入下道工序、不合格的产品不出厂。

（2）预防职能。通过首件检验或工序中按规定频次的抽检，及时发现质量问题，及时采取纠正措施，以防止同类问题再发生。

（3）报告职能。将在检验中收集的信息数据做记录，进行分析和评价，并及时向有关部门汇报，为改进设计、提高产品质量提供依据。

（4）监督职能。"质量检验"有助于管理者对产品质量、产品形成和实现的全过程有一个综合了解，并实施监督。

### 3. 质量检验的分类

根据不同的分类方法，质量检验的具体分类见表 2-1。

表 2-1 质量检验的类型

| 分类方法 | 检验方法 | 特点 |
|---|---|---|
| 按检验手段分类 | 理化检验 | 以机械、电子或化学量具为依据和手段，对产品的物理和化学特性进行检验，以确定其是否符合规定要求的检验方法 |
| | 感官检验 | 对于无法测量的产品质量特性，或者在缺乏技术测量仪器的情况下，人们用自己的感觉器官作为测量工具测试这些质量特性。不过，感官检验在某些情况下不太准确，而且易受人本身的判断水平限制 |
| 按检验的对象数据分类 | 免检 | 如果得到有资格的单位进行过检验的可靠性资料，就可以不需要检验 |
| | 全数检验 | 对一批产品进行全部检验的方法 |
| | 抽样检验 | 从一批产品中随机抽取一定量的样本，然后根据一定的标准来判断 |
| 按检验方法分类 | 自检 | 由工作的完成者自己按规定的标准所进行的检验 |
| | 互检 | 操作者之间对产品、零部件等进行的相互检验，可起到相互监督的作用 |
| | 专检 | 由专门负责质量检验的人员进行检验 |

### 4. 质量检验的组织机构

质量检验机构是组织中承担产品质量检验和监督任务的机构，是质量管理体系的重要组成部分，它直接向最高管理者负责。从实践来看，企业中质量检验组织的设置主要有分散组织形式、集中组织形式和集中与分散相结合的形式三种。

（1）分散组织形式。"分散组织形式"（图 2-2）是工厂制度形成早期大多数工厂采用的组织形式。在这种组织形式中，检验员分散在各车间，由车间负责质量检验工作，检验员接受车间主任的领导。这种组织形式弱化了质量检验的职能。

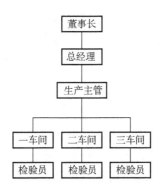

图 2-2 "分散组织形式"示意图

（2）集中组织形式。企业所有的检验站与检验人员都由检验部统一领导，而检验部部长直属于总经理领导，体现了厂长（经理）对质量全面负责的精神，同时可以减少因受控于车间生产部门而造成的影响或干扰。"集中组织形式"示意图如图2-3所示。

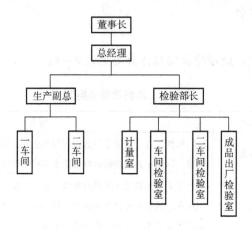

图2-3 "集中组织形式"示意图

（3）集中与分散相结合的形式。企业中材料的进厂检验（包括原材料、外协件、外购件等）、零部件的完工检验、成品的出厂检验以及计量室等管理可集中由检验部门统一领导，而各车间内部一般工序的检验人员，在行政上属于车间领导，但在检验业务上受检验部门的领导。

**5. 质量检验管理制度**

（1）三检制。三检制就是实行操作者的自检、工人之间的互检和专职检验人员的专检相结合的一种检验制度。

①自检。自检就是生产者对自己所生产的产品，按照图纸、工艺和合同中规定的技术标准自行进行检验，并作出产品是否合格的判断。通过自我检验，使生产者充分了解自己生产的产品在质量上存在的问题，并开动脑筋寻找出现问题的原因，进而采取改进措施，这也是工人参与质量管理的重要形式。

②互检。互检就是生产工人相互之间进行检验。互检的形式主要有以下三种，下道工序对上道工序流转过来的半成品进行抽检；同一机床、同一工序轮班交接班时进行相互检验；小组质量员或班组长对本小组工人加工出来的产品进行抽检等。

③专检。专检就是由专业检验人员进行的检验。专业检验是现代化大生产劳动分工的客观要求，是自检和互检不能取代的。

三检制必须以专业检验为主导。这是由于现代生产中，检验已成为专门的工种和技术，专职检验人员对产品的技术要求、工艺知识和检验技能，都比生产工人熟练，所用检测仪器也比较精密，检验结果比较可靠，检验效率也比较高；另外，由于生产工人有严格的生产定额，定额又同奖金挂钩，所以容易产生错检和漏检。

（2）重点工序双岗制。重点工序双岗制是指操作者在进行重点工序加工时，应有检验人员在场，必要时应有技术负责人或用户的验收代表在场，监视工序必须按规定的程序和要求进行。这里所说的重点工序是指加工关键零部件或关键部位的工序，可以是作为下道工序加工基准的工序，也可以是工序过程的参数或结果无记录，不能保留客观证据，事后无法检验查证的工序。实行双岗制的工序，在工序完成后，操作者、检验员或技术负责人和用户验收代表，应立即在工艺文件上签名，并尽可能将情况记录存档，以示负责和以后查询。

（3）留名制。留名制是指在生产过程中，从原材料进厂到成品入库出厂，每完成一道工序、改变产品的一种状态（包括进行检验和交接、存放和运输），责任者都应该在工艺文件上签名，以示负责。特别是在成品出厂检验单上，检验员必须签名或加盖印章。操作者签名表示按规定要求完成了这道工序，检验者签名表示该工序达到了规定的质量标准。签名后的记录文件应妥为保存，以便以后参考。

（4）复查制。质量复查制是指有些生产重要产品的企业，为了保证交付产品的质量或参加试验的产品稳妥可靠、不带隐患，在产品检验入库后的出厂前，要请产品设计、生产、试验及技术部门的人员进行复查。

（5）追溯制。追溯制也叫跟踪管理，就是在生产过程中，每完成一个工序或一项工作，都要记录其检验结果及存在的问题，记录操作者及检验者的姓名、时间、地点及情况分析，在产品的适当部位做出相应的质量状态标志，这些记录与带标志的产品同步流转。需要时，很容易查清责任者的姓名、时间和地点，职责分明，查处有据，这可以极大加强职工的责任感。

（6）统计和分析制。质量统计和分析是指企业的车间和质量检验部门，根据上级要求和企业质量状况，对生产中各种质量指标进行统计汇总、计算和分析，并按期向厂部和上级有关部门上报，以反映生产中产品质量的变动规律和发展趋势，为质量管理和决策提供可靠的依据。统计和分析的统计指标主要有品种抽查合格率、成品抽查合格率、品种一等品率、成品一等品率、主要零件主要项目合格率、成品装配的一次合格率、机械加工废品率、返修率等。

（7）不合格品管理制。合格品管理不仅是质量检验，也是整个质量管理工作的重要内容。对不合格品的管理要坚持"三不放过"原则，即不查清不合格的原因不放过、不查清责任者不放过、不落实改进措施不放过。这一原则是质量检验工作的重要指导思想，坚持这种思想，才能真正发挥检验工作的把关和预防的作用。对不合格品的现场管理主要做好两项工作，一是对不合格品的标记工作，即凡是检验为不合格的产品、半成品或零部件，应当根据不合格品的类别，分别涂以不同的颜色或作出特殊标记，以示区别；二是对各种不合格品在涂上标记后应立即分区进行隔离存放，避免在生产中发生混乱。对不合格品的处理有报废、返工、返修、原样使用（或直接回用）四种方式。

（8）考核制。在质量检验中，由于主客观因素的影响，产生检验误差是很难避免的，甚至是经常发生。据统计，检验人员对缺陷的漏检率有时可高达15%～20%。检验误差可分为技术性误差、情绪性误差、程序性误差和明知故犯误差四种。

①技术性误差。由于检验人员缺乏检验技能造成的误差。

②情绪性误差。由于检验人员马虎大意、工作不细心造成的检验误差。

③程序性误差。由于生产不均衡、加班突击及管理混乱所造成的误差。

④明知故犯误差。由于检验人员动机不良造成的检验误差。

（9）测定和评价检验误差的方法。

测定和评价检验误差的方法主要有复查检查、复核检查、改变检验条件和建立标准品四种。

①重复检查。由检验人员对自己检查过的产品再检验一到两次，查明合格品中有多少不合格品及不合格品中有多少合格品。

②复核检查。由技术水平较高的检验人员或技术人员，复核检验已检查过的一批合格品和不合格品。

③改变检验条件。为了解检验是否正确，当检验人员检查一批产品后，可以用精度更高的检测手段进行重检，以发现检测工具造成检验误差的大小。

④建立标准品。用标准品进行比较，以便发现被检查过的产品所存在的缺陷或误差。

由于各企业对检验人员工作质量的考核办法各不相同，还没有统一的计算公式，同时由于考核同奖惩挂钩，各企业的情况也不相同，所以很难采用统一的考核制度。但在考核中，必须注意一些共性问题，如质量检验部门和人员不能承包企业或车间的产品质量指标，正确区分检验人员和操作人员的责任界限等。

### （二）质量控制理论

#### 1. 质量控制的概念

ISO 9000：2015 对质量控制的定义为：质量管理的一部分，致力于满足质量要求。按产品在过程的控制特点和次序，产品质量控制可分为进料控制、过程质量控制、最终检查验证和出货质量控制四个阶段。具有以下四个方面的含义。

（1）质量控制的目标是确保产品、体系、过程的固有特性达到规定的要求。

（2）质量控制是通过相关的"作业技术和活动"，在产品质量形成的各个环节对其影响因素"5MIE"（人员、机器、材料、方法、环境、检测）进行控制，实现其规定的要求。

（3）质量控制是质量管理的一部分，围绕着规定的质量标准使质量形成过程保持受控状态，质量控制职能核心在于预防。

（4）质量控制的内容和方法因质量要求的不断变化而应具有动态性，需要不断完善和改进。

#### 2. 质量控制的分类

质量控制类型主要有目标控制和过程控制，反馈控制和前馈控制，全面控制和重点控制，统计控制、技术控制和管理控制，程序控制、跟踪控制和自适应控制，详见表2－2。

表2－2　质量控制类型

| 控制类型 | 特　点 |
|---|---|
| 目标控制和过程控制 | 为了确保组织的目标以及为此而制订的计划能够得以实现，预先确定标准或目标，以此检测和评价组织活动，并对偏差进行修正，最终实现组织的预期目标。现代质量管理理论中突出强调控制影响目标的过程因素的重要性，从对组织目标控制转向对组织实现目标的过程控制，即从控制结果到控制过程 |
| 反馈控制和前馈控制 | 反馈控制是质量控制的基本过程，实质上与物理系统、生物系统和社会系统中控制的基本过程是相同的，即系统将偏离标准的变异信息输出，通过反馈输入进行自我控制，并引发纠正措施；前馈控制是根据被控系统在未来的运行过程中可能出现的状况偏差，提前采取相应的控制措施，调整被控系统的输入，以防止被控系统的运行偏离给定状态的一种控制方法 |
| 全面控制和重点控制 | 对组织系统的所有过程进行全面控制，实际上，在组织控制方面经常使用重点控制。在重点控制中，选择控制点是非常关键的，重点控制有助于扩大管理控制的幅度，达到节约成本和改善信息沟通的效果 |
| 统计控制、技术控制和管理控制 | 统计控制是基于统计理论的控制，技术、管理控制即采用技术与管理手段的控制，一个完整的控制过程往往是三者的有机结合 |
| 程序控制、跟踪控制和自适应控制 | 程序控制是根据预先设定的程序为标准对过程进行控制，跟踪控制是根据控制对象预先设置的先行变量为标准对过程进行控制，自适应控制是根据系统前期状态参数为系统当前控制依据的动态过程控制 |

**3. 质量控制的理论要点**

（1）质量控制理论的基本出发点是产品质量的统计观点。产品质量的波动是客观存在的，究其原因是由于过程的质量因素（5MIE）本身存在着波动。可避免的异常因素造成产品质量的异常波动，不可避免的偶然因素造成产品质量的偶然波动。统计理论表明，产品质量的偶然波动是可以用统计分布来描述的。因此，通过研究和分析产品质量波动的统计规律，可以区分过程中存在着的这两类不同性质的质量因素，然后消除偶然因素，可以达到控制产品质量的目的。

（2）对质量的控制主要是通过控制过程质量来实现。现代质量工程技术把质量控制划分为质量设计控制（即产品开发设计阶段的质量控制）、质量监控（即在制造中对生产过程的监测）和事后质量控制（即以抽样检验对质量进行控制）三个阶段。在上述三个阶段中，最重要的是质量设计，其次是质量监控，再次是事后质量控制。对于那些质量水平较低的生产工序，事后检验是不可少的，但质量控制应是源头治理，预防越早越好。事实上一些发达国家中的企业已经取消了事后检验。

要保证产品质量，必须加强对生产过程的质量进行控制。质量控制是为了达到质量要求所采取的作业技术和活动，其目的在于监视过程并排除质量环所有阶段中导致不满意的因素，以此来确保产品质量。无论是零部件产品还是最终产品，它们的质量都可以用质量特性围绕设计目标值波动的大小来描述，波动越小则质量水平越高。当每个质量特性值都达到设计目标值，即波动为零，此时该产品的质量达到最高水平，但实际上这是永远不可能的。所以，我们必须进行生产过程质量控制，最大限度地减少波动。

（3）过程质量控制的实施主要是借助控制图以及过程的标准化活动来实现。美国的休哈特于1924年提出了第一张不合格品率的控制图。控制图的基本思想就是把要控制的质量特性值用点描在图上，若点全部落在控制上限与控制下限内，且排列没有异常时，就可以判断生产过程处于可控状态。控制图的基本格式如图2-4所示，一般由中心线（$CL$）、控制上限（$UCL$）和控制下限（$LCL$）三条线组成。

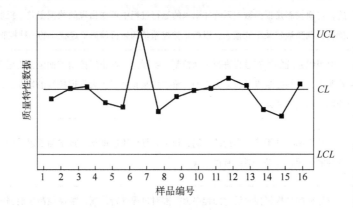

图2-4　控制图的基本格式

### （三）质量保证理论

#### 1. 质量保证的概念

ISO 9000：2015认为质量保证是"质量管理的一部分，致力于提高质量要求会得到满足的信任"。质量保证虽然包括对顾客要求的产品质量保证，但这仅是质量保证的基础，质量保证的核心是提供足够的信任。质量保证分为内部保证和外部保证。内部保证是对组织的管理者提供信任，使其确信组织的质量管理体系有效运行；外部保证是向其他相关方提供信任，展示组织具有持续满足其要求的能力。

#### 2. 质量保证的方法

最初的产品质量保证，就是对于实物产品的质量符合规定的承诺，即组织保证向顾客提供"合格产品"。判断合格与否的依据可以是厂商标准、行业标准或国家标准，标准将代表产品质量的性能指标分为几个等级，以判定实物产品所达到的相应的质量水平。其特点是产品质量以特定等级的质量标准衡量，只有合格与不合格两种状态。这是质量保证的初级形式，主要体现为"保证质量"的产品技术规范。即便如此，在市场经济发展初期产品短缺的卖方市场中，处于被动地位的消费者也不可能真正享受到真正意义上的质量保证，"货已售出，概不退货"就是这个时期质量保证的生动写照。

　　随着科学技术的发展，特别是现代信息技术的发展，使现代产品发展成系统集成式的复杂产品系统，这时候产品性质和特征与传统产品相比发生了本质的变化，顾客不可能依据自身的知识和经验对产品的质量是否满足其要求做出充分准确的判断。而且，随着市场经济的发展，尤其买方市场形成后，市场竞争越来越激烈。为了争夺消费者，人们开始认识到，即使产品能够全部达到技术规范的要求，也未必能满足顾客越来越高的质量要求，以赢得顾客的信任。所以，产品的概念逐步扩展到产品质量形成系统。产品质量形成系统包括从顾客需求识别到产品售后服务等一系列附加范围。相应的，质量的概念已经从产品性能达到要求的符合性质量，发展到产品的整个系统过程能够满足顾客需求的适用性质量，再到相关方满意质量、卓越质量，所以质量保证的范围也扩展到从产品质量的产生和形成一直到产品质量实现的全过程。因此逐渐形成了由产品供方向市场及其利益相关方提供产品质量满足顾客要求的信任保证的质量保证。

　　**3. 质量保证的理论要点**

　　（1）证实性。质量保证活动的关键在于能提供产品符合要求及质量管理过程符合要求的证据。无必要的证据，则谈不到信任。要把对具体产品的信任提高到对组织的信任，只有使顾客对组织未来提供的新产品也同样寄予信任，才会取得更大的成功。

　　（2）预防性。质量保证要求对质量问题的发生应有充分的预防能力，这可以通过有效的质量策划来实现。要防患于未然，对一切可能影响产品质量的因素，预先做出周密的控制安排，确保其不失控。在实施中，还应针对发生的问题，采取相应的纠正和预防措施。

　　（3）系统性。不能把质量保证活动当作孤立的事件，而应从系统性的高度，从全局做出安排并加以协调控制，如文件间的相容性、各过程的界面和接口、过程的信息反馈、过程网络功能的发挥等。

　　（4）反应能力。要使问题根本不发生是难以做到的，然而质量保证的前提是满足要求。因此，对任何偏离要求的现象，应能迅速做出反应，采取有效措施来加以纠正和预防。

### （四）质量监督理论

　　**1. 质量监督的概念**

　　质量监督是指为了确保满足规定的要求，对产品、过程或体系的状况进行连续的监视和验证，并对记录进行分析。质量监督可分为企业内部的微观质量监督和企业外部的宏观质量监督，而企业外部的宏观质量监督又可以分为行政监督、行业监督、社会监督三类，其中最主要的是由政府部门实施的行政监督。

　　质量监督主要有以下五个特点：

　　（1）质量监督是一种质量分析和评价活动。监督的对象是产品、质量体系、生产条件、有关的质量文件和记录等。

　　（2）质量监督的依据是各种质量法规和产品技术标准。

（3）质量监督的范围包括从生产、运输、储存到销售流通的整个过程。

（4）由于受监督的对象随着环境和时间的变化而变化，所以质量监督应是连续的，即持续或以一定频次进行。

（5）质量监督的目的是保护消费者、社会和国家的利益不受侵害，维护正常的社会经济秩序，促进市场经济的发展。

**2. 质量监督的分类**

质量监督可以从不同的角度进行分类，具体分类见表2-3。

表2-3　质量监督的分类

| 分类方法 | 质量监督类型 |
| --- | --- |
| 监督范围 | 内部监督、外部监督 |
| 监督主体 | 国家监督、社会监督 |
| 监督时间 | 事前监督、事后监督 |
| 监督方式 | 行政监督、技术监督、法律监督、舆论监督、社会组织监督、消费者监督 |

**3. 质量监督的方式**

质量监督包括宏观和微观两个方面，即政府监督、社会监督和企业的自我监督（约束），主要的监督方式有政府监督、社会监督、买方市场机制的监督和约束三种。

"优胜劣汰"的竞争机制是对生产者和销售者的质量行为最为有力的监督，"买者有选择，卖者有竞争"是形成企业自我监督（约束）的前提。建立和完善买方的市场机制，是从根本上提高产品质量的有效途径。目前，世界上大多数国家普遍实行的质量监督方式是消费者协会等社会组织的监督。

总之，就是要建立下列四个层次的质量监督体系：

（1）质量监督人格化，即任何与产品生产、销售相关的人都有质量责任。

（2）质量监督法人化，即任何产品的生产、销售企业都要对质量负责；

（3）质量监督的职能化，即各类质量监督的政府与社会部门都应有质量监督的责任；

（4）质量监督社会化，即各类民间机构和消费者都有权监督产品质量。

**4. 质量监督的作用**

（1）技术保障。提供精度很高的计量器具，就能为科学研究提供可靠的测量技术手段，测得准确的数据。比如在"两弹一星"的研制和发射中，只有对零件和产品进行性能、尺寸测量，对原材料进行强度、硬度测量，对运行方向和运行速度进行力学、无线电、时间频率测量等，提供一系列准确数据，才能取得成功。标准化可以总结和推广高新技术科研成果，可以把科研成果转化为生产力。比如发展迅速的信息技术、材料科学、生物技术、环境科学等领域的许多科研成果，经过总结提高，加以规范化，制定为标准，提供给企业，企业依此进行生产，就可以形成新的产业、新的经济增长点。

（2）树立产品信誉。在维护人民群众切身利益、树立中国产品信誉和国家形象方面的作用。

（3）保证消费安全。在应对产品质量安全突发事件，保证消费安全和社会和谐方面的作用。

（4）提高产品质量。在严把重点产品质量安全关，提高产品质量总体水平方面的作用。

（5）促进产业结构调整。严格生产许可，在促进经济发展方式转变和产业结构调整方面的作用。

（6）建立完善社会信用。推行全国产品质量电子监管网建设，有效利用市场准入、生产许可、监督抽查制度和执法打假等途径，进一步建立完善电子化产品质量记录和企业质量档案，为完善企业信用记录，实施质量信用评价，加快建设市场引导、政府推动、企业为主、社会评价的社会信用体系奠定了良好基础。

**5. 质量监督的措施**

（1）建立健全质量保证体系及质量管理组织机构。

（2）健全质量检查制度，实现施工全过程的质量控制。完善各项管理制度，实行质量一票否决权，各分项工程确定"先导段"标准化和规范化，把住原材料进厂关，杜绝不合格材料进厂，达到科学管理，严格检查精心施工，强化监督程序化施工。

（3）建立材料进场检验制度。严格把住材料质量关，坚持先检验、后进场、先试验、后使用，对质量和性能不符合要求的原料一律杜绝进场。

（4）建立工艺检查制度。工程技术部向施工班组进行施工方案及工艺流程、操作方法、技术要点、保证措施进行交底后，由质检员、测量员进行工序检查，并向经理部质检组汇报工艺情况，填好原始记录并上报经理签字，实现工序过程质量控制。

（5）建立质量检测制度。对已完成或正在施工的项目及时检查，并将结果送经理批准。

（6）建立工序交接制度。一道工序结束后，由本道工序负责人填写自检结果，质检员检查核实后上报经理，经理认可后方可进入下道工序施工。

（7）建立奖罚制度。确定各级质量责任者，实行责、权、利挂钩。

（8）成立质量领导小组。

## （五）质量经济分析理论

**1. 质量经济分析的概念**

质量经济性是人们获得质量所耗费资源的价值量的度量，在质量相同的情况下，耗费资源价值量小的，其经济性就好，反之就差。质量经济性的概念可分为广义的质量经济性和狭义的质量经济性两种。广义的质量经济性是指用户获得质量所耗费的全部费用，包括质量在形成过程中资源耗费的价值量和在使用过程中耗费的价值量。狭义的质量经济性是指质量在形成过程中所耗费的资源的价值量，主要是产品的设计成本、制造成本及应该分摊的期间费用。我们可以用单位产品成本和分摊的期间费用之和来反映企业某种产品的狭义的质量经济性，而用价值工程中的（单位产品）寿命周期成本来反映广义的质量经济性。

质量经济分析是从质量与经济效益的角度，应用经济分析的方法对不同的质量水平和不同的质量管理措施进行分析和评价，从中挑出能使质量和经济效益达到最佳结合的质量管理方案，并用以指导日常的质量管理工作。

**2. 质量经济分析的任务和内容**

质量经济分析的任务概括地说是力求做到最经济地改善和提高质量，而不是片面地追求不切实际的所谓"高水平质量"，质量经济分析的内容具体包括四个方面。

（1）产品设计过程的质量经济分析。产品设计是整个产品形成的关键环节，设计过程的质量分析就是要做到使设计出来的产品既能满足规定质量的要求，又能使产品的寿命周期成本最小。主要分析内容包括质量等级水平的经济分析、质量改进、工序能力和可靠性的经济分析等。

（2）制造过程的经济分析。产品制造过程的质量经济分析就是力求以最小的生产费用，生产出符合设计质量要求的产品。主要的分析内容包括不合格品率的经济分析、返修的经济分析、质量检验和生产速度的经济分析等。

（3）产品销售和售后服务的质量分析。主要研究产品质量与产品销售数量和售后服务费用之间的关系。主要分析内容包括产品质量与市场占有率和销售利润的综合分析、交货期的经济分析、广告费用与提高质量的对比分析等。

（4）质量成本分析。质量成本分析涉及的面比较广，对以上三个方面都有所涉及，是一个全面综合的质量经济分析。

### （六）生态质量管理理论

**1. 生态质量管理的内涵**

生态质量管理是在经济与社会可持续发展战略的理论框架内，研究既能满足消费者的需求，又能满足生态环境可持续发展要求的质量管理理论和方法，致力于持续提高正产出的质量，同时减少副产出，以提高综合质量，努力实现社会、经济、生态协调持续发展的管理活动。生态质量管理是对传统质量管理理论和实践的一个重要创新，它是面向生态型的循环经济，基于理想的生态工业模式（图2-5）的质量管理理论和方法的研究。

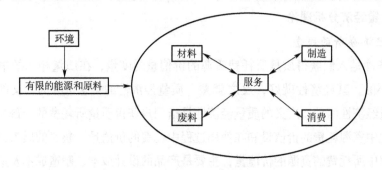

图2-5　"理想的生态工业模式"示意图

### 2. 理论要点

生态质量是一种"立体的"质量观。质量职能不仅要在产品整个生命周期的时序上展开，而且要在"自然—社会—经济"系统的三维上展开，以实现生态经济系统最大化功效为原则，综合规划质量产生、形成和实现的"过程网络"体系。所以，生态质量管理是基于"自然—社会—经济"的宏观、中观的生态经济系统模式，侧重研究系统中微观质量的产生、形成和实现过程机制的质量理论。生态质量管理理论的要点主要有以下几个方面。

（1）生态质量管理是系统综合的质量管理。从生态质量管理的观点出发，在质量的全部职能中，质量策划过程尤其重要，它已经不仅仅对满足质量要求的手段、方式产生影响，而且是有计划、有组织地围绕产品质量和可靠性开展的分析和决策的活动，更强调的是建立在对整个生态经济系统运行规律充分而全面认识的"知识经济"基础上的全系统质量规划。生态质量是在"企业群落"或是"生态产业集团"中综合实现的。例如，A 产业的负产出被 B 产业当作原料利用，B 产业的负产出被 C 产业当作原料使用，如此循环形成生态型的产业链或生态产业集团。

（2）生态质量管理是全过程的质量控制。在产品生命周期内，产品质量的形成系统是从原材料的采掘或自然资源的获取到最终报废处置或回收。只有全过程的各个环节的质量都得以实现，才能获得最终成品质量。在质量正产出的同时伴随着某种负产出，生态质量观念应包括整个生命周期过程的质量，既包含正产出，同时也考虑负产出。这种集正、负产出为一体的生命周期全过程的综合质量观念是生态质量研究的基础。

（3）生态质量管理是循环控制的质量管理。人类的物质生产过程是一个不断利用自然资源的过程，这种过程应是相互补充、制约和共生的循环过程，而不能以一方的破坏作为代价来支持另一方的延续。生态质量是环境与生产过程循环互动的过程质量。生态质量管理理论引入生态经济系统分析手段，研究在生态型循环经济系统内质量的产生、形成和实现的新的运行模式。

（4）生态质量管理理论提倡产品质量服务功能实现模式的创新。在市场经济制度中，物质总是不断地被消耗，而消费者的要求却永远不可能获得绝对满足。生态质量理念改变原有的提高生活满意度的物质至上主义的消费倾向，创造性地构造"自然—社会—经济"生态经济系统，以最少的物质投入获得最大满意的质量服务功能实现的模式。

（5）生态质量管理是技术与管理相结合的质量管理。在技术方面，生态质量管理借鉴清洁生产的思想，对生产全过程的各种方案进行审计、甄别和优选，寻找在生态经济系统内质量的服务功能实现的最佳方式。在管理方面，生态质量管理借鉴 ISO 14000 环境管理体系的理论框架，形成标准化的生态质量管理和评价模式。生态质量管理过程的综合质量控制，应在质量过程审计和物料平衡分析的基础上，编制生态质量因素的管理控制大纲，依据生态质量管理标准模式以及生态经济系统中质量过程的运行规律，通过技术和管理等综合手段实现系统生态质量管理的目标。

### 3. 生态质量管理与传统质量管理的区别

生态质量管理与传统质量管理的对比如表 2-4 所示。

表 2 - 4　生态质量管理与传统质量管理的对照表

| 对比项目 | 传统质量管理 | 生态质量管理 |
|---|---|---|
| 驱动力 | 产品驱动和用户驱动 | 用户和环境的共同驱动 |
| 目标 | 经济利益最大化 | 综合质量最大化 |
| 优先性 | 产品/服务质量 | 产品质量及其对环境的影响 |
| 成本关注 | 生产/服务成本 | 生命周期成本和外部成本 |
| 决策 | 短期行为 | 长期行为 |

## 二、质量管理模式

### (一) 概念

日本、美国、欧洲等地出现的质量管理是对现代管理科学的重要贡献，如 ISO 9000、日本的质量管理、美国的卓越绩效模式都在全球范围内产生了深远的影响。实际上，以全面质量管理为核心思想的六西格玛管理模式（6σ）、卓越绩效模式等质量管理模式的产生，表明质量管理已经从过去产品检验、产品质量统计控制的小质量向以经营管理为主体的大质量转变，质量管理远远超出了过去关注产品质量、关注生产操作本身的范围界限。因此，从管理对象和管理范围来看，对质量管理模式的研究已接近对管理模式的研究。

质量管理模式是指在质量管理研究和实践过程中形成的、被人们广泛接受的、具有结构性和典型意义的理论模式和操作框架。在不同时期，具有不同的质量管理模式，反映了各时期的经济社会背景，同时也是各时期质量管理领域的理论探讨与实践摸索的结晶，并随着理论和实践背景的变化而发展。

### (二) 典型的质量管理模式

随着环境的变化与竞争的加剧，对企业自身的素质提出了更高的要求，优势企业以自身具备的优势，选择实施适宜的质量管理模式应对这些挑战。下面简单介绍最具影响力的质量管理模式，即质量管理体系标准、卓越绩效模式、6σ 管理模式。

#### 1. 质量管理体系标准

随着世界各国经济相互合作和交流的深入，对供应商的质量体系审核已逐渐成为国际贸易和国际合作的最低要求。世界各国先后发布了一些关于质量管理体系及审核的标准，但由于各国实施的标准不一致，给国际贸易带来了障碍，质量管理和质量保证国际化成为当时世界各国的迫切需要。1987 年，国际标准化组织（ISO）为满足国际贸易中质量保证活动的客观要求，在总结各国质量保证制度的基础上，颁布了 ISO 9000 质量管理和质量保证标准系列。几经修订，从 ISO 9000 系列标准到 ISO 9000 族标准，其中核心标准之一— ISO 9001 标准已发布了 2015 版，我国也已经转化为 GB/T 19001—2016/ISO 9001：2015《质量管理体系　要求》。

ISO 9000 质量管理体系标准中的所有要求是通用的，旨在使用于各种类型、不同规模和提供不同产品的组织，具有通用性强、文字通俗易懂、结构简化、标准之间兼容性强的特点，自颁布以来便迅速成为最重要的管理标准，广泛应用于世界各国。

ISO 9000 质量管理体系标准之所以称得上是质量管理模式，是因为它具备了管理模式的价值观层、基本定律和基本理论层及方法、技术和标准层三个层次特点。ISO 质量管理体系标准价值观为"八项质量管理原则"，即以顾客为关注焦点、领导参与、全员参与、过程方法、管理的系统方法、持续改进、基于事实的决策方法和与供方互利的关系。质量管理的八项原则是世界各国多年来理论研究和实践经验的科学总结，体现了质量管理的价值观，是构建 ISO 9000 质量管理体系标准的基础。ISO 9000 质量管理体系标准是以八项质量管理原则为总的指导思想，并要求八项质量管理原则渗透到以标准构造的质量管理模式中，同时应用所提供的方法和技术将这一指导思想落实到组织的各个质量活动中去。

### 2. 卓越绩效模式

卓越绩效模式是指综合的组织绩效管理方式，通过为顾客和其他相关方不断创造价值，提高组织的整体绩效和能力，促进组织和个人得到进步和发展，并使组织持续获得成功。

卓越绩效模式是由国际上著名的三大质量奖（即日本戴明奖、美国波多里奇国家质量奖和欧洲组织质量奖）的评奖准则所体现出的一套综合的、系统化的管理模式。我国在借鉴美国质量奖评价准则的基础上，形成了符合我国国情的卓越绩效评价准则，并于 2004 年正式颁布了国家标准 GB/T 19580—2004《卓越绩效评价准则》。

卓越绩效评价准则旨在帮助组织采用一种综合的绩效管理方式，以实现向顾客和利益相关方提供持续改进的价值、促进组织的可持续性、提高组织的整体有效性和能力，以及促进组织和个人的学习。要实现这个目标，组织必须践行准则中提出的 11 项核心价值观，即领导的远见卓识、以顾客为导向、培育学习型的组织和个人、建立组织内部与外部的合作伙伴关系、灵活性和快速反应、关注未来、管理创新、基于事实的管理、社会责任与公民义务、重在结果及价值创造和系统的观点。

### 3. 6σ 管理模式

西格玛（σ）是希腊文的一个字母，在统计学上用来表示标准差，用以描述总体中的个体偏离均值的程度，对于连续可计量的质量特性而言，σ 值越大，说明数据的离散性越大（图 2-6）。对于同一质量特性而言，σ 控制在不同的范围之内，就意味着失误和缺陷数量的多少，显示企业产品质量和竞争力。

6σ = 3.4 失误/百万机会——不合格品率或差错率为一百万个产品中只有 3.4 个，意味着卓越的管理；

5σ = 533 失误/百万机会——不合格品率或差错率为一百万个产品中只有 533 个，意味着优秀的管理；

4σ = 6210 失误/百万机会——不合格品率或差错率为一百万个产品中只有 6210 个，意味着较好的管理和运营能力；

3σ = 66807 失误/百万机会——不合格品率或差错率为一百万个产品中只有 66807 个，意味着平平常常的管理，缺乏竞争力；

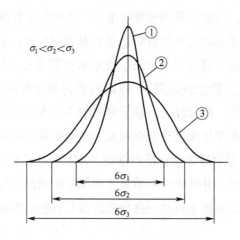

图 2 - 6 σ 大小不同比较图

2σ = 308537 失误/百万机会——不合格品率或差错率为一百万个产品中只有 308537 个，意味着企业资源每天有 1/3 的浪费；

1σ = 697672 失误/百万机会——不合格品率或差错率为一百万个产品中只有 697672 个，意味着每天有 2/3 的事情做错，企业无法生存。

6σ 诞生于全面质量管理盛行的 20 世纪 80 年代中期，是通过对全面质量管理进行继承和改进以及在实践中不断充实和总结而发展形成的一种管理理念和系统方法。6σ 管理既能使企业在经营上成功，又能将其经营业绩最大化，它可以使企业市场占有率提高、顾客满意度提升、营运成本降低、缺陷率降低、企业文化改变，最终实现最佳的社会效益，如图 2 - 7 所示。

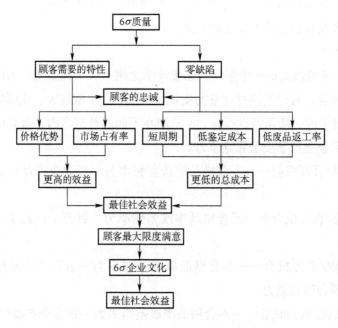

图 2 - 7  6σ 管理效益实现图

6σ 管理之所以能使企业获得最佳的效益，在于它遵循三个基本原则，即提高顾客满意度的原则、降低质量成本的原则、降低资源成本和风险的原则。

# 第三节 质量认证与管理

质量认证是随着商品生产和交换的发展而逐步发展起来的。质量认证的原动力在于购买方（用户）对所购产品质量信任的客观需要。现代质量认证制度发源于英国，在 1903年就开始使用第一个证明符合英国 BS 标准的质量标志——风筝标志，并于 1922 年被英国商标法注册，成为受到法律保护的认证制度。自 20 世纪 30 年代以后质量认证工作发展相当快，到 50 年代基本已普及到所有工业发达国家。苏联、东欧国家自 60 年代起陆续开展认证活动，第三世界国家（除印度等少数国家外）一般是从 70 年开始实行的。目前，质量认证制度已发展成为一种世界性趋势。据不完全统计，当今世界上已有 150 多个国家和地区实行质量认证制度。

在质量竞争和国际贸易日益频繁的今天，质量认证作为对产品质量、企业质量保证能力实施的第三方评价活动，已经成为世界各国规范市场行为、促进贸易发展和保护消费者合法权益的有效手段。质量认证在全球经济活动中发挥着越来越重要的作用。

## 一、质量认证的概念

质量认证也称合格认证，在 GB/T 27000—2006《合格评定 词汇和通用原则》 （idt ISO - IEC 1700：2004）标准中将合格评定定义为"与产品、过程、体系、人员或机构有关的规定要求得到满足的证实"。

在 GB/T 27000 标准中，认证是与产品、过程、体系或人员有关的第三方认证，认可是证实表明合格评定机构具备实施特定合格评定工作能力的第三方证明。认证和认可两个定义的主要区别如下：

（1）认证是第三方进行的，认可是权威团体进行的。第三方是独立于第一方和第二方之外的一方，同第一方和第二方在行政上无隶属关系，在经济上无利害关系。认证工作应由具有第三方地位的团体进行，以确保认证结果的公正性。权威团体（或称官方团体）是由政府部门授权组建的一个组织，强调认可应由这样的组织进行，以确保认可的权威性。

（2）认证是书面保证，认可是正式承认。保证的含义是确信，书面保证是通过由第三方认证机构颁发的认证证书，使有关方面确信经认证的产品或质量管理体系符合规定要求。正式承认意味着经批准准予从事某项活动。

（3）认证是证明符合性，认可是证明具备能力。经认证的产品，是由第三方认证机构证明产品符合特定产品标准的规定。经认证的质量体系，是由第三方认证机构证明该质量管理体系符合标准的要求。经认可的认证机构，表明该机构具有从事特定任务（如质量管理体系认证、产品认证、质量管理体系审核、产品检验）的能力。经认可的审核员（注册审核员），表明该审核员具有从事质量管理体系审核的能力。

## 二、质量认证的类型

### （一）典型的产品认证制度

典型的产品认证制度包括型式检验、质量管理体系检查评定、监督检验和监督检查四个基本要素，前两个要素是取得认证资格必须具备的基本条件，后两个要素是认证后的监督措施。

#### 1. 型式检验

按规定的检验方法对产品的样品进行检验，以证明样品符合标准或技术规范的全部要求。型式检验的原意是为了产品的设计，查明产品是否能够满足技术规范全部要求所进行的检验，它是新产品鉴定中必不可少的一个组成部分，只有型式检验通过以后，该产品才能正式投入生产。然而，对质量认证来说，一般不对正在设计的新产品进行认证。为了认证目的进行的型式检验，是利用检验手段对一个或多个具有生产代表性的产品样品进行合格评价。

型式检验的依据是产品标准。所需样品的数量由认证机构确定。取样地点从制造厂的最终产品中随机抽取。检验地点应在经认可的独立的检验机构进行，如果有个别特殊的检验项目，检验机构缺少所需的检验设备，可在独立的检验机构或认证机构的监督下使用制造厂的检验设备。

#### 2. 质量管理体系检查评定

仅仅依靠对最终产品的抽样检验来进行产品认证是不充分的，即使是建立在统计学基础上的抽样检验，也只能证明一个产品批的质量，不能证明以后出厂的产品是否持续符合标准的要求。此外，抽样检验只能证明一时的质量，不能证明持续的质量。证明产品质量持续符合标准要求的解决方法主要有两种：一种是逐批检验，这将大大提高认证所需的费用；另一种是通过检查评定组织的质量管理体系来证明该组织具有持续稳定地生产符合标准要求的产品的能力，显然这是一种经济、有效的方法。

质量管理体系检查评定是对组织按所要求的技术规范生产或服务的质量管理体系进行检查评定，批准认证后对该体系的保证性进行监督复查，这种认证制度常称为质量体系认证。国际标准化组织发布的 ISO 9001《质量管理体系　要求》（我国等同采用的为 GB/T 19001），可作为质量认证中检查评定组织质量管理体系的依据。

#### 3. 监督检验

确保带有认证标志的产品质量可靠、符合标准，是产品质量认证制度得以存在和发展的基础，如果达不到这一目的，消费者和需方将对认证失去信任，实行质量认证制度也就毫无意义。因此，当申请认证的产品通过以后，如何能保持产品质量的稳定性和确保出厂的产品持续符合标准的要求已成为认证机构最为关心的问题。解决这个问题的措施之一就是定期对认证产品进行监督检验。

监督检验就是从组织的最终产品或市场抽取样品，由认可的独立检验机构进行检验，如果检验结果证明继续符合标准的要求，则允许继续使用认证标志；反之，则需根据具体情况采取必要的措施，防止在不符合标准的产品上使用认证标志。进行监督检验的项目不必像首次型式检验那样按照标准规定的全部要求进行检验和试验，重点是那些对质量影响较大的过程项目，特别是顾客意见较多的质量问题。

### 4. 监督检查

监督检查是对认证产品的组织的质量保证能力进行定期复查，使组织坚持实施已经建立起来的质量管理体系，从而保证产品质量的稳定，这是一项监督措施。监督检查的内容可以比首次的质量管理体系检查简单一些，重点是查看首次检验发现的不合格项是否已经有效改正，质量管理体系的修改是否能确保达到使顾客满意，并通过查阅有关的质量记录证实质量管理体系。

### （二）质量管理体系认证的特点

质量管理体系认证是认证的一种类型，一般具有以下特征：

（1）认证的对象是质量管理体系，更准确地说是组织质量管理体系中影响持续按顾客的要求提供产品或服务的能力的某些过程，即保证顾客满意的能力。

（2）实行质量管理体系认证的基础首先需要有关质量管理体系的标准。国际标准化组织发布的 ISO 9001《质量管理体系　要求》为各国开展质量管理体系认证提供了基础，我国等同采用的 GB/T 19001 为我国组织建立质量管理体系提供了国家标准。申请认证的组织应以标准为指导，建立适用的质量管理体系，认证机构则按标准中质量管理标准进行检查评定。

（3）鉴定质量管理体系是否符合标准要求的方法是质量管理体系审核。由认证机构派注册审核员对申请组织的质量管理体系进行检查评定，提交审核报告，提出审核结论。

（4）证明取得质量管理体系认证资格的方式是质量管理体系认证证书和体系认证标识。证书和标识只证明该组织的质量管理体系符合质量管理体系标准，不证明该组织生产的任何产品符合产品标准。因此，质量管理体系认证和标识都不能用于产品，不能使人产生产品质量符合标准规定要求的误解。

（5）质量管理体系认证是第三方从事的活动。

### （三）产品质量认证的原则

产品质量认证有强制性认证与自愿性认证之分。强制性认证是为了贯彻强制性标准而采取的政府管理行为，故也称为强制性管理下的产品认证，它的程序与自愿认证基本相似，但具有不同的性质和特定，具体如表 2-5 所示。

表 2 – 5　强制性认证与自愿性认证特点比较

| 性质 | 强制性认证 | 自愿性认证 |
|---|---|---|
| 对象 | 主要涉及人身安全的产品，如电器、玩具、建材、药品等 | 非安全性产品 |
| 标准 | 按国家标准化法发布的强制性标准 | 按国家标准化法发布的国家和行业标准 |
| 法律依据 | 国家法律、法规或规章所做的强制性规定 | 国家产品质量法和产品质量认证条例的规定 |
| 证明方法 | 法律、法规或规章所制定的安全认证标志 | 认证机构颁发的认证证书和认证标志 |
| 制约作用 | 未取得认证合格、未在产品上带有指定的认证标志，不得销售、进口和使用 | 未取得认证，仍可销售、进口和使用，但可能受到市场方面的制约 |

## 三、生态质量认证

据有关部门调查统计，我国各行各业外贸企业多多少少都遇到过各种涉及技术贸易壁垒有关内容的问题和障碍，这对企业扩大出口和加速增长都产生了严重的消极影响。那些在棉纺织行业里获得"生态纺织品"认证的产品，在展销会上成为商客和消费者关注的焦点。同样的商品，只要挂上了"生态纺织品"的标志，就能让参观者忍不住驻足观看。近年来，一些企业已逐步意识到环保认证的重要意义，并已取得了相关认证。

### （一）生态质量认证的内容

经过长时间的准备工作，一套以人类生态学为基础的生态纺织品标准 Oeko – Tex Standard 100 应运而生。这个标准从人类生态学角度，以不伤害使用者的健康为前提，规定了纺织品生态性能的最低要求。除了相应的纺织品需要通过必要的有害物质的测试外，生产厂商也必须按规定遵守相应的品质管理与监控措施。对于通过逐项标准测试和认证的企业，才能获得授权在纺织品上悬挂 Oeko – Tex Standard 100 的标签。

Oeko – Tex Standard 100 认证注重系统认证，主张对纺织品生产链中的每一个环节进行检测，将成品制造商对其产品的生态性能的责任合理地分配到从原料到成品的每一个供应商。前一阶段进行的测试和认证，也将被考虑到后续的测试和认证中，但有些测试将不再重复进行。Oeko – Tex Standard 100 倡导的系统认证不仅能够有效地监督产品的生产过程，同时将认证的成本分摊到了整个生产链。从而可以带动整个生产系统在生态纺织品上的进步。位于任何一个环节上的制造商都可以将 Oeko – Tex Standard 100 证书出具给需要 Oeko – Tex 证书的生产链下一环节的制造商，从而扩大产品可能的销售机会。

### （二）生态质量认证的程序

Oeko – Tex Standard 100 认证是针对产品的认证，颁发证书的标准是看认证产品能否通过有关测试，申请厂商只需在认证机构的指导下，有步骤地进行各项程序。一般认证程序为：第一步，企业填写申请表，包括企业基本信息、认证产品、认证级别、原材料清单、染料和化学助剂的信息等；第二步，连同签署的与品质相符申明书一起递交到 TESTEX 的办事处（国际环保纺织协会在中国的代表机构）；第三步，根据企业具体情况制订样品清单，并预估认证费用；第四步，企业递交样品进行测试，同时付费；第五步，测试通过，颁发证书，授权使用标签。

国际环保纺织协会建立了严格的品质监控体系，以保护 Oeko – Tex Standard 100 标签产品的可靠性。首先，在申请厂商递交认证申请时，必须签署品质相符申明书，并向认证机构说明采取的品质监控措施，保证未来生产的大货与试用样品一致；其次，认证机构一年中对证书持有者的认证产品大货可随机进行两次现场抽查；最后，每年国际环保纺织品协会从市场上销售的数以万计的 Okeo – Tex 标签上品种抽取约 10% 进行测试，最大限度地保证了 Okeo – Tex 标签产品的可靠性。

### （三）双绿色认证

对于中国而言，纺织一直是支柱产业，现在依然是出口创汇的主要产业，国际市场上对生态纺织品的要求，已经引起了有关部门的重视。极力申请并获得环境标志产品认证与环境管理体系认证（双绿色认证）是纺织企业，尤其是出口企业增强国内外市场竞争力，冲破绿色贸易壁垒的有效手段。

#### 1. 环境标志产品

环境标志产品的认证是绿色产品的权威认证。环境标志是一种标在产品或其包装上的标签，是产品的"正面性商标"，表明该产品不仅质量合格，而且在生产、使用和处理过程中符合特定的环境保护要求，与同类产品相比，具有低毒少害、节约资源等环境优势。实施环境标志认证，实质上是对产品从设计、生产、使用，到废弃处理全过程的环境行为进行监控。

发放环境标志的最终目的是保护环境，有益于人类健康生活。环境标志不仅向消费者传递了一个信息，告诉消费者哪些产品有益于环境，并引导消费者消费这类绿色产品；而且引导企业自觉调整产品结构，采取清洁生产工艺，使企业环保行为遵守法律、法规，生产销售对环境有益的产品。

#### 2. 环境管理体系认证

国际上从 1996 年 10 月起开始推行的 ISO 14000 系列标准，一方面对一些发达国家凭借技术优势而构筑的要求过高的技术壁垒有所制约，同时也在推动世界贸易市场遵循"环境原则"，对发展中国家提出了更高的要求。

推广 ISO 14000 认证，可以帮助和促进企业实行从产品设计、生产、消费直至产品失去使用价值后的消亡全过程的每一可能产生环境污染和破坏生态的环节进行控制。

# 第四节　统计质量控制的常用方法

## 一、统计质量控制的定性方法

### （一）因果图法

因果分析图又叫鱼刺图、石川图、特性要因图或树枝图，是一种用于分析质量问题产生的具体原因的图示方法。在生产过程中，质量波动主要与人员、机器、材料、工艺方法和环境等因素有关，而一个问题的发生往往有多种引发因素交织在一起，从表面上难以迅速找出其中的主要因素。因果图就是通过层层深入的分析研究来找出影响质量的大原因、中原因、小原因的简便而有效的方法，从交错混杂的大量影响因素中理出头绪，逐步把影响质量的主要、关键、具体原因找出来，从而明确所要采取的措施。

把所有能想到的原因，按它们之间的相互隶属关系，用箭头归纳联系在一起（箭杆写原因，箭头指向结果），绘成一张树枝状或鱼刺状的图形，如图2-8所示。主干箭头所指的为质量问题，主干上的大枝表示大原因，中枝、小枝芽表示原因的依次展开。

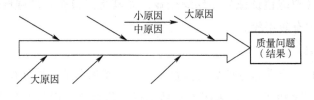

图2-8　"因果图"示意图

因果图法的主要特点在于能够全面地反映影响产品质量的各种因素，而且层次分明，可以从中看出各种因素之间的关系。通过这种分析，有助于使管理工作越做越细，从而找出产生次品的真正原因，然后对症下药，采取措施加以解决。

### （二）关联图法

关联图是表示事物依存或因果关系的连线图，把与事物有关的各环节按相互制约的关系连成整体，从中找出解决问题应从何处入手。关联图用于搞清各种复杂因素相互缠绕、相互牵连等问题，寻找、发现内在的因果关系，用箭头逻辑性地连接起来，综合地掌握全貌，找出解决问题的措施。

关联图与因果图相似，也是用于分析问题的因果关系。但因果图是对各大类原因进行纵向分析，不能解释因素间的横向关系。而关联图法是一种分析各因素之间横向关系的有效工具。

关联图主要用于以下四个方面：

（1）制订与执行质量方针，方针的展开、分解和落实，质量保证等计划。

（2）分析、研究潜在不良品和提高质量的因素及其改进措施。

（3）制订开展质量管理小组活动的规则。

（4）改善企业劳动、财务、计划、外协、设备管理等部门的业务工作。

图 2-9 为某厂分析装配线上质量不良原因的关联图。通过关联图，改变了管理人员对不良原因的看法，采取了适当的措施，结果使产品不良率大幅度降低。

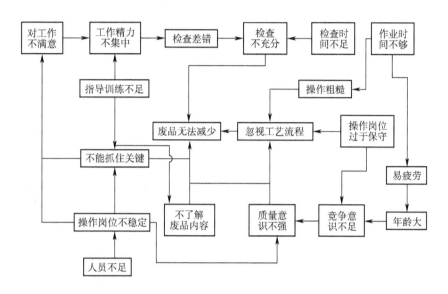

图 2-9　追查产品质量不良关联图

### （三）分层法

造成产品质量异常的因素很多，如何正确、迅速地找出问题症结所在，行之有效的方法就是将数据分层，即把所收集的数据依照使用目的，按其性质、来源、影响因素等进行合理的分类，把性质相同，在同一生产条件下收集的数据归在一起，把划分的组叫作"层"，通过数据分层，把错综复杂的影响质量因素分析清楚，该方法叫作"分层法"。分层法可以按时间、操作人员、设备、操作方法、原材料、加工方法等进行分类。

通常，分层法与其他质量管理工具联合使用，即将性质相同、在同一生产条件下得到的数据归在一起，然后再分别用其他方法制成分层排列图、分层直方图、分层散布图等。

【案例分析】某汽车装配车间的汽缸体与气缸盖之间经常发生漏油，经调查 50 套产品后发现，一是由于三个操作者在涂黏合剂时的操作手法不同，二是所使用汽缸垫来自两个制造厂。这时，可采用综合分层法分析漏油原因，见表 2-6。

表 2 - 6　综合分层法

| 操作者材料 | | 气缸垫 | | 合计 |
| --- | --- | --- | --- | --- |
| | | 甲厂 | 乙厂 | |
| 王师傅 | 漏油 | 6 | 0 | 6 |
| | 不漏油 | 2 | 11 | 13 |
| 李师傅 | 漏油 | 0 | 3 | 3 |
| | 不漏油 | 5 | 4 | 9 |
| 赵师傅 | 漏油 | 3 | 7 | 10 |
| | 不漏油 | 7 | 2 | 9 |
| 合计 | 漏油 | 9 | 10 | 19 |
| | 不漏油 | 14 | 17 | 31 |

表 2 - 6 表明，王师傅使用乙厂气缸垫时无漏油，而李师傅使用甲厂气缸垫时无漏油，赵师傅使用甲厂或乙厂气缸垫时，都有漏油现象发生。由此可见，给王师傅和李师傅分别配乙厂和甲厂的汽缸垫，即可避免漏油发生。

### （四）系统图法

系统图法是把要实现的目的与需要采取的措施或手段系统地展开，并绘制成图，以明确问题的重点，寻找最佳手段和措施。系统图可以将事物或现象分解成树枝状，故又称为树形图或树图。

在计划与决策过程中，为了达到某个目的或解决某一质量问题，就要采取某种手段。为了实现这一手段，又必须考虑下一级水平的目的。这样，上一级水平的手段就成为下一级水平的目的。因此，可以把达到某一目的所需要的手段层层展开，明确问题的重点，合理地寻找达到预定目的的最佳手段或策略，如图 2 - 10 所示。

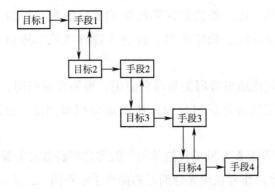

图 2 - 10　系统图的基本形式

### （五）KJ 法

KJ 法是用一定的方法将事件、现象和事实进行归纳整理，引出思路，抓住问题的实质，提出解决问题的办法。具体讲，就是把杂乱无章的语言资料，依据相互间的亲和性（相近的程度）进行统一综合，对于将来的、未知的、没有经验的问题，通过构思以语言的形式收集起来，按他们之间的亲和性加以归纳，分析整理，绘成亲和图，以期明确解决问题的办法。

KJ 法适合解决那些需要慢慢解决，无论如何要解决但不能轻易解决的问题，而不适合那些简单的需要马上解决的问题。

### （六）过程决策程序图法

过程决策程序图（Process decision program chart，简称 PDPC）法是为了实现研究开发的目的或完成某个任务，在制订行动计划或进行系统设计时，预测可以考虑到的、可能出现的障碍和结果，从而事先采取预防措施，选择最优方案把此过程引向最理想的目标的方法。图 2 – 11 为 PDPC 法的思考方法。

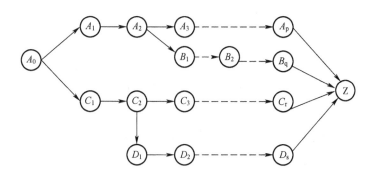

图 2 – 11　PDPC 法的思考方法

由图 2 – 11 可见，在运用 PDPC 法时，实现目标的手段不只有一个系列，而是要考虑多种手段系列，从而提高实现目标的可靠性。在实施时，可以将各系列按时间顺序进行，也可以考虑几种系列同时进行。

### （七）箭条图法

箭条图法是把计划协调技术（Program evaluation and review technique，简称 PERT）和关键路线法（Critical path method，简称 CPM）用以制订质量管理日程计划、明确质量管理的关键和进行进度控制的方法。其实质是把一项任务的工作过程作为一个系统加以处理，将组成系统的各项任务细分为不同层次和不同阶段，按照任务的相互关联性和先后顺序，用图和网络的方式表达出来，形成工程问题或管理问题的一种确切的数学模型，用以求解系统中的各种实际问题。

### (八) 调查表法

调查表又叫核对表，利用统计图表来记录和积累数据，整理和粗略分析影响产品质量的原因。常用的调查表有缺陷位置调查表、不良品原因调查表、频数分布调查表等。

【案例分析】表2-7所示为练漂不良品原因调查表。

**表2-7 练漂不良原因调查表**

| 模号 ＼ 不良原因 | 白度欠佳 | 毛效欠佳 | 强损 | …… |
|---|---|---|---|---|
| A | 正 | | 正 | |
| B | | 正 | 正 | |
| C | | | | |
| …… | | | | |

## 二、统计质量控制的定量方法

### (一) 统计分析表

统计分析表亦称调查表，它是为了调查客观事物、产品和工作质量，或为了分层收集数据而设计的图表，即把产品可能出现的情况及其分类预先列成统计分析表，然后检查产品时只需在相应分类中进行统计。在检验产品或操作工人加工、拣选产品时，发现问题后，工作人员只要在统计分析表中相应的栏内填上数字和记号即可。使用一定时间后，可对这些数字或记号进行整理，这时问题就能迅速地、粗略地暴露出来，便于分析原因、提出措施、提高质量。

统计分析表可分为不良项目统计分析表、缺陷位置统计分析表和频数统计分析表三类。

**1. 不良项目统计分析表**

一个零件和产品不符合标准、规格、公差的质量项目叫作不良项目，也称不合格项目。为了减少生产中出现的各种不良或缺陷，需要调查发生了哪些"不良"，以及各种"不良"的比例有多大，这时可用不良项目统计分析表。

**2. 缺陷位置统计分析表**

对外观缺陷进行统计调查的方法大多是作产品外形图、展开图，然后在图上对缺陷位置的分布进行调查。缺陷位置统计分析表可增加措施改进一栏，能充分反映缺陷发生的位置，便于研究缺陷为什么集中在那里。缺陷位置统计分析表是工序质量分析中常用的分析表。

**3. 频数统计分析表**

使用频数统计分析表的目的常常是作直方图，需经过收集数据、分组、统计频数、计算、绘图等步骤。运用频数统计分析表时，在收集数据的同时，可直接进行分组和统计频数。每得到一个数据，就在频数统计分析表上相应的组内作一个标记，测量和收集数据工作结束后，频数分布表也随之做出，便能得到直方图的草图。

**（二）直方图**

直方图亦称频数分布图，是适用于对大量计量数据进行整理加工，找出其统计规律，即分析数据分布的形态，以便对其总体的分布特征进行推断，对工序或批量产品的质量水平及其均匀度进行分析的方法。绘制直方图，首先将测得的质量数据进行分组，并整理成频数表，然后据以绘出直方图。统计分布符合标准的直方图有以下几种：

（1）理想直方图。散布范围 $B$ 在标准界限 $T = [T_L, T_U]$ 内，两边有余量，如图 2 – 12 所示。

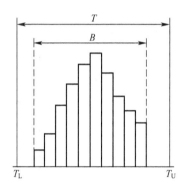

图 2 – 12　理想直方图

（2）$B$ 位于 $T$ 内，一边有余量，一边重合，分布中心偏移标准中心，应采取措施使分布中心与标准中心接近或重合，否则易出现不合格产品，如图 2 – 13（a）和图 2 – 13（b）所示。

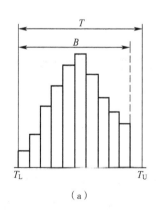

（a）

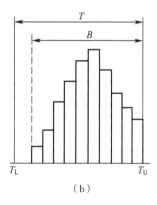

（b）

图 2 – 13　统计分布符合标准的非理想直方图（一）

（3）$B$ 与 $T$ 完全一致，两边无余量，易出现不合格产品，如图 2－14 所示。

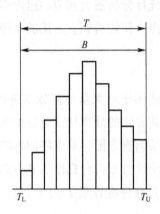

图 2－14　统计分布符合标准的非理想直方图（二）

统计分布不符合标准的直方图如图 2－15（a）和图 2－15（b）所示。图 2－15（a）中分布中心偏移标准中心，一侧超出标准界限，出现不合格品；图 2－15（b）中散布范围 $B$ 大于 $T$，两侧超出标准界限，均出现不合格品。

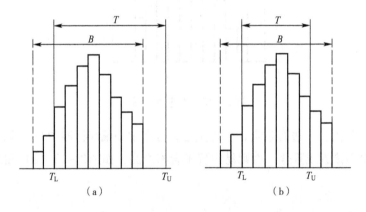

图 2－15　统计分布不符合标准的直方图

尽管直方图能够很好地反映出产品质量的分布特征，但由于统计数据是样本频数分布，它不能反映产品随时间的过程特性变化，有时生产过程已有趋向性变化，而直方图却属于正常型，这也是直方图的局限性。

**（三）散布图**

散布图是通过分析研究两种因素的数据之间的关系来控制影响产品质量的相关因素的一种有效方法，又称为相关图。在生产实践中，有些变量之间往往存在相关关系，但又不能由一个变量的数值精确地求出另一个变量的数值，将这两种有关的数据列出，用点画在坐标图上，然后观察这两种因素之间的关系，这种图就是散布图（图 2－16）。

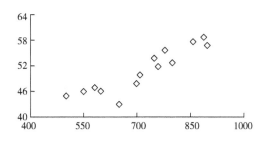

图 2 - 16　散布图示例

为了表示两个变量之间相关关系的密切程度，需要用一个数量指标来表示，这个指标称为相关系数，通常用 $r$ 表示。不同的散布图有不同的相关系数 $r$，且 $-1 \leqslant r \leqslant 1$。因此，可根据相关系数 $r$ 的值来判断散布图中两个变量之间的关系（表 2 - 8）。

表 2 - 8　相关系数 $r$ 的取值

| $r$ 值 | 两变量间的关系判断 |
| --- | --- |
| $r = 1$ | 完全正相关 |
| $1 > r > 0$ | 正相关（越接近 1，正相关性越强；越接近 0，越弱） |
| $r = 0$ | 不相关 |
| $0 > r > -1$ | 负相关（越接近 -1，负相关性越强；越接近 0，越弱） |
| $r = -1$ | 完全负相关 |

注　相关系数 $r$ 所表示的两个变量之间的相关是指线性相关，当 $r$ 绝对值很小甚至等于 0 时，并不表示两变量之间不存在任何关系，只是不存在线性相关关系。

假设两变量分别为 $x$ 和 $y$，则相关系数 $r$ 可根据下式进行计算：

$$r = \frac{\sum (x - \bar{x})(y - \bar{y})}{\sqrt{\sum (x - \bar{x})^2 \sum (y - \bar{y})^2}}$$

**（四）排列图**

排列图是通过找出影响产品质量的主要问题，以便确定质量改进关键项目的图表，也称为帕累托图。由于影响产品质量的因素很多，而主要因素往往只是其中少数几项，由它们造成的次品却占次品总数的绝大部分。

**【案例分析】**图 2 - 17 为织物染疵的主次因素排列图的基本形式。

排列图中有 2 个纵坐标、几个长方形和 1 条曲线，左边纵坐标表示频数（件数），右边纵坐标表示频率（以 % 表示）。横坐标表示影响产品质量的各项因素，按影响大小从左到右排列。曲线表示各影响因素大小的累积百分数，通常把累计百分数分为三类：0 ~ 80% 为 A 类因素，称为主要因素；80% ~ 95% 为 B 类因素，称为次要因素；95% ~ 100% 为 C 类因素，称为一般因素。

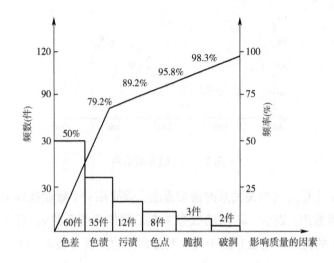

图2-17 织物染疵情况排列图

排列图把影响产品质量的"关键的少数与次要的多数"直观地表现出来，使我们明确应该从哪里着手来提高产品质量。实践证明，集中精力将主要因素的影响减半比消灭次要因素收效显著，而且容易很多。

### （五）矩阵数据分析法

矩阵数据分析法与矩阵图法有些类似，其主要区别在于不是在矩阵图上填符号，而是填数据，形成一个分析数据的矩阵。这种定量分析问题的方法也可称为主成分分析法，往往要求助于计算机求解。

矩阵数据分析法的基本思路是通过收集大量数据，组成矩阵，求出相关系数矩阵，以及矩阵的特征值和特征向量，确定出第一主成分、第二主成分等。通过变量变化的方法把相关的变量变为若干不相关的变量，即能将众多的线性相关指标转换为少数线性无关的指标（由于线性无关，就使得在分析与评价指标变量时，切断了相关的干扰，找出主导因素，从而做出更准确的估计），显示出其相应价值。这样就找出了进行研究攻关的主要目标或因素。

### （六）控制图法

详见第二章第二节"质量控制理论"部分。

## 三、统计质量控制的其他工具

### （一）流程图法

流程图法是将一个过程步骤用图的形式表示出来的一种图示技术。这个过程可以是生产线上的工艺流程，也可以是完成一项任务必需的管理过程。通过研究一个过程中各个步骤之间的关系，就可能发现故障的潜在原因和需要进行质量改进的环节。

## （二）头脑风暴法

头脑风暴法（Brainstorming）是采用会议形式，引导每个参加会议的人围绕某个中心议题，充分解放思想、激发灵感，在自己头脑中掀起风暴，毫无顾忌、畅所欲言地发表独立见解的一种集体创造性思维的方法。为此，头脑风暴法又称为畅谈法、集思法、智力激励法、脑力激荡法、奥斯本法。

## （三）水平对比法

水平对比法（Benchmarking）是把产品或服务的过程及性能与公认的领先者进行比较，以识别质量改进机会的一种方法，也称为标杆管理。

## （四）措施计划表

措施计划表是针对质量问题的主要原因制订的应采取措施的计划表，又称对策表。与排列图、因果图一起被称为质量管理活动的"两图一表"，既是实施计划，又是检查依据，是 PDCA 循环 P 阶段第四步——制订决策的产物。措施计划表是一种矩阵式的表格，包括序号、质量问题、因标措施、负责人、期限等项目。

## （五）其他

除了传统的质量工具外，计算机技术也逐渐被用于质量管理。目前，基于智能数据库和数据显示的质量工具主要有信息发现、数据显示和超级媒体。

# 第五节 质量控制与管理的意义

产品质量的优劣是衡量一个国家生产力发展水平以及技术、经济发展水平的重要标志。不断提高产品质量，直接关系到人们生活的逐步完善以及企业本身的生存发展。在国际市场上，20 世纪 80 年代以来，世界各国工业界出现一种流行的说法，认为现代世界正进行着一场没有硝烟的特殊的"第三次世界大战"。这场特殊的大战就是各国以产品质量为本，在国际市场上展开的激烈竞争，高质量的产品将是这场战争中的胜利者。

从国内和国际的实际情况及经济竞争格局来看，企业不断提高产品质量具有十分重要的现实意义。

## 一、产品质量与人们生活息息相关

人们在生活中，都希望能住上舒适宽敞的房屋，使用高质量的纺织品，穿着合体美观的服装，食用卫生、营养丰富、口味多样的食品，乘坐安全、便捷的交通工具等，这些都反映了人们对产品质量的要求和期盼，人们期盼有更多的优质产品来提高生活质量。

提高产品质量，就能给人们带来利益，保障健康和幸福；给社会带来利益，保障安定和繁荣富强；给企业带来利益，保障企业的生存和发展。为此，产品质量影响着人们的工作和生活，牵动着人们的切身利益。

## 二、产品质量和市场竞争息息相关

市场经济必然带来市场竞争，优胜劣汰是市场竞争的一种必然结果。市场竞争作为一种具有很强艺术特征的经营活动，从表面看，它体现着企业家的机智、灵感和魄力，但最终起决定作用的是其背后的实力。没有实力的支撑，无论采用多么巧妙的公关活动和市场战略，所能起到的作用往往都是有限的。构成企业市场竞争实力的内容是多方面的，但其最直接、最主要的内容就是产品质量。

一位具有战略眼光的企业家，往往是善于以长远的眼光来认识市场竞争的人，他们真正懂得"质量是企业的生命"这句格言的深刻含义，并身体力行地贯彻于企业之中，从而使企业在市场竞争中立于不败之地，使企业久盛不衰。

在激烈的国内外市场竞争中，提高产品质量，就能增强企业的竞争能力，企业就能得到生存和发展。否则，企业终将会被市场淘汰。

## 三、产品质量与经济效益息息相关

在商品经济条件下，企业是从事各种经济活动的营利性经济组织。追求盈利，讲求经济效益是一种很自然正常的事情。企业经济效益的有无或多少，会直接影响企业的生存和发展。

企业要取得经济效益，就必须通过销售自己的产品或服务的收入，抵偿支出，取得盈利。这里，对企业具有决定性的环节是企业的商品是否卖得出去，即由商品到货币的环节。马克思称其为"惊险的跳跃"，并指出："这个跳跃如果不成功，摔坏的不是商品，但一定是商品所有者。"企业所生产的产品能被顾客接受的前提条件是它具有一定的使用价值，也就是产品的质量符合顾客的要求。否则，产品就会卖不出去，由商品到货币的转换就不能实现，企业预想获取的经济效益也就无法实现，以致企业的再生产过程被中断，甚至有可能破产倒闭。

产品质量上去了，就可以扩大市场占有率，增加销售，增加生产。这样，单位产品成本也就可以降下来。在市场上，由于产品质量提高了，本企业的产品还可以按优质优价来出售，从而给企业带来更多的营利。

产品质量不仅与企业本身的经济效益息息相关，而且与社会效益紧密相关。一个国家的国民经济发展水平，一般都是以数量的增长幅度来表示的，但如果没有质量保证作基础，这种数量的增长也就失去实际效果。

积极推进经济增长方式转变，把提高经济效益作为经济工作的中心，这是我国实现国民经济和社会发展宏伟目标的关键。而经济增长方式转变的实质内容，是指从粗放型向集约型转变，也就是从外延的粗放型向内涵的集约型转变。外延的粗放型经济增长方式主要是依靠上新项目、铺新摊子、追求数量的扩张来实现经济快速增长。内涵的集约型经济增长方式主要是依靠技术的更新改造、管理和劳动者素质的提高、产品质量的提高来实现经济的快速增长。显然，采取后一种经济增长方式，对企业来说，就必须进行从数量型向质量型转变，走质量效益型的发展道路。在保证和提高产品质量的前提下，增加产品，扩大经济规模，才能保证经济效益持续稳定的增长，才能有效地实现国民经济和社会发展的奋斗目标。

# 复习指导

熟悉质量管理的演变历程及其发展趋势，掌握质量管理理论及其相应特点、质量认证与管理的目的及意义、统计质量控制的常用方法，是实现印染产品质量合理控制与管理的基础。通过本章学习，主要掌握以下内容：

1. 理解产品质量控制与管理的意义。
2. 熟悉质量管理的演变历程及发展趋势。
3. 熟悉质量管理理论的特点。
4. 理解质量认证的目的与意义。
5. 掌握并能合理应用统计质量控制常用方法。

# 思 考 题

1. 工业时代的质量管理经历了哪几个阶段？简述各自的特点。
2. 什么是全面质量管理？为什么说全面质量管理并不全面？
3. 什么是生态质量管理？简述生态质量管理的特征。
4. 什么是质量检验？简述质量检验的职能及其常用的管理制度。
5. 什么是质量检验管理制度中的三检制？为什么三检制必须以专业检验为主导？
6. 简述质量控制的概念。质量控制可以分为几个阶段？质量控制的理论要点有哪些？
7. 简述质量保证的概念及其职能。质量保证的理论要点有哪些？
8. 什么是质量监督？质量监督有什么特点？
9. 简述质量经济分析的概念？质量经济分析主要是分析哪些内容？
10. 简述生态质量管理的内涵与理论要点。
11. 简述认证与认可的区别。

12. 什么是质量管理体系认证？质量管理体系认证有哪些特点？

13. 什么是双绿色认证？为什么要进行双绿色认证？

14. 织物染疵统计数据如题表 2 - 1 所示：

题表 2 - 1    织物染疵统计数据分析表

| 疵病 | 色差 | 色渍 | 污渍 | 色点 | 脆损 | 破洞 |
|------|------|------|------|------|------|------|
| 件数 | 60 | 30 | 8 | 10 | 5 | 2 |

请根据题表 2 - 1 中数据画出织物染疵的主次因素排列图，并指出哪些疵病是主要因素、次要因素和一般因素。

15. 淀粉浓度应与吸光度呈良好的线性关系，题表 2 - 2 为淀粉浓度与吸光度之间的对应关系，请将其绘成散点图，结合虚拟直线和相关系数（$r$）来判断测试数据是否正确，同时找出误差点。

题表 2 - 2    淀粉浓度与吸光度的对应关系

| 淀粉浓度（mg/L） | 0 | 10 | 20 | 30 | 40 | 50 | 60 |
|------|------|------|------|------|------|------|------|
| 吸光度 | 0 | 0.1 | 0.36 | 0.372 | 0.52 | 0.636 | 0.83 |

16. 用因果图法分析棉织物退煮漂过程中强力损伤的原因，并简述相应的控制方法。

# 第三章　印染企业生产技术管理

## 第一节　印染企业生产管理概述

生产是企业一项最基本的活动，且是企业一切活动的基础，随着我国社会主义市场经济的发展，企业作为商品的生产者和经营者，必须强化生产管理。

### 一、印染企业生产管理的特点和目的

#### （一）印染企业的生产特点和管理要求

**1. 企业类型多，专业性强**

为了方便管理，常按加工内容将印染企业分为棉型织物印染厂、丝绸印染厂、毛染织厂、毛巾床单印染厂及针织物染整厂等类型。不同类型企业各有自己适应的产品，各有自己的技术优势、设备优势和物质资源配置优势。这种专业化的生产模式，不仅能提高企业的竞争力，而且对产品档次也是有益的。

**2. 花色品种变化快**

由于消费者的消费水平参差不齐，对纺织品档次的要求有较大的差别，这使社会需求呈现多样性的特点。另外，客户对纺织品花色品种要求的不断变化使印染企业存在多元化生产趋势。染整加工处于纺织工业整个流程的中后位置，而产品越进行到后面工序，它的种类就越多、批量就越小。多品种、小批量的生产模式考验着印染厂的管理水平和工艺技术水平，推动着印染厂的技术进步和管理水平的提高。

**3. 品质要求不断提高**

如今世界已经迈进信息化时代，信息化时代的特点是产品不仅凝结着更高的效率，而且凝结了大量的知识和技术。传统的印染生产过程讲究发挥纤维织物的自然的优良特性，而如今的印染产品不仅要发挥良好的天然特性，还要求给人以优异的视觉和触觉效果（如柔软、舒适等）。

**4. 流程变化多，各工序间联系密切**

尽管印染企业的类型和工艺流程具有很大的不同，但共同的特点是生产流程较长、工序较多。同类企业在生产同一产品时工艺流程不同，并且流程多变。各流程和工序间相互影响，交叉作用。如棉织物经典的前处理流程为退浆→煮练→漂白→丝光，这些工序的生产质量相互依存，前一工序质量决定了后一工序加工目标的实现。近年来，随着前处理设

备的改进和新型高效助剂的推出，棉织物的短流程前处理工艺研究活跃，主要有退浆—煮练一步法、煮练—漂白一步法和退浆—煮练—漂白一步法三种工艺。

### 5. 染化料助剂多

染化料是印染企业生产的主要原料，分为染料和化学助剂。染料按应用分类有直接染料、活性染料、还原染料、硫化染料、分散染料、酸性染料、媒染染料等，同类染料又可按颜色和性质分成不同品种。印染企业所用的化学助剂有酸、碱、盐、氧化剂、还原剂和表面活性剂等，它们的使用和管理必须分门别类，防止性能不同的化学助剂用错。

### 6. 设备类型多

印染工艺流程长，涉及的设备单元多。一条生产线由多个独立加工设备组合而成，每一加工设备又是以单元机组合而成的连续工作线。设备体积庞大，从占用车间面积及成本核算考虑，通常不设置备用机台。若生产计划和工艺设计不充分考虑这一因素，某一设备的某一单元若出现故障，就会影响整个生产线的运转，影响生产计划的完成。

### 7. 水电汽消耗量大

现行的印染工艺用水作为染化料助剂的载体，在加工结束后全部排放。另外，织物需要经过反复干湿处理，需要消耗大量的电和蒸汽。减少污染排放、降低能源消耗、控制大气污染和环境保护是印染企业的重要课题。印染企业必须加强在污染控制和环境保护两个方面的投入。

## （二）印染企业生产管理的目的

生产管理就是把生产过程中的劳动、资金、物资等生产要素有机地结合起来，用最经济的手段生产出质优价廉的产品。由于印染企业的自身特点，其生产管理具有一定的复杂性。生产管理的主要任务有以下几点。

### 1. 生产管理对企业的经营目标起保护作用

企业的经营目标是通过生产活动转化而实现的，印染企业要根据企业的生产计划，有效地组织、协调、指挥和控制生产系统，保证生产任务的按时完成，并以最小的消耗和最低的劳动成本，使企业取得较大的经济效益。

### 2. 生产管理影响企业生存

企业的生产水平不仅取决于其技术水平，更主要取决于其管理水平。各个企业都应在生产管理方面狠下工夫，不断挖掘潜力。企业要获得一定的利润，必须不断提高企业的生产管理水平。

### 3. 生产管理要求适应柔性生产计划

目前，印染企业大多是订货生产，根据客户与企业签订的订货合同或协议生产出符合约定的产品。协议中，明确了产品的品种、质量、数量、交货期和其他特殊要求条款，企业必须保证按规定的数量、质量、品种和交货期提供所需的产品。这种订货生产方式迫使企业的生产计划必须具备柔性。

## 二、印染企业生产管理的原则

盈利是企业生存的必要条件之一，企业要实现盈利，就必须重视企业的生产管理原则。

### （一）重视生产过程的组织原则

生产过程的组织工作应符合连续性、比例性、节奏性和适应性四个原则。

**1. 连续性**

生产过程的连续性是指生产过程的各个阶段、各工序紧密相接，产品一致处于运动或加工状态。只有生产过程连续，才能减少在制品占用，缩短生产周期；才能有效地利用原材料、设备、存放产地和人力，减少损失；才能改善产品质量。要使生产过程连续，必须合理地选择工艺和设备，按生产速度配置设备台数，尽量把能连续的设备组成生产线作业，提高自动化、专业化水平。

**2. 比例性**

生产过程的比例性是指生产过程的各阶段、各工序在生产能力和生产量上要保持合适比例。若生产效率和设备数量出现不配合，必然会出现生产人员劳动的不均衡，生产过程连续性变差。由于印染企业生产的产品随着社会需求不断变化，产品的多样性使印染企业的工艺设计、工艺操作必须不断调整，以适应新的情况。

**3. 节奏性**

生产过程的节奏性是指企业的各个生产环节保持均衡生产，各个工作产地的负荷保持相对稳定。投入的节奏性是基础，生产过程的节奏性依赖于生产的统筹安排。

**4. 适应性**

生产过程的适应性是指在市场需求发生变化时，企业的生产过程能迅速做出调整，适应新情况。如采用混流生产的组织方式或在主流产品以外组织灵活的生产订单，都可以提高企业生产过程的适应能力。

### （二）重视生产过程的经济效益原则

企业生产过程中的经济效益是指生产过程中的劳动消耗、资金占用与生产成本的比较。只有生产成果大于生产过程中的劳动消耗和资金占用，企业才能获得利益，增加生产积累，发展生产。所以，企业应在增加产出和减少投入两方面考虑来提高经济效益。

**1. 提高设计水平**

尽管单件小批量生产，成批生产的各种纺织品具有不同的性质和要求，但就纤维性质、含杂情况和需要加工过程来说，有许多相同或相似的部分，通过对常见产品的分析，尽量使产品系列化、工艺标准化、设备通用化。扩大同类工序的产量，变单件小批量生产为大批量生产。

### 2. 提高生产组织管理水平

（1）加强订货管理，尽量使客户订购本企业已经生产过的产品或变型产品。

（2）按工艺专业化的原则建立生产单位（车间、工段），使同类加工集中生产。

（3）合理搭配产品品种，在保证交货期的前提下，贯彻"同期大批量、少品种"的原则等，优化生产方式。

### 3. 增加产出，提高生产效率

采用先进的设备、工艺和现代化的生产组织方法，加快生产速度，缩短生产周期。如采用煮练—漂白一步法、退浆—煮练—漂白一步法对棉型织物进行前处理，不仅可减少生产用时、节约能源消耗，也可有效地节约生产用水。

### 4. 提高管理水平

印染企业不能片面地减少投入以追求高速度，要在降低生产消耗、减少资金占用、加快资金周转上下工夫。生产过程中，应根据生产条件、市场需求和经营方针综合考虑对影响企业经济效益的各种因素，综合安排生产。

## 第二节　印染企业生产过程管理

### 一、印染企业生产作业计划

企业的生产计划规定了企业的品质指标、质量指标、产量指标和产值指标，这些指标是相互联系的统一体，也是企业对未来的一种预期。生产作业计划永远跟着生产计划行动，它是生产计划的具体执行计划，是建立在正常生产秩序，实现企业均衡生产，完成生产任务，指导企业日常生产活动的重要工具。

在市场经济条件下，任何企业都应先有利润计划，再有销售计划和生产计划，然后围绕生产计划编制材料供应计划、设备供应及动力计划、生产技术准备计划、劳动定额计划、资金计划、成本计划等。生产作业计划是落实性计划，是将企业的年度生产计划落实到车间、工段、班组、个人，将全年计划落实到月、旬、周、天。

#### （一）生产作业计划的编制要求

生产作业计划的编制要求具有严肃性、科学性、预见性和群众性。

##### 1. 严肃性

生产作业计划不是可编可不编的问题，而是必须编。作业计划的执行也不是可执行可不执行的问题。生产作业计划如果不严肃，计划就会缺乏有效性，失去作用。执行不严肃会使生产成为一盘散沙。

##### 2. 科学性

编制生产作业计划要有科学的依据，所采用的基础资料、信息等必须真实、可靠。同时，编制计划的方法要科学。

### 3. 预见性

生产作业计划和其他计划一样，从时间上必须具有超前性，要充分估计到即将开始的未来所存在的优势和困难，努力发挥有利因素的效用，克服不利因素带来的困难，早发现问题，早提出措施意见。

### 4. 群众性

生产作业计划的执行是所有职工的事情，一线职工最了解生产，吸取一线职工的意见和建议，使生产作业计划具有可操作性。

### （二）生产作业计划的编制程序

生产作业计划的编制包括收集资料、选择单位和制定标准。

### 1. 收集资料

企业计划编制要广泛收集生产任务、上期计划完成情况、生产准备和生产能力方面的资料。

（1）生产任务方面的资料有企业年度与季度生产计划、上级有关指示文件、订货合同、备品备件及产品试制任务、厂外协作情况等。

（2）上期计划完成情况包括上期作业计划预计完成情况、配套缺件以及在制品结存、产品质量完成情况（如合格率、废品率及质量问题的分析资料等）、工时与台时定额完成情况等。

（3）生产前准备资料包括生产设备情况、原材料与染化料助剂的供应情况、动力与运输的供应情况等。

（4）生产能力资料包括生产设备的运行状况、设备的维修状况、职工的技术水平状况等。

### 2. 选择计划单位

印染企业的计划单位常以"米（m）""万米""吨（t）""公斤（kg）"表示，也有以订单数和批量来表示。

### 3. 制定期量标准

期量标准是指为加工对象在生产期限和生产数量上所规定的标准数据。"期"就是时间，"量"包括数量和质量。"期"和"量"之间存在内在联系，寻求不同条件、不同环境下的内在联系，找出规律性加以规范，形成标准。常规纺织品的质量有国家标准，企业开发的新产品应建立企业标准，企业同时还应有产品的一等品率指标，这些量化标准是编制生产作业计划的依据。

### （三）作业计划的生产批量

印染企业一般为成批生产，各个生产环节所结存的在制品品种和数量经常变动，不易掌握。但生产批量、生产周期、生产提前时间和数量等标准都是固定的,可利用这些标准来进行时间和数量上的衔接。

**1. 批量**

批量是指花费一次准备至结束所投入的一批相同制品的数量。按生产量分,生产可分为大批量生产、成批生产和小批量生产三种方式。大批量生产具有生产稳定、效率高、成本低、管理工作简单等优点,但也存在投入量大、适应性差和灵活性差等缺点。单件小批量生产,由于作业现场不断变化品种,作业准备频繁,造成生产设施利用率低,因此生产稳定性差、效率低、成本高、管理工作复杂。成批生产介于大量生产与单件生产之间,即品种不单一,每种都有一定的批量,生产有一定的重复性。目前,单纯的大量生产和单纯的单件生产都比较少,一般都是成批生产。

**2. 最小批量**

最小批量是以保证合理利用为主要目标的一种批量,可采用式 3 – 1 进行计算。

$$Q_{\min} = \frac{T_0}{K_1} \times V \tag{3 – 1}$$

式中：$Q_{\min}$——最小批量,m;

$T_0$——设备调整时间,h;

$K_1$——设备调整时间允许损失系数;

$V$——设备生产速度,m/h。

采用这种方法确定批量,保证设备用于调整的时间与用于加工的时间之比不超过某一规定数值,即设备调整时间允许损失系数 $K_1 \leqslant T_0 / T_工$（$T_工$ 为设备实际生产时间）。通常,损失系数由经验确定,具体如表 3 – 1 所示。

表 3 – 1　损失系数参考值

| 零件体积 ＼ 生产类型 | 大批 | 中批 | 小批 |
|---|---|---|---|
| 小件 | 0.03 | 0.04 | 0.05 |
| 中件 | 0.04 | 0.05 | 0.08 |
| 大件 | 0.05 | 0.08 | 0.012 |

**3. 经济批量**

经济批量是以生产费用最小为目标的一种批量。当年产量一定时,生产批量越小,设备调整次数和费用越多；批量增大又会增加在制品,占用材料费、制造费增加。采用经济批量法,可以求得生产费用最低情况下的最佳批量。经济批量可用式 3 – 2 计算。

$$Q_e = \sqrt{\frac{IAN}{CI}} \tag{3 – 2}$$

式中：$Q_e$——经济批量,m;

$A$——一次设备调整费；

$N$——计划期产量，m；

$C$——单位制品费用；

$I$——在制品占用费用率。

### 4. 以期定量

以期定量是以标准生产间隔期为依据计算批量的一种方法，可采用式3 – 3计算。

$$批量 = 生产间隔期（日）× 平均日产量 \tag{3 – 3}$$

需要先确定生产间隔期，然后再确定批量。当产量变动时，只需调整批量，不必调整生产间隔期。

但是，这种方法缺乏数量分析，经济效果考虑不够。因此，对计划产量大、单位产品价值高、生产周期长的产品可先用经济批量法，计算出经济批量对应的生产间隔期，然后以此为标准，在标准生产间隔期表中，选用与其相近的生产间隔期，以便收到即考虑经济效益又简化生产管理的双重效果。

### （四）在制品定额

车间在制品定额是指车间在制品占用量，包括正在加工、等待、运输或检验中的在制品数量。在制品定额可分为周转在制品定额和库存在制品定额，周转在制品定额可用式3 – 4与式3 – 5计算。

$$周转在制品定额 = 生产周期/生产间隔期 × 批量 \tag{3 – 4}$$

$$或 \qquad 周转在制品定额 = 生产周期 × 平均日产量 \tag{3 – 5}$$

式3 – 4用于定期轮番生产的计算，式3 – 5用于不定期成批生产的计算。

库存在制品定额是指存放在中间仓库的在制品数量，可根据各车间在制品的入库和出库方式、期末周转在制品占用量及车间之间保险在制品占用量来确定。

### （五）生产提前期

生产提前期是指产品在各工艺阶段出厂（投入）的日期比成品出厂日期提前的时间，分为投入提前期和出厂提前期。提前期是根据车间生产周期和生产间隔期计算的，同时要考虑一个保险期。提前期是按反工艺顺序连续计算的，其计算公式为式3 – 6和式3 – 7。

$$某车间投入提前期 = 本车间生产提前期 + 本车间生产周期 \tag{3 – 6}$$

$$某车间生产提前期 = 后车间投入提前期 + 保险期 \tag{3 – 7}$$

有了提前期标准，企业就可根据生产计划或合同规定的产品交货期，确定各批产品的投入时间和生产时间，保证生产任务按时完成。

### （六）生产作业计划

成批生产企业的生产作业计划采用生产提前期法将预先编制的生产提前期转化为提前量，确定各车间计划期应达到的投入和产出累计数，减去上期已投入和产出的累计数，求得各车间完成的投入数和产出数。

对于订货式生产，各种产品的数量任务完成取决于订货的数量，这种生产类型的生产作业计划的编制一般不涉及量的问题，主要解决使生产的产品在工序和时间上能够衔接起来，并保证产品的交货期。可以运用网络计划法编制生产计划。

网络计划法是用网络图表示一个错综复杂的活动过程，揭示组成活动过程的各分活动之间的内在联系，指出其主要矛盾所在。并通过对网络的优化分析，不断改善网络计划，求得工期、资源与成本的最优方案。图 3-1 为某印染企业的印花产品生产网络计划图。

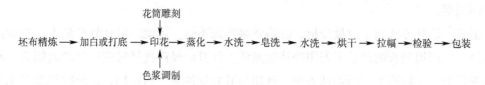

图 3-1　印花生产网络计划图

企业的生产计划具有严肃性，但必须考虑其弹性问题，一般用滚动计划法来增加计划的弹性。滚动计划就是把计划期划分为若干间隔，最近的时间间隔中的计划是实施计划，内容是具体、详细的，与生产作业计划接近。随着计划的实施，根据内、外部条件的变化情况，不断对计划进行调整、延伸，生产出新的即将执行的计划和预期安排计划。

## 二、生产过程管理

### (一) 工艺准备与管理

工艺准备是在设计工作完成后进行的，包括来样分析与审查、工艺方案的制订、工艺规程的编制、工艺装备的准备和工艺管理等内容。

#### 1. 来样分析与审查

来样分析与审查是指对客户的来样进行分析确定。来样为染色或漂白产品时，首先要确认对色光源和所用染料，若本厂现有染料与来样所用染料不同时，易产生"灯光转色现象"。若客户不能确定对色光源，可以在几种会发生转色的常用光源下多打几个色板供客户挑选。也可以采用计算机测配色系统对来样进行测试，以便筛选染料，争取做到同色同谱。

#### 2. 工艺方案的制订

根据织物的原料搭配，确定工艺流程、工艺参数、半制品和成品质量的控制范围等。在确定工艺时，首先应明确来样的纤维类型，不同性能的纤维所用的染化料助剂与设备不同。如果客户没有特别指定，应当在有利于保证质量、便于生产、有利于降低成本的前提下确定生产工艺。

#### 3. 工艺规程的编制

根据生产类型的不同和工序的重要程度不同，工艺规程的形式和内容也应不同。对某一产品，最简单和最基本的工艺规程为工艺路线卡，工艺路线卡标明了产品加工的路线、车间、工段、工序及名称、设备等。更详细的是工艺卡，在工艺卡上要列出工艺阶段经过的工种、工序、工序内的各种操作及各工序使用的设备、加工方法、半制品的技术等级、工时定额、材料定额等。对于没有特殊技术要求的小批量生产的一般产品，选用工艺路线卡即可。而有特殊要求或成批生产的产品，可编制工艺卡片或工序卡片。

工艺规程编制后，要组织设计、生产部门及有关车间进行审查和会签。设计部门主要审查工艺规程能否保证设计要求，生产部门审查按此规程的设备负荷，车间审查执行该工艺规程是否适合本车间的生产条件。

在工艺规程编制时需注意，工艺方法并非越先进越好，如果采用不适当的先进生产方案，反而会增加成本，降低经济效益。

### 4. 工艺装备的准备

工艺装备是实现工艺规程需要配置的各种工具的总称，可分为通用工艺装备和专用工艺装备。通用工艺装备由专业厂制造，企业由外购入；专用工艺装备由企业自己设计和制造，也是工艺装备准备的主要内容。

### 5. 工艺管理

工艺规程的贯彻包括日常生产中工艺的严格执行和调整、试验与化验、工艺变更的审批、工艺上车的检查、工艺责任和工艺纪律等。一方面，工艺员要给一线操作员以必要的指导，使其了解工艺问题；另一方面，质量管理部门要加强工艺纪律维护，要求一线操作员和技术人员严格遵守工艺文件，不经过一定的审批程序，任何人不得随意更改。将执行工艺规程的水平作为对操作人员考核、定级的重要内容之一。

### （二）生产作业管理

生产作业管理是以生产作业计划为依据，组织执行的生产作业计划。包括生产准备、生产调度、交接班、操作管理、作业核算和在制品管理。

### 1. 生产准备

要做好每一个生产订单，在正式生产之前，必须做好三核对、三检查、三到位工作。

（1）三核对。在生产开始之前，执行车间必须核对订单与坯布或半制品的品种规格是否一致；核对计划数量（客户要货数加上合理的加成数）是否正确；核对所要求的上染颜色是否正确。

（2）三检查。在染色或印花前需检查半制品质量是否符合要求；检查小样仿色处方是否有漏误；检查按处方调配的大缸染液或色浆是否正确，可以取少量的大缸染液或色浆打小样检查。

（3）三到位。在生产放样之前，首先要人员到位，除了全机台定员到位外，技术人员必须到场；其次是工艺到位，严格控制打样的车速，各种配液的浓度测定到位，汽蒸箱的温度一定要达到工艺规定数值；最后是操作到位，进布需平整，遇到所加工布匹的幅宽与机台导布幅宽不一致，必须在样布与导布间接相应幅宽的过渡引布，挡车工要预先调好轧车的压力，该加水冲淡的必须按规定加好。

**2. 生产调度**

生产调度的任务是检查各个生产环节的化学助剂、染料、半成品的投入和生产进度；检查、督促和协调有关部门及时做好各项生产作业准备工作；根据生产需要合理调配劳动力；对轮班、昼夜、周、旬或月计划完成情况进行统计分析；督促检查原材料、工具、动力等的供应情况。

生产调度以预防为主，主要预防生产活动中可能发生的一切脱节现象。调度人员必须深入实际，及时了解生产活动中的变化情节，分析研究所出现的问题，克服困难，完成生产任务。

**3. 交接班**

车间轮班长、生产组长、工人之间实行对口交接，交班人做好交班准备，接班人提前进入工作现场。交接班内容包括上级交办的任务、生产计划执行情况、半制品储备量、翻改品种的规格；工艺变更情况，浆料、染化料的配方、数量和使用情况；设备运转中存在的问题，检修注意事项；原始记录、图表。

未经交班，交班人不得离开现场。接班时发现的连续性疵点，由上一班人负责，未发现的由接班人负责。当班的设备故障或事故由当班处理，如无法处理完毕，向接班人说明原因，并提供出解决方法。

**4. 操作管理**

根据产品特点、工艺要求、设备结构、原材料性能和安全技术要求，组织制订和修改各运转工种的操作方法、操作规程。定期进行操作技术测定、评定等级。各工种根据不同质量要求确定本工种操作合格等级，把测定和评定结果记入个人生产卡片，作为参考依据。

**5. 作业核算**

生产作业核算的内容一般包括产品及其零部件的出厂量和投入量、完工进度、各个单位完成的工作任务、生产工人和设备的利用率等。生产作业核算的方法和具体形式，虽然因生产条件的不同而不同，但其基本原则是相同的。首先将生产中有关方面的活动记载在原始凭证上，然后按照一定目的把资料汇总记入有关台账或编成各种图表。

作业核算工作的要求是要系统、经常、及时、准确、简便易行。更重要的是要做到数字准确、账账相符、账和实际相符。

**6. 在制品管理**

在制品管理就是对在制品进行计划、协调和控制的工作，即合理地控制在制品与半制品的储备量、做好保管工作、保证产品质量、节约流动资金、缩短生产周期、减少和避免积压。

做好在制品管理工作，要求对在制品的投入、出厂、领用、发放、保管、周转做到有数、有据、有制度和有秩序。合理地存放和保管半制品有两种管理方法，一种是企业统一管理，有利于企业主管控制整个生产过程，监督各生产单位执行作业计划，能及时调整前后工段的生产情况；另一种是车间分散管理，按照不同的在制品设库，归有关车间管理。

# 第三节　印染企业生产技术控制与管理

根据加工目的分类，纺织品印染加工大致可分为前处理（即退浆、煮练和漂白，通常将三者统称为练漂）、染色或印花、整理三个阶段。不同加工阶段具有不同的质量评价指标，其影响因素自然有所不同。所以，不同加工阶段加工技术控制应与质量评价指标相对应。

## 一、前处理产品质量影响因素及其控制

前处理就是利用化学和物理的方法，除去坯布上所含的天然杂质以及在纺织加工过程中所沾上的浆料和油污渍，使织物具有洁白的外观、柔软的手感和良好的渗透性，为后续的染整加工提供良好的半制品。

前处理产品的质量主要决定于练漂工艺（如流程、配方、工艺条件等），另外练漂助剂、练漂加工设备及操作等也是影响练漂产品质量的重要因素。只有正确分析产品质量的影响因素，加工才能做到有的放矢，控制好产品质量。练漂产品的主要质量评价指标有强力、白度、毛效和缩水率，这里对这四个指标的影响因素及其控制方法作简要介绍。

### （一）强力的影响因素及其控制方法

织物的强力与织物结构、纱线性能及纤维的性能有关，其中纤维的强力与纤维分子的聚合度和物理结构有关。此外，练漂加工也是影响织物强力的重要因素。在练漂加工过程中，主要是从加工设备和工艺因素两个方面影响纤维性能。

#### 1. 设备因素的影响及其控制

练漂中常用的设备根据织物受力情况可分为松式和紧式两大类。松式设备主要是绳状加工、浸或淋式加工，织物本身处于较松弛状态，受到的张力小。紧式设备主要是浸轧设备、平幅加工设备，织物在加工中受到设备的挤压或拉力作用，使织物组织结构发生变化，从而影响织物的强力。另外，湿强较低的纤维（如黏胶纤维、蚕丝、腈纶等）在加工时，过大的张力极易造成织物强力下降，甚至使织物出现破损。

因此，对于织物本身强力比较低的织物（如丝绸类、组织疏松的轻薄类织物等），应尽量选择松式设备。而对于组织紧密、厚实的织物，宜采用紧式设备。

设备的材质也会对某些加工过程产生一定的影响，如在氯漂及氧漂时，铁、铜制品可催化漂白剂分解，加速纤维的氧化降解，从而影响纤维的强力。

#### 2. 工艺因素的影响及其控制

练漂是指通过一定的工艺，选择某一种或几种化学试剂与织物上的杂质进行反应，使

杂质降解或转变成易溶性物质而被去除。在这个过程中，练漂用的氧化剂、蚕丝脱胶用的碱剂等多种试剂不仅能和纤维杂质起作用，也会与纤维反应，对纤维造成一定的损伤。因此，在制订练漂工艺时，应从以下几个方面加以考虑。

（1）许多练漂试剂具有除杂和损伤纤维的双重作用。在保证去杂质量的前提下，尽量选用对纤维无损伤作用的安全性试剂。当必须选用有双重作用的练漂试剂时，应确定合理的工艺条件，并进行严格控制。练漂过程中，应控制的主要工艺条件有助剂的种类及其浓度、溶液的 pH 值、加工温度和时间等。

（2）加强水洗，排除不安全因素。水洗的目的不但是为了彻底去除织物上原有的杂质，也是为了清除加工中使用的化学试剂，排除不安全因素。例如，练漂时未洗净的过氧化氢，不仅会在烘干过程中使织物发生局部损伤（因水分蒸发而发生局部浓度增大，使织物局部纤维发生氧化分解），而且会破坏后续染色用染料的发色基团。

（3）严格按工艺规程操作，防止操作性纤维损伤。例如，棉织物在退浆时，当轧酸堆置到达规定时间后，应立即水洗，否则易造成风干，使纤维发生酸降解而受到损伤；煮布锅加压煮练前，锅内空气排放不净，空气中的氧气会使纤维发生氧化而降解，进而影响织物强力。

### 3. 其他因素的影响及其控制

除以上所提到的设备、试剂及工艺条件的选择之外，坯布使用或沾上纤维敏感性试剂、织物存放不当发生霉变、运输过程中的拉伤和擦伤等都会影响纤维的强力。

### （二）白度的影响因素及其控制方法

#### 1. 工艺因素的影响及其控制

常用于纺织品的漂白剂可分为还原性和氧化性两大类，还原性漂白剂主要有二氧化硫、亚硫酸钠、亚硫酸氢钠、低亚硫酸钠（俗称保险粉）和硫脲等，还原性漂白剂的漂白能力较弱且不稳定，漂白织物存储过程容易泛黄（可能原因是，空气中氧气在一定的温湿度条件下，可以将被还原的发色结构氧化成有色物质）；氧化性漂白剂主要有过氧化氢、次氯酸钠、亚氯酸钠、过氧乙酸等，其中亚氯酸钠漂白白度最好，但使用过程中会造成严重的环境污染，而双氧水漂白白度纯正、无杂色，但漂白时通常需要较高的温度和 pH 值，过氧乙酸漂白条件较过氧化氢温和，但存储稳定性极差。

影响漂白的工艺参数主要有浓度、温度、时间和 pH 值等。一般而言，漂白剂的浓度越大，白度越好；漂白时间越长，白度越好；pH 值随漂白剂的种类而异。特别注意工艺制订中不能单纯考虑白度的要求，还要考虑纤维本身的强力（对于纤维素纤维而言，测试漂白产品的聚合度更能准确地反映出纤维的损伤程度）等指标。

#### 2. 其他因素的影响及其控制

漂白过程本身是影响白度的主要因素，但另有一些因素也对织物白度有一定的影响。如天然纤维去杂程度、练漂过程中形成的斑渍都会影响织物的白度，且练漂产品存放时间的长短也是影响因素之一。

综上所述，只有合理选择漂白剂，严格控制工艺条件，彻底均匀地去除坯布上的杂质，才能使织物获得理想的白度。

### （三）毛效值的影响因素及其控制方法

毛细管效应值（简称毛效值）是衡量织物被水润湿渗透效果的物理量，织物毛细管效应值的好坏不仅决定了后续印染和整理加工能否顺利进行，而且决定了织物吸水、透汗性和穿着舒适性。合格的练漂半制品应具有 8cm/30min 以上的毛效值，若太低，则会影响织物的后续加工过程及使用性能。织物的毛效值受纤维种类与结构、织物组织结构、加工工艺条件等多方面的影响。

**1. 纤维种类与结构的影响**

就纤维而言，影响织物润湿渗透性的因素主要有纤维所含亲水基团的数量及性能、纤维的比表面积、纤维的截面结构。天然纤维的润湿渗透性普遍较合成纤维好，主要是由于其亲水基团丰富、结构较为疏松、比表面积大。异形结构纤维（如三角形、Y 形、五角形等）因其在纺纱过程中不能紧密接触而形成大量的空隙或毛细管，进而改善织物的吸湿性。

纤维的含杂情况，尤其是拒水性杂质（如果胶、脂蜡质、浆料、油剂等）是影响织物毛效值的主要原因之一。天然纤维所含的杂质绝大部分是疏水性物质，所以未经练漂处理的坯布毛效值很小。此外，拒水性物质在纤维表面的分布状态也对纤维的润湿性能有很大影响，如果纤维表面被拒水性物质所覆盖，就形成了拒水性表面，织物的润湿渗透性就差。

**2. 织物组织结构的影响**

织物的组织结构对其润湿渗透性也有影响。一般而言，织物组织紧密厚重的，润湿渗透性能差，毛效值低；反之，毛效值高。

**3. 工艺因素的影响**

练漂过程中，影响织物渗透性好坏的主要因素是杂质，特别是拒水性杂质（如脂蜡质、油污等）的去除程度。天然纤维中以棉为例：提高温度，有利于蜡质物的去除；渗透性表面活性剂有助于助剂充分渗入纤维内部，提高拒水性杂质的去除程度。

**4. 其他因素的影响**

在后整理加工中，不同的整理工艺，成品的毛效值不同。例如，经树脂防皱整理的织物与未经处理的织物相比，其毛效值低。

### （四）织物缩水率的影响因素及其控制方法

**1. 缩水产生的原因**

（1）纤维在纺纱时，或纱线在织造及染整时，织物中纤维与纱线受外力作用而伸长或变形，同时纤维、纱线及织物结构产生内应力，在静态干松弛状态，或静态湿松弛状态，又或在动态湿松弛状态、全松弛状态下，内应力有不同程度的释放，使纤维、纱线及织物回复至初始状态。

（2）纤维在润湿状态时，因浸液的作用产生膨化，令纤维直径变大，如在织物上，迫使织物的交织点纤维曲率半径增加，导致织物长度缩短。例如，棉纤维在水的作用下膨化，横截面积增大40%～50%，长度缩短1%～2%。

**2. 影响缩水率的因素**

（1）原材料。一般来说，吸湿性大的纤维，浸水后纤维膨胀，直径增大，长度缩短，缩水率就大。

（2）织物密度。如经、纬向密度相近，其经、纬向缩水率也接近。经密大的纺织品，经向缩水就大；反之，纬密大于经密的纺织品，纬向缩水也就大。

（3）纱支粗细。纱支粗的织物缩水率就大，反之，缩水率就小。

（4）生产工艺。一般来说，织物在织造和染整过程中，纤维要拉伸多次，加工时间长，施加张力较大的织物缩水率大，反之就小。

（5）纤维成分。容易吸湿膨胀的纤维，缩水率大。例如，天然植物纤维（如棉、麻）和植物再生纤维（如黏胶）比合成纤维（如涤纶、腈纶）的缩水率大。

（6）织物结构。一般情况下，机织物的尺寸稳定性要优于针织物；高密度织物的尺寸稳定性要优于低密度织物。在机织物中，一般平纹织物的缩水率小于法兰绒织物；而针织物中，平针组织的缩水率又小于罗纹组织织物。

（7）生产加工过程。在练漂加工中，织物受到不同程度的张力作用，这会引起织物伸长，而这种伸长是短暂的，一旦织物再次下水，就要在水的溶胀作用下，释去外力造成的紧张状态。伴随着这种变化，纤维也会出现相应的回缩，引起织物的缩水现象。为了降低织物的缩水率，在加工时，应尽量减少张力，特别是湿状态下易变形的织物，如纯棉织物、黏胶织物、蚕丝织物等，一般应采用松式加工设备进行加工。对于含有氨纶等弹性好的织物，在练漂之前进行一道预定形工艺，提高其后续加工的尺寸稳定性。

（8）洗涤护理过程。洗涤护理包括洗涤、干燥和熨烫三个步骤，这三步每一步都会影响到织物的缩水。例如，手洗样品的尺寸稳定性要优于机洗样品；洗涤的温度同样会影响尺寸稳定性，一般而言，温度越高，稳定性越差。样品的干燥方式对织物的缩率影响也是比较大的。

## 二、染色产品质量影响因素及其控制

一批完全符合质量要求的染色产品是各个加工环节的完美结合。染色产品的质量受多种因素制约，如工艺（流程、配方、工艺条件）、设备、染化料、操作及后勤保障等。此外，染色疵病的发生，还具有一定的偶然性。所以，在分析染色产品质量问题时，要从各个方面进行综合分析，找出引起问题的真正原因，以便解决问题，并避免再次发生质量问题。

## （一）色光对样及匀染性的影响因素

### 1. 工艺配方的制订

配色是一项复杂、细致而又很重要的工作，工艺配方的合理性直接关系到染色产品质量，制订合理的工艺配方，可以大大减少操作过程中的麻烦。工艺配方制订的主要依据包括下面几方面。

（1）纤维的性能及织物的组织结构和规格。不同纤维的结构不同，性质也不同；客户对染色产品的要求不同，则所采用的染料也不同。

（2）色泽和被染物用途。选用某些工艺较为成熟的染料染色，可以大大减少染色疵病，提高染色产品的质量。另外还要考虑被染物的用途，例如，窗帘布应选用耐日晒色牢度高的染料。

（3）染化料的性能。打样人员要了解常用染料的染色性能，掌握每种染料的染色性能，可减少拼色时染料的竞染现象，避免色差，提高染色重现性。同时，应对染色操作提出合理的要求和注意事项。

（4）染色加工方法、设备的性能及产品的适用性。所选用设备的加工方式不同，浴比大小不同，加工时对织物的张力作用也不同。工艺配方的制订要综合考虑织物的染色质量要求、设备的加工成本与适用性、加工产品质量的稳定性等，选用合适的设备。

（5）染整加工的质量要求及成本要求。企业总是追求以最小的投入获取最大的收益，选用不同的染料，加工成本相差甚远。

### 2. 工艺条件

工艺条件（如温度、时间、pH等）是影响染色产品色光和匀染性的重要因素，每一个条件都会直接影响产品质量。

（1）温度。温度的高低关系到纤维的膨化程度、染料的性能（如溶解性、分散性、上染速率、上染率、色光等）和助剂性能。染色温度的控制主要体现在入染温度、升温速率、保温温度及降温速率。例如，超细涤纶比表面积大，对染料的吸附速率大，入染温度要比普通涤纶低；阳离子染料染腈纶，因阳离子染料的吸附速率较快且移染性差，对温度敏感，升温速率必须严格控制；对于低温染料来说，不能在高温条件下进行染色，且染后降温速率不能太快。

（2）时间。染色时间的确定与染料在纤维上的扩散、结合有关，染色必须有足够的时间，让染料充分上染、扩散、固着，得到应有的色泽和良好的透染性。时间过短，染料不能完全上染，透染性和色牢度较差，同时没有足够的时间让纤维上的染料"移染"以达到匀染的目的。时间过长，有时反而会使织物随温度及化学药品作用时间过长而发生风格变化，影响手感。

（3）pH。pH也是影响染色色泽和匀染性的重要因素。同一种染料染同一种纤维，当pH发生变化时，色光就会发生变化，而且会影响匀染性。pH还会影响纤维的性质以及助剂的性能，如活性染料的水解性与反应性都与 pH 有关。

### 3. 设备因素及设备选择

织物的组织结构对产品的风格要求不同，在染色加工时，为保证产品质量，要根据不同的纤维、不同的织物组织选用不同的染色设备。设备对染色产品质量的影响主要体现在设备的运行稳定性制约着染色色光的稳定性、影响产品的匀染性两个方面。

设备是染色均匀性的重要因素之一，为保证染色均匀一致，对设备具有以下要求。

（1）工艺适应性强。能满足匀染性对设备温度、压力、速度、处理时间等工艺参数以及染化料等化学介质变化调整的要求，与新技术、新工艺相适应。

（2）自动化程度高。对主要工艺参数尽可能自动检测、调节，达到精确控制，减少人为原因造成的匀染疵病。

（3）一机多用，适应多品种的加工要求。减少设备投资的前提下，保证设备能满足不同品种织物染整的匀染性和其他质量要求。

（4）设备以低张力或松式为佳。张力大或张力不匀极易造成匀染质量问题，所以要求在设备操作运行中尽可能在松式或低张力、均匀张力下运行。

### （二）透染性的影响因素及其控制方法

染料在纤维内外、纱线内外及织物内外的均匀分布习惯上称为透染性。染料的透染性虽然不易观察，但对产品的质量有很多影响。若透染性不好，会造成"环染"或"白芯"，使产品耐摩擦色牢度和耐皂洗色牢度下降。影响透染性的因素主要有染料、助剂、温度和时间等。

### 1. 染料

染料的扩散性是影响织物透染性的重要因素之一。染料在纤维内部的扩散，一方面受到纤维分子引力的作用，另一方面受到纤维内部空间阻力的影响。若染料分子结构简单、体积小、亲和力较小，则染料的扩散速率就大，透染性好；反之，透染性差。

### 2. 助剂

助剂是影响染色透染性的又一重要因素，加入对染料扩散有帮助的助剂（如渗透剂、助溶剂、扩散剂、纤维膨化剂等）有利于染料透染纤维；如加入的助剂使染料凝聚（如中性盐可促使直接染料凝聚）就会影响透染效果，甚至会造成严重的环染现象，还会导致匀染性降低。

### 3. 温度

提高温度有利于纤维的膨化和合成纤维分子的热运动，且有利于染料向纤维内部扩散，有助于提高扩散性差的染料的透染性。但是，始染温度太高，染料初染速度加快，影响透染性和匀染性；染色温度太高，会使染料快速染着纤维表面，阻碍染料进一步向纤维内部渗透。所以，染色温度的控制原则是适当降低始染温度，以保证染料的均匀吸附；提高保温温度，以促进染料的扩散。温度的确定要根据染料和被染物的性质而定。

### 4. 时间

延长染色时间，使染料从纤维表面向纤维内部充分扩散，有利于提高透染性。同时能够通过染料的充分移染来弥补初染的不匀。但延长染色时间，生产效率低，经济效益差，一般只作为匀染和透染的辅助手段。而且，不是所有染料都能通过移染方法获得匀染和透染效果。

此外，染色的搅拌、织物与染液的相对运动、纤维的吸湿膨化性能都会不同程度地影响透染性。

### （三）色牢度的影响因素及其控制方法

染色牢度是指染色制品在使用或在染后的加工过程中，染料（或颜料）在各种外界因素的影响下，保持原来色泽的能力。染色牢度是衡量染色产品质量的重要指标。染色牢度的影响因素很多，主要有染料的化学结构、染料在纤维上的物理状态（如染料的分散程度、与纤维的结合情况等）、染料浓度、染色方法和工艺条件等。纤维的性质对染色牢度也有很大的影响，同一染料在不同纤维上往往有不同的色牢度。

常见的色牢度有耐皂洗色牢度（或耐水洗色牢度）、耐摩擦色牢度、耐日晒色牢度，此处仅对上述三种常规色牢度的影响因素及其控制方法作简要介绍。

#### 1. 耐皂洗色牢度

耐皂洗色牢度是指染色制品在规定条件下，在皂液中洗后褪色的程度，包括原样褪色及白色标准布沾色两项指标。染色制品的褪色是织物上的染料在皂液中经外力和洗涤剂的作用，破坏了染料与纤维的结合，使染料从织物上脱落溶解到洗涤液中而褪色。

（1）染料溶解性。含亲水性基团越多、水溶性越好的染料，耐皂洗色牢度越低。反之，耐皂洗色牢度越好。

（2）染料和纤维的结合情况。如酸性媒染染料和直接铜盐染料可与金属螯合，染料的水溶性降低，染料与纤维间的结合力较大，耐皂洗色牢度较好。

（3）纤维结构。如分散染料在涤纶上的色牢度比在锦纶上好，这是因为涤纶的结构比锦纶紧密，疏水性较强的缘故。

（4）染色工艺。染料扩散不充分或皂洗不充分，附着于纤维表面的染料易脱落，耐皂洗色牢度差。

（5）皂洗条件。皂洗条件（如皂洗液组成、温度、pH 值和时间等）越剧烈，耐皂洗色牢度越差；反之，越好。

#### 2. 耐摩擦色牢度

染色制品的耐摩擦色牢度可分为耐干摩擦色牢度和耐湿摩擦色牢度。耐摩擦色牢度是织物在摩擦力作用下使染料脱落而引起的，湿摩擦除了外力作用外，还有水的作用，一般耐湿摩擦色牢度比耐干摩擦色牢度低。

织物的耐摩擦色牢度决定于浮色的多少、染料分子的大小、染料与纤维的结合情况、染料渗透的均匀度、染料在织物表面的粒子情况、织物表面毛羽的多少等。为保证耐摩擦色牢度，必须选择合适的染料，制订合理的工艺。必要时可加平滑固色交联剂，减少织物表面的摩擦系数，同时使纤维表面形成一个包覆染料的柔软薄膜，使其在摩擦时不易脱落。

### 3. 耐日晒色牢度

染色制品经日晒后的褪色及变色是一个比较复杂的过程。在日光作用下，染料吸收光能，分子不稳定，必须将能量以不同的方式释放出来，才能变成稳定态。其中一种形式就是染料吸收光能后直接分解，染料发色体系遭到破坏，而有的染料分子在光作用下经氧化或还原而褪色。

耐日晒色牢度与染料的分子结构、染料在纤维上所处的物理状态、染料与纤维的键合状态、染料用量和助剂种类有关。要保证染色制品的耐日晒色牢度，关键是从结构上对染料进行选择，然后制订合理的染色工艺。在染色后的整理中，所加的助剂也要进行选择，以保证助剂不会显著降低染料的耐日晒色牢度。

## 三、印花产品质量影响因素及其控制

### （一）图案对样准确性的影响因素及其控制

图案的对样准确性是指印花后织物上获得的图案与原稿花型精神（印花图案的一种表达，即花样形态、外观效果）具有很好的符合性。图案的对样准确性是影响印花产品质量的首要因素，也是印花产品质量检验中第一个需要评定的内容。

#### 1. 印花工艺方法的选择

不同的花稿必须根据花、色间的接触情况和图案特点，结合印花工艺的效果（表3-2）选择合适的印花方法。

表3-2 不同印花方法的印制效果

| 印花方法 | 印制效果 |
| --- | --- |
| 直接印花 | 白地色花、浅地色花或地花色泽同类，并且地花的大小、轮廓通常没有特别要求 |
| 拔染印花 | 印制深地浅花、地色面积远大于花纹面积的花样，以及花纹精细、轮廓清晰度要求高的花样 |
| 防染印花 | 染料的化学稳定性高，这些染料不能用于拔染印花，而用于防染印花能得到高级别色牢度的防白或色防产品。但是防染印花有时花纹轮廓不够清晰，防白效果不如拔白理想 |
| 拔印印花 | 主要用于深花细茎、地花面积不太大、花茎间对花准确、没有留白的情况。另外，拔印印花能够得到少套多色、立体感强的印制效果 |

#### 2. 制版的影响及其控制

制版是印花生产的第一个重要环节，如果所制花版与花稿精神不符，那么无论印花工艺如何控制，都无法实现对样准确的要求。下面以平网感光制版为例，简要介绍制版过程对图案对样准确性的影响及控制方法。

（1）正确选择版材。版材的稳定性能与规格尺寸直接影响图案对样的准确性。平网印花制版选用绷网框架和筛网材料时，主要考虑材料变形性和筛网规格两个因素。其中花版框架要求质轻、耐腐蚀、刚性好、不易变形的钢管材料，筛网力求伸缩性小、坚牢耐用、弹性适中、经纬丝光滑、粗细均匀、网孔大小一致。

筛网规格的选用，要依据织物的吸湿性和花型大小来确定。织物吸湿性强或花型面积大的需浆量多，一般选择目数小、透浆量大的筛网；反之，则选择目数大、透浆量小的筛网。

同一花稿描绘黑白稿时，所用整套片基要选同一批号的，以防因伸缩性能不一，导致印花不准。

（2）感光底稿的制作效果。为了保证印制效果符合原稿精神，描稿时根据图案花色特点及采用的印花方法工艺要求做必要的变化处理，而不是照搬原稿。

传统的平网制版描稿是在花稿分析的前提下，在裁好的成套片基上进行人工描绘。为了使印制出来的花样符合原稿精神，描绘应按照以下规律进行。

①直接印花描绘要求按图案的深、中、浅依次进行。

②在同一花型中，深色完全按原作描绘，中色和深色连接时，可将深色画进去，浅色可覆盖在深、中色之上。

③两色间的复色要均匀，一般宽度≤0.5mm（手工台板印花复色宽度≤1mm）。

④遇精细花纹时，要相应减少复色宽度。

⑤某些多层次复色花样，浅色层次只要碰到即可。

⑥描绘细茎、泥点时力求清晰均匀。

⑦描绘写实花样时，花型表现力求有立体感。

另外，描稿还要考虑坯布的情况。由于光滑、轻薄织物的吸湿性差，描绘细茎、泥点时要比原样细，间隔要宽；反之，细茎、泥点要描得粗些，以免出现断茎，影响对样准确性。

（3）严格制版工艺要求。以下以平版筛网重氮感光胶花版的制作为例，简要介绍制版工艺对花版准确性的影响和控制要求。

①绷网。筛网的经纬与框架的经纬力求保持平行，以保证网孔方正、张力均匀一致。张力不足，印花升降架起落时会引起弹性；张力不匀，会产生套歪。因此，加压时用直接蒸汽均匀喷雾使之受潮，稳定网丝形态。平纹织物印制大块面花型时，筛网必须斜绷，以防止松版印疵病。绷网2h后，进行贴边，贴边要求平直、牢固，否则，会产生漏浆。

②清洗。用清洗剂将绷好的筛网框清洗干净，晾干后待用。

③涂感光胶。涂胶速度要适当，太快，易出现气泡，胶膜黏着不牢；太慢，会使涂层过厚，甚至流过网孔，影响均匀性。关键是保证涂层尽可能厚薄均匀，防止砂眼。

④感光。感光时间通常取决于片基的性能、光源的强度、感光胶的性能、胶层厚薄及筛网目数等。一般而言，精细花型用高目数的筛网，感光时间较短，以防止漏光产生堵塞、断茎、花型缩小等疵病；块面花型用低目数筛网，感光时间较长，以使化学反应充分，保证胶膜牢固。

⑤冲花（显影）。理想的浸渍温度为20～30℃。为了避免胶膜凸起，影响对丝网的黏

着性，水温不得超过35℃。用压力水枪冲花时，花型面积大的水压高，花型细而小的水压低。另外，冲花时间不可过长，否则，会引起砂眼等疵病。

⑥干燥。要求花版在水平状态下进行干燥，以避免水和胶液残留物滴落下来产生泡沫。干燥一定要彻底，温度为35~40℃。

⑦固化。固化是加固胶膜牢度，提高花版使用寿命的重要工序。要求固化液涂覆均匀一致。

（4）检修。检修是把好制版质量的重要环节，其结果直接决定着印花产品的对样准确性。所以，无论是哪种检修，都必须做到全面检查，认真校对，仔细修改。

**3. 色浆的影响及其控制**

（1）原糊。印花加工中，通常根据织物和印花工艺要求的不同，有侧重地选择糊料。对一种糊料而言，含固量越高，原糊的稠厚度就越大，制成色浆的稠厚度也越大。一般地，色浆太稠，渗透性较差，易引起拖刀、收浆不净和花色不匀；而色浆太稀，则会引起化开、渗化等现象。

色浆的均匀度通常取决于原糊的膨化程度、原糊与染化料的相容性以及有无外来杂质。因此，调制原糊时一定要充分膨化，生产中常用隔夜静置的方法来提高其膨化程度。

（2）染料。染料的正确选用与否直接影响图案的对样准确性。纤维种类、花色及印花工艺对染料的种类有不同的要求。

（3）助剂。色浆中添加的印花助剂种类和用量合适与否都会影响印花产品对样及外观质量。如尿素是常用的助溶吸湿剂，用量过多时，会影响原糊的抱水性，产生化开、渗化、眼圈等疵病。

**4. 印制设备和工艺的影响及其控制**

花稿上的图案是通过印制设备在织物上表现出来的，目前使用较多的印花机有平网印花机、圆网印花机。下面按印花机种类，从印花特点、对花方式、刮刀选择、印制要求及贴布浆概述图案对样准确性的控制方法。

（1）平网印花机。平网印花机的基本组成为台板、花版和刮刀，其特点是制网时间短、印制的花型轮廓清晰、织物受张力小，适合小批量、多品种的各类高档织物印花，是丝绸类及其他不耐大张力织物的专用印制设备。

刮刀规格的选用对印花质量有很大影响，其选择原则与筛网规格的选择有类同之处（表3-3）。

表3-3　刮刀与筛网选用的一般原则

| 项目<br>适用性<br>刀口形状 | 织物吸湿性 | 花型大小 | 台板种类 | 筛网数目 |
|---|---|---|---|---|
| 圆刀口 | 强 | 大 | 热台板 | 低目数筛网 |
| 斜刀口 | 差 | 小 | 冷台板 | 高目数筛网 |

刮刀的硬度、刀口形状及刮印压力直接影响印制过程给浆量的多少和收浆干净与否。给浆量多，得色均匀、浓艳，有利于块面花型的印制；收浆干净，轮廓清晰，有利于精细花纹的印制。

（2）圆网印花机。圆网印花机的特点是冷台办、车速快、清晰度不是太高，主要用于各种化纤织物的小花型少套色的印花。刮刀应根据所采用的染料、色浆用量和透印程度进行选择，刮刀刀片厚，柔软性小、压力大、色浆透网性大，适用于浓艳大块面花型；反之，柔软性大、压力小、色浆透网性小，适用于精细花型。

若圆网的目数已定，压出去的色浆量由刮刀的压力和位置决定。刮刀两头的压力和位置必须相等，才能保证印花色泽均匀。圆网印花的印制要求有以下几个方面：

①胶毯运行。胶毯的正常运转是保证准确对花的先决条件，胶毯的运转速度应比圆网快0.2%~0.4%。

②套次排列。一般由小到大、由深到浅排列。对于传色严重的花纹，可按先浅后深的原则排列圆网。印制时，套与套之间保持一定距离，叠版距离应尽量拉远些，以确保印制效果。

③刮刀准备。印前要仔细清洗，检查圆网和刮刀，防止因带有杂质或刀口不平而产生刀线、露地、压浅印等疵病。

**5. 蒸化设备与工艺的影响及其控制**

蒸化过程易产生搭色和色泽深浅的外观疵病，使产品不对样。因此，蒸化设备和工艺也是影响对样准确性的重要因素之一。蒸化设备可分为圆筒式蒸化机、悬挂式汽蒸箱和门式蒸化机，其特点分别如下：

（1）圆筒式蒸化机。具有给湿量大、织物得色浓艳的特点，是小批量、多品种印花织物常用的蒸化设备。按给湿方式可分为底汽和米字管进汽，前者给湿大，升温快；后者给湿少而不匀，且升温较慢。由于这两种进汽管均设在蒸箱底部，难免会产生箱内湿度不匀，造成印花织物左右深浅疵病。

（2）悬挂式汽蒸箱。一种连续式蒸化设备，蒸化织物受热、吸湿均匀一致，可有效防止因湿度不匀造成的色泽深浅疵病。

（3）门式蒸化机。大批量合成纤维织物及混纺织物、纤维素纤维织物、弹力织物等首选蒸化设备，将其用于拔染印花织物的蒸化，可有效防止或减轻眼圈疵病的产生。

**（二）图案清晰度的影响因素及其控制方法**

图案清晰度是指织物上呈现花纹图案的准确程度。影响轮廓清晰度的因素主要有花版质量、原糊的性能、印制设备及工艺方法、蒸化湿度和蒸化时间、水洗设备和工艺等。

**1. 花版质量的影响及其控制**

制版的准确性是影响印花图案清晰度的首要因素，需严格执行制版工艺的每一项技术要求。此外，花型边缘清洁、光滑和胶膜坚牢是印花图案清晰度的重要保证。

### 2. 原糊性能的影响及其控制

（1）原糊的抱水性好，印花时色浆不易化开，花纹轮廓清晰。

（2）宜选用塑性流体原糊。塑性流动的原糊印到织物上不再流动，印制轮廓清晰；牛顿型流动原糊印到织物上，黏度几乎不变，色浆容易流动，印制轮廓清晰度不高。

（3）含固量高的原糊黏度大，结合水分子的能力强，可防止印浆化开，提高清晰度。

（4）慎用吸湿剂也是提高花纹轮廓清晰度的有效方法。

### 3. 印制设备及工艺方法的影响及其控制

（1）印制设备。从印制设备的种类来看，印花轮廓清晰度的高低顺序一般为平网印花、圆网印花、滚筒印花。这主要是因为，平网印花靠刮为主、压为辅的动作配合来完成给浆，织物上的浆层薄，受压变形较小，并且采用较高的筛网目数，能够实现精细花纹的印制。但是，平网印花过程中，筛网印花的糊层比滚筒印花的厚，故很容易产生压糊、刮进等现象，导致图案轮廓不清晰，特别是花型边缘重叠的情况，复色印制范围增大，易造成清晰度下降。为保证印制花纹轮廓清晰度，应设法减薄给浆厚度，使印浆中的水分及时蒸发。

（2）印花工艺。对于同一印制设备，不同的印花方法对图案轮廓清晰度有不同的影响。清晰度大小次序为拔染印花、防拔印花、防染印花、直接印花。这是因为拔染印花是在有色织物上完成印制，即使花纹有轻微的渗化现象，受影响的是地色；如果印花中没有其他普通印浆，则可缩短蒸化时间，按照控湿要求进行蒸化，保证花纹轮廓清晰。

此外，印花织物宜采用平幅水洗、流水洗、脱糊前预固色，而绳状水洗易搭色，从而影响清晰度。

### 4. 蒸化湿度和蒸化时间

蒸化湿度和蒸化时间共同影响着印花织物图案清晰度，两者之间相互作用。一般而言，蒸化湿度大，织物吸湿量就大，糊料易产生渗化现象，进而影响图案清晰度。所以，蒸化湿度大时，蒸化时间宜缩短；反之，可适当延长蒸化时间。

### 5. 水洗设备和工艺

水洗设备和工艺也是影响印花图案清晰度的重要因素。一般平幅水洗、流水洗对保证良好的清晰度是有利的，而绳状水洗宜搭色，影响清晰度。

### （三）块面均匀度的影响因素及其控制方法

对于大面积的图案来说，均匀度是很重要的指标。印制花型的块面均匀度主要取决于色浆性质及印制操作。

### 1. 色浆

（1）染料的溶解性。由于原糊存在，印花用染料量要比染色多得多，而印花色浆又含有 40%～60% 的原糊，这给染料的溶解带来困难。因此，印花染料的溶解性要求比染色要高。调浆时需控制用水量，用水太少，染料溶解困难；用水太大，降低色浆黏度，影响图案的清晰度。

（2）色浆的印制性能。触变性好的原糊对切应力敏感，在刮印力作用下，黏度迅速下降，有利于块面花型的均匀给浆；刮印压力消去时，黏度迅速恢复有利于花型轮廓的清晰。为此，塑性流动的原糊比牛顿型的流动性好。

### 2. 印制操作

一般来说，为了保证块面的均匀性和色泽鲜艳度，大块面花型需浆量较大。筛网印花是通过筛网目数和刮印参数来控制块面均匀性，筛网目数低，开孔率高，色浆透网性好，给浆量多有利于给浆的均匀。刮刀厚、刀口钝、刮印压力大而匀，能提高给浆量和给浆均匀性。

### （四）色泽对样的影响及其控制方法

色泽对样是要求织物上所印制的花型应在得色的深浅、浓淡、色光等方面与原稿相符，其中主要控制因素有工艺配方的科学性、排版的合理性、传色、给浆量、蒸化工艺、水洗设备的选择和工艺等。

### 1. 色浆配方

（1）染料。色浆染料的拼色是色泽是否对样的一项首要因素，拼色时染料一般不超过三只，且要尽量避免余色关系的染料相拼。在上染性能方面，尽量选用上染速率曲线相仿的染料进行拼色，以达到较好的拼色效果和鲜艳度。

（2）助剂。由于印花与染色工艺的明显不同（如染料溶解浴较小、染料以原糊作为传递介质、上染时间短等），所以，色浆中要加入多种助剂（如碱剂、吸湿剂、防染盐、拔染剂等），其中许多助剂会对色泽有影响。

①碱剂。活性染料与纤维素纤维是在碱性条件下发生共价键结合，碱剂对色浆的稳定性、染料的固着率起着决定性的作用。一般而言，对于反应性高的染料，选用碱性较弱的小苏打，同时严格控制碱量，或选用高温下才显较强碱性的三氯醋酸钠或三氯醋酸钠与磷酸二氢钠的固色体系。对于稳定性较高的染料，要选用碱性较强的纯碱或纯碱与小苏打的混合物，同时要适当增加用量。

②吸湿剂。一般印花都需要在色浆中添加吸湿剂，吸湿剂过多或过少都会使染料的上染率下降而影响色泽对样。吸湿剂的添加要综合考虑纤维和糊料的吸湿性、蒸化设备和工艺等多方面的因素。

### 2. 排版顺序

（1）平网印花。花版排列的一般原则是从细到粗、从深到浅；复白在前、雕白在后。因为大面积花型排在前面印制时，由于连版刮印极易产生压糊。为了保证浅色花纹的鲜艳度，一般把浅色花纹版排在后面，以防被深色花版所压。雕白在后，既可以防止拔染剂影响其他色浆的稳定性，又能保证自身花纹的轮廓清晰度。

（2）滚筒印花。滚筒印花时，经常由于传色引起色浆成分不同程度的化学变化和物理变化，造成色泽的色调变化和鲜艳度明显下降。滚筒印花花筒排列次序一般有如下原则。

①根据色浆的化学性质排列花筒。把易被破坏、抵抗力弱的色浆花筒排列在前面，将不易被破坏、抵抗力强的色浆花筒排在后面。

②根据印花效果排列花筒。由浅到深或由明到暗；花纹较小的花筒排在前面，花纹面积较大的排在后面，满地花筒排在最后。

### 3. 传色

传色是指印花织物上有一种或几种花纹的颜色与该花纹印花色浆色相不符，产生显著色差的现象。产生传色的主要原因及其控制方法有以下三种。

（1）两种不同颜色的花纹相接时，先印的花纹面积较大且给浆量较多，使色浆堆积在织物上或花纹产生渗化，受后印的印花版挤压时，这些先印在织物上的色浆透过该版花纹网孔进入版内，造成后印的印花版内色浆变色。因此，印花时要注意控制给浆量，适当调整色浆黏稠度。

（2）印花过程中产生严重边污，使织物边沿或织物边沿外的印花台上堆置了较多的色浆，后印的印花版花纹与它相接或临近时，色浆通过花纹网孔进入版内使色浆变色。印花时要清除印花台、织物边沿及网版上的脏污和残留色浆。

（3）印花版换用不同色相的色浆时，版内或刮板缝隙内残留着未干燥的色浆，刮板运行时将这些残留色浆混入版内色浆中，使色浆变色。要检查并清除印花板和刮板上残留的色浆。

### 4. 给浆量

对于筛网印花来说，在渗透性相同的情况下，原糊的透网性好，给浆量多，织物得色浓艳；原糊的透网性差，给浆量少，织物得色浅淡。所有能增加织物得浆量的印制条件都有利于花型的浓艳度，而使织物得色量少的印制条件有利于花型的精细度。

### 5. 蒸化工艺

蒸化的目的是通过适当的工艺，使染料迁移到纤维上，并发生固着。蒸化的主要工艺条件是温度、湿度和时间。

湿度太低，染料发色不充分，给色量下降，浓艳度差；湿度过大，色浆渗化，影响花纹轮廓清晰度。湿度主要决定于蒸化介质，即饱和蒸汽和过热蒸汽。饱和蒸汽热传导系数大，相对湿度大，是蒸化中最常用的介质。蒸化宜采用干饱和蒸汽，否则易造成渗化、搭色等疵病，影响花型轮廓的清晰度及色泽的浓艳度。过热蒸汽常压下能获得高温，且加热快、能量消耗少，但相对湿度低，不利于染料的溶解、迁移和固着，所以，通常只用于对湿度要求不太高的产品。

### 6. 水洗设备与工艺

印花织物在净洗过程中，洗下来的大量浮色、印花浆料和染色助剂等会转移到净洗浴中，形成了具有一定染料浓度、一定温度和一定时间的染色浴条件，这就造成染料在被净洗织物的不同染色部分之间，通过净洗浴而相互转移，特别是从有色部分向无色部分的颜色转移，从而沾污白地和浅色地，使花色色泽萎暗。为此，选择优良的水洗防沾色剂和工艺条件是提高印花质量的关键。

### （五）色牢度的影响因素及其控制方法

色牢度的好坏是印花产品内在质量指标之一，其影响因素主要有染料种类及用量、色浆处方、染料固着工艺及水洗工艺等。

#### 1. 染料种类及用量

准确掌握染料的最高用量，能提高产品的鲜艳度和色牢度，同时节约染料。染料的最高用量是指每100g纤维能吸收的最多染料量（g）。一般而言，"浓"不能没有限制，如染料过量，将会导致浮色，影响色光和牢度。常用的酸性、直接、活性染料在真丝上的最高用量一般<3%。但有两个特例：一是涤纶用分散染料拼色印制深色花型，染料的总用量最高可达8%；二是涂料印花，涂料的最高用量也没有严格限制。

#### 2. 色浆处方

印花色浆中除了原糊和染料或颜料外，往往还需要添加辅助助剂（如尿素、碱剂、防染盐等）来提高染料的溶解性能及染料与纤维的结合牢度。染料溶解越充分，染料越易渗透进纤维内部，并与纤维发生有效结合，进而提高色牢度。其中某些助剂具有双重作用，例如，活性染料印花中添加的碱剂，一方面可以促进染料与纤维发生价键结合；另一方面又会促进染料水解。所以，应对色浆中各助剂用量进行严格控制。

#### 3. 染料固着工艺

染料的固着工艺是影响色牢度的重要因素之一。绝大部分染料的固着是通过蒸化工艺来实现的，蒸化工艺应根据印花染料的上染性能，结合织物特点和现有设备来确定。如在高温和一定湿度下，活性染料在碱性介质中与纤维发生共价键结合，同时还会发生部分水解，因蒸化温度比染色温度高得多，所以蒸化时间应比染色短得多。

#### 4. 水洗固色工艺

水洗主要是洗去浮色和糊料，水洗效果关系到印花织物的整体外观质量，尤其对色牢度、白地纯洁度有很大影响。洗净浮色是水洗对色牢度的保证，高温洗涤是从纤维上快速彻底洗除糊料、助剂和未固着染料最有效的方法，但容易产生白地和浅地沾色。

## 四、整理产品质量影响因素及其控制

织物整理的要求不但因组成织物的纤维种类而异，而且即使由相同纤维组成的织物也因织物的组织类型和用途的不同而不同。虽然织物整理的内容很多，但按整理目的大致可以分为以下几个方面。

（1）使织物门幅整齐、尺寸和形态稳定划一的纯机械整理；

（2）改善织物手感，使织物的综合性手感达到柔软、丰满、硬挺、粗糙、轻薄或厚实等不同风格的要求；

（3）改善织物外观，如织物白度、光泽、悬垂性等；

（4）改善或赋予织物其他特殊性能，如保健功能、舒适功能、卫生功能、防护功能、环保功能和易保养功能等。

总之，整理的质量决定了纺织品最终质检等级，直接影响产品的使用价值。本书以平整度、幅宽、缩水率和手感四个指标为例，简述其影响因素及控制方法。

### （一）平整度的影响因素及其控制方法

烘燥前织物折皱过多、折皱过久，或经过高温处理，则烘燥整平的难度就大。进布时，织物上原有折皱未被拉开，整理后的织物也会不平整。所以，织物进布前的加工和堆放要尽量避免产生折皱，烘燥前要根据被烘燥织物折皱产生的原因和特点调整烘燥时的张力、车速、温度等工艺条件。

烘燥时，扩幅张力和经向张力的大小是影响织物平整度的两个主要因素。张力过小，原有的折皱未被拉平就被烘干定型，产品不平整；增加张力，有利于提高织物的平整度。但调整张力时，需考虑织物的幅宽和伸长是否符合要求，否则又会产生其他疵病。

烘燥后，织物的落布温度要尽量低（化学纤维至少低于纤维的玻璃化温度），堆放尽量平整，时间尽量短。卷状烘燥后要及时退卷码折。

### （二）幅宽的影响因素及其控制方法

决定织物幅宽是否符合要求的因素主要有坯布幅宽、烘燥张力、超喂量、落布温度等。坯布幅宽略大时，适当增加经向张力；反之，适当增加纬向张力，并进行适当的超喂。但是，如果坯布幅宽与成品要求差距过大时，则很难通过烘燥处理调整到要求的尺寸。

### （三）缩水率的影响因素及其控制方法

缩水率的大小与纤维的吸湿性及织物组织结构有关，也与加工时织物所受的张力和温度有关。吸湿性大的纤维易伸长、缩水，应尽量采用松式设备加工。对于受热易收缩变形的合成纤维类织物，要适当控制整理设备的张力和加工温度。

### （四）手感的影响因素及其控制方法

织物的手感是由织物的某些力学性能通过人的触感所引起的一种综合反应。除了纤维种类和织物组织结构会影响织物手感外，定型整理工艺也是织物手感的重要影响因素。例如，单辊筒或多辊筒烘燥时，织物所受张力较大，易使织物产生内应力，导致手感粗；烘燥过度，织物手感疲软，无身骨；烘燥温度过高或中途停车，织物手感发硬或熔融。

# 复习指导

熟悉前处理、染色、印花和功能整理产品质量的主要影响因素及其控制方法，熟悉生产作业计划的编制方法和生产过程的科学管理方法，有助于控制产品质量及其稳定性。通过本章学习，主要掌握以下内容：

1. 熟悉印染企业生产特点。
2. 熟悉印染企业生产管理的原则。
3. 掌握生产作业计划编制要求和方法。
4. 熟悉印染企业生产过程管理要点。
5. 熟悉印染加工技术对产品质量的影响规律及其控制要点。

# 思 考 题

1. 简述印染企业生产特点。
2. 印染企业生产过程的组织原则有哪些？
3. 如何提高生产过程的经济效益？
4. 生产作业计划的编制要求有哪些？其具体含义分别指什么？
5. 简述三核对、三检查、三到位的涵义。
6. 什么是毛细管效应？影响织物毛细管效应的因素有哪些？
7. 什么是耐皂洗色牢度？影响耐皂洗色牢度的主要因素有哪些？
8. 简述影响耐摩擦色牢度的主要因素。
9. 影响织物缩水率的因素有哪些？
10. 简述平网印花的排版顺序及其理由。
11. 简述圆网印花的排版顺序及其理由。
12. 简述原糊对印花图案清晰度的影响规律。

# 第四章　企业生产现场管理

## 第一节　生产现场管理概述

### 一、生产现场的概念

生产现场是指劳动者运用劳动手段作用于劳动对象，完成一定生产作业任务的场所，即从事产品生产、制造或提供生产服务的场所。生产现场一般包括生产车间的作用场所和各辅助生产部门的作用场所。在我国的工业企业中，习惯把生产现场简称为车间、工段、班组或站、场、队等。企业生产现场是企业生产能力的载体，现场的作用从某种程度上来说是整个企业实力的象征。现场以产品生产为核心，主宰整个企业的运作事物，也是职工直接从事生产活动、创造价值的场所。

企业生产现场的人员多，但他们所处的环境基本相同，所以容易达成共识并形成团队意识。良好的团队意识能有效提高工作人员的积极性、主动性和能动性，进而促进生产力的提高，为企业的有效生产提供可靠的保证。

### 二、生产现场管理的概念

生产现场管理是指对企业生产活动的全过程进行综合性的、系统性的管理。生产现场管理就是运用科学的管理思想、管理方法和管理手段对生产现场的各种生产要素（如人、机、料、法、环境、资金、能源、信息等）进行合理配置和优化组合的动态过程，通过计划、组织、控制、协调、激励等管理职能，保证现场按预定的目标，实现优质、高效、低耗、均衡、安全、文明的生产作业。

生产现场管理的研究对象是企业的整个生产系统，包括输入、生产制造过程、输出和反馈四个环节。

（1）生产系统的输入。将用于企业生产的劳动、设备、材料、燃料等物质要素和生产计划、技术图纸、工艺规程、操作方法等信息要素投入生产过程。

（2）生产制造过程。劳动者运用设备、工具等劳动资料，按照规定的生产流程和计划，对劳动对象进行筛选、整理和加工，完成产品的制造过程。

（3）生产系统的输出。生产系统转换的结果，包括物质输出和信息输出。

（4）生产系统的反馈。把生产系统输出的有关产量、质量、成本、技术、进度、消耗等信息再输入生产系统，以利于发现差异、纠正错误，保证预期目标的实现。

## 三、生产现场管理的任务和内容

### （一）生产现场管理的任务

生产现场管理的主要任务是合理地组织现场的各种生产要素，使之有效地结合起来形成一个有效的生产系统，并经常处于一个良好的运行状态。具体包括以下几点：

（1）以市场需求为导向，生产适销对路的产品，全面完成生产计划规定的任务；

（2）控制生产成本，消除生产现场浪费现象。科学组织生产，采取新工艺、新技术，开展技术革命和合理化建议活动，实现生产的高效率和高效益；

（3）优化劳动组织，搞好班组建设和民主管理，不断提高现场人员的思想和技术业务素质；

（4）加强定额管理，降低物料和能源消耗，减少生产储备和资金占用，不断降低各种消耗；

（5）优化专业管理，完善工艺、质量、设备、计划、调度、财务安全等专业管理保证体系；

（6）组织均衡生产，实现标准化管理，严格执行技术标准、管理标准和工作标准；

（7）加强管理基础工作，做到人流、物流运转有序，信息流及时、准确，出现异常现象能及时发现和解决，使生产始终处于正常、有序和可控状态。

### （二）生产现场管理的内容

生产现场管理要实现自己的任务，需要做许多的工作，它的具体工作内容见图4-1。

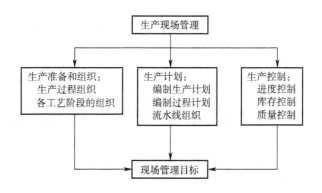

图4-1　生产现场管理内容

（1）生产准备和组织是指生产的物质技术准备工作和组织工作；

（2）生产计划是指对服务生产的计划工作和计划任务的分配工作；

（3）生产控制是指围绕着完成计划任务所进行的管理工作。

## 四、生产现场管理的特点

企业生产现场管理的主要特点包括基础性、系统性、群众性、规范性和动态性。

### （一）基础性

企业管理一般可分为三个层次，即最高领导层的决策性管理、中间层的执行性与协调性管理、作业层的控制性现场管理。现场管理属于基层管理，是企业管理的基础。高水平的现场管理可以增强企业对外部环境的承受能力和应变能力，可以使企业的生产经营目标、各项计划指令和各项管理要求顺利地在基层得到贯彻与落实。

优化现场管理需要以管理的基础工作为依据，基础工作健全与否直接影响现场管理水平。通过加强现场管理又可进一步健全基础工作。所以，加强现场管理与加强管理基础工作是一致的，而不是对立的。

### （二）系统性

现场管理是从属于企业管理这个大系统中的一个子系统，具有系统性、相关性、目的性和环境适应性。这个系统的外部环境就是整个企业，企业生产经营的目标、方针、政策和措施都会影响生产现场管理。生产现场管理的系统性特点就是要求生产现场必须实现统一指挥，不允许各部门、各环节、各工序违背统一指挥而各行其是。各项专业管理系统虽自成系统，但在生产现场必须协调配合，服从现场整体优化的要求。

### （三）群众性

现场管理的核心是人，人与人、人与物的组合是现场生产要素最基本组合，现场的一切活动和各项管理工作都需要人去掌握、操作和完成。所以，优化现场管理工作必须依靠现场所有职工的积极性和创造性，发动广大员工群众共同参与管理。

生产人员在岗位工作过程中，按照统一标准和规定要求实行自主管理，开展职工民主管理活动，必须改变员工的旧观念，培养职工好的工作习惯和参与管理的能力，不断提高员工的素质（即责任心）。提高员工素质既不能任其自然，也不能操之过急，要从多方面做细致的工作。

### （四）规范性

现场管理要求严格执行操作规程、遵守工艺纪律及各种行为规范。现场各种制度的执行，各类信息的收集、传递、分析与利用需要标准化。要做到规范齐全，并提示醒目，尽量让现场人员都能看得见、摸得着，人人心中有数。

### （五）动态性

现场管理生产要素的组合是在投入与产出转换的运动过程中实现的，优化现场管理是由低级到高级不断发展、不断提高的动态过程。但现场生产要素的优化组合在一定条件下又具有相对稳定性，生产技术条件稳定，有利于生产现场提高质量和经济效益。

但是，由于市场环境的变化、企业产品结构的调整，以及新产品、新工艺、新技术的采用，原有的生产要素组合和生产技术条件就必须进行相应的变革。现场管理应根据变化了的情况，对生产要素进行必要的调整和合理配置，提高生产现场对环境变化的适应能力，从而增强企业的竞争能力。所以，稳定是相对的、有条件的，变化是绝对的，"求稳怕变"或"只变不定"都不符合现场动态管理的要求。

## 五、生产现场管理的基本原则

### （一）经济效益原则

生产现场管理一定要克服只抓产量、产值而不计成本，只讲进度和速度而不讲效率与效益的单纯生产观点，应树立提高经济效益为中心的指导思想。项目部应在精品奉献、降低成本、拓展市场等方面下功夫，并同时在生产经营诸要素中精打细算，力争少投入多产出，坚决杜绝浪费和不合理开支。

### （二）科学性原则

生产现场的各项管理工作都要按科学规律办事，以期做到现场管理的科学化，真正符合现代化大生产的客观要求。还要做到作业流程合理，现场资源利用有效，现场定置安全科学，员工的聪明才智能够充分发挥出来。既不能安于现状、自甘落后，又不能操之过急、搞形式主义，而是要实事求是地坚持按科学性原则办事。

### （三）弹性原则

现场管理必须适应市场需求和满足客户的需求，具体体现在增加产品品种、提高质量、降低成本、按期交货等。最理想的现场生产和组织管理就是采用专用的生产设备和工艺装备进行大批量少品种的产品生产。为了适应多变的市场环境和满足客户需求，现场管理必须采用柔性制造、混流生产等生产组织形式与方法、培养多面手、实行弹性工作时间等。

### （四）标准化原则

标准化、规范化是现场管理最基本的要求。标准化管理是指劳动者必须服从生产中的统一意志，严格按照统一作业流程、技术方法、统一标准和规章制度办事，克服主观随意性。坚持标准原则，有利于培养人们的大生产习惯，有利于提高现场的生产效率和管理的工作效率，有利于建立正常的生产和工作秩序。

# 第二节 生产现场管理的常用方法

## 一、5S 管理

### （一）5S 管理的概念

5S 管理是源自日本企业的一种全新的管理模式，指在组织内部持续开展"整理"（Seiri）、"整顿"（Seiton）、"清扫"（Seiso）、"清洁"（Seiketsu）和"素养"（Shitsuke）五个项目，在日语中这五个单词的罗马拼音的第一个字母都是 S，所以上述五项活动被称为 5S 管理。欧美企业一般用"分类"（Sort）、"定位"（Straighten）、"刷洗"（Scrub）、"制度化"（Systematize）和"标准化"（Standardization）来代替 5S。欧美企业也有采用 5C 来代替 5S 的，即"清除"（Clear）、"安置"（Configure）、"清洁及检查"（Clean & Check）、"遵守"（Conform）、"习惯与实践"（Custom & Practice）。香港推广的 5S 一般被称为"五常法"，即"常组织""常整顿""常清洁""常规范"和"常自律"。

5S 管理中整理、整顿、清扫、清洁和素养五个项目的具体含义如下。

**1. 整理**

整理是指将工作场所内的所有物品区分为必需品和非必需品，留下必需品，清除非必需品。必需品是指不可替代的物品，一旦少了该物品，工作就无法进行。整理的主要作用具有以下几点。

（1）改善和增加作业面积；

（2）现场无杂物，行道通畅，提高工作效率；

（3）减少磕碰的积水，保障安全，提高质量；

（4）消除管理上的混放、混料等差错事故；

（5）有利于减少库存量，节约资金；

（6）改善工作环境，提高工作效率。

**2. 整顿**

整顿是指将工作场所内的必需品分门别类，依规定数量定位放置，排放整齐，并明确标识。整顿的含义是指生产要素各就各位，每一生产要素都要在它自己应该存在的位置上才能发挥作用，提高物品的取拿效率，达到提高工作效率的目的。

**3. 清扫**

清扫是指将办公场所和生产现场的工作环境打扫干净，使其保持在无垃圾、无灰尘、无脏污、干净整洁的状态。清扫的目的是保证取出的物品始终处于能用状态，一次提升工作品质。

**4. 清洁**

清洁是指维持整理、整顿、清扫所做的工作制度化、规范化，并将工作职责落实到每个岗位、每位员工，得到贯彻执行。清洁的目的是认真维护，并坚持整理、整顿、清扫的效果，使其保持最佳状态，以创造一个良好的工作环境，改善员工的工作心情与效率。

### 5. 素养

每个人自觉依规定行事，消除马虎之心，养成严谨细致、积极进取、团结协作的良好习惯。目的是提升每个人的素质，使其养成自觉遵守规章制度的习惯和作风。

5S 管理的五个基本要素之间不是各自独立、毫无关系的，而是一个缺一不可、联系紧密的有机整体。整理的实施是开展整顿的前提，整理、整顿的实施效果需要清扫来加以体现，前 2 个 S 所取得的成果又需要通过清洁来加以维持和巩固，通过前面 4 个 S 的活动来潜移默化地改变员工，提高他们的素质。员工素质的提高反过来又作用于前面 4 个 S，使前面 4 个 S 的活动得以更好地开展。5S 管理各要素之间的关系可用图 4-2 表示。

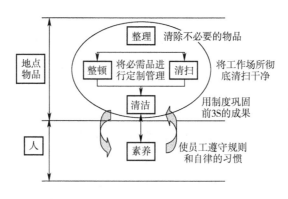

图 4-2　5S 各要素之间的关系

目前，随着企业进一步发展的需要，依据公司的文化和战略侧重点的不同，在原有基础上又添加了"节约"（Save）、"安全"（Safety）和"服务"（Service）等内容，但万变不离其宗，其最本质核心的内容还是 5S。

### （二）5S 管理的实施

#### 1. 整理的实施方法

（1）明确要用与不用的判定基准。整理绝对不是为了扔东西，为防止有些员工趁机将自己不想要或不好用的物品扔掉，需要制订统一的物品撤离现场的判断标准。通常，将使用频率高低作为物品有用与不用的判定基准。随时要用的物品需放在工序上，或随身携带；暂时无法判定是要用的还是不用的，先放在临时摆放处；不用的物品需立即处理掉。此外，物品采购时，需严格执行适时、适量、适地和适价原则，从根本上制止生产现场出现多余物品。

（2）全员严格按照（1）的基准进行整理。除了员工要执行"整理"外，管理人员也需亲自参与"整理"活动。管理人员除了要判定整理计划之外，更为重要的是带头动手，否则，整理计划难以得到完整实施。此外，管理人员还要到现场看实物和现象，就地判定，能办的事情需立即动手处理，绝不拖延滞后。管理人员巡视现场时应进行实地拍摄，事后就问题点向相应人员进行说明。

（3）为防止多余的物品进入现场，现场不要预留过多的空间。只要有多余场地，人们就会拿来摆放物品。为此，管理人员需计算材料安全在库量，按实际需要设定空间，并画定摆放位置、明确标识，以便一眼就能看出多余的物品。

**2. 整顿的实施方法**

（1）整理阶段要实施彻底，不留尾巴。整理时需要严格执行人人参与、处处整理的原则，否则整理毫无疑义。

（2）设定放置场所和摆放方法。根据物品使用频率确定摆放位置，不要放任作业人员自主摆放，否则会使部分整理的物品被摆放到隐蔽的地方，等管理人员巡视后又被拿到桌面。仅设定摆放位置是不够的，同一类物品放在同一区域也会出现混乱的现象，不方便取拿。常用的摆放方法有按功能区分和按产品类别区分两类。按功能区分摆放是指根据具有相同功能的物品摆放在同一区域；按产品类别摆放是指在同一区域只摆放该产品在某一生产过程中所需的物品。

（3）对物品进行标识。为了方便工作人员取放物品，需对所有物品进行标识处理。物品进行标识包括物品摆放场所的标识和物品本身的标识两个内容。

**3. 清扫的实施方法**

（1）清扫用的工具本身也要做好 3S。用于清扫的擦布、拖把、扫帚、铲子等工具自身是否干净决定了清扫的效果，这些工具应保持自身干净。清扫工具同时需要实行限量管理，不能任意增加或减少。

（2）堵住脏污源头。扫完一会儿又脏，每天来来回回清扫好几次还不能给人以干净的感觉。这种清扫意义不大，原因在于堵住脏污源头。堵住源头的有效措施主要有以下几点。

①查明跑、冒、滴、漏的源头，进行改善；

②避免泡沫、纸板、纸皮、头皮屑、食物等物品进入生产现场；

③台车、叉车、铲子、箱子、托盒、换气扇、空调器的叶轮和滤网等物品要进行定期清洗。

（3）明确区域清扫责任。明确每个区域的清扫责任人，自己的作业范围需自己清扫，应避免三不管的区域存在。

（4）制订清扫标准，全员严格遵照执行。清扫本身看起来是再简单不过的事情，但如果没有统一标准，同样的椅子让不同的人去擦，结果往往不通，该扫的地方没扫，不用扫的地方又拼命去扫。

**4. 清洁的执行方法**

（1）维持全员的 3S 意识。整理、整顿和清扫三项活动只改善了材料、设备、环境的定位和使用，而作为活动的实施者——人，还没有真正从思想上接受和养成习惯，一旦松懈，又回到以前的状态。所以清洁阶段的要点是让全员明白 3S 活动，只有靠所有人员的持续维持，才能达到良好的效果。

（2）创造 3S 继续改善的契机。一场参观学习胜过十场文字说教，学习别人可取之处。高级管理人员要适时推进各部门的相互参观学习，同时亦要设法建立和外界保持对等参观学习的途径。5S 管理人员还要定期巡查评比，公布结果，并将 3S 推进纳入绩效考核体系，奖优罚劣，从制度上确保每个人都要参与。

（3）推进通透管理。现场只允许留下必需品，有的人还不习惯把不要的物品处理掉，总是找一些柜子、箱子收藏起来。表面上看去，现场挺整齐的，可要打开柜子、箱子依然没有解决问题。要避免多余之物进入现场，就得执行通透管理，如去除文件柜门、箱盖、仔细甄别等。

（4）适时深入培训与建立标准化。3S 活动开展初期，作业人员接受的是大众化的培训内容，要和自己的工作一一对应，有时还真不知从何做起。这就要求培训人员要深入到每一个工序，与作业人员交换意见，制订具体的项目。

**5. 素养的执行方法**

（1）制订规章制度。规章制度是企业内部的"法律"，每一组织成员都必须遵守。企业每一项生产管理、庶务管理、人事管理、技术管理等都要制订规章制度，让人有据可查。规章制度需要装订成册，悬挂在食堂、培训室、会议室、休息室等处，便于每一位员工随时查阅。

（2）培训为主，奖惩为辅。制度虽然制订好了，可并不意味着所有人都明白，不明白就不可能去遵守。若要规章制度能够很好地在企业持久地执行，就必须对组织成员进行系统培训，并辅以奖惩制度，因为没有鲜明的奖惩制度，人们可能会对规章制度视而不见。培训包括岗前培训和在岗培训。岗前培训是素养的第一个阶段，从新人入厂的那一天起就应该开始，不论是管理人员还是作业人员都必须接受培训。在岗培训是将员工修养提高到更高一个层次的重要手段，但不能限制在作业技能的提高上。

（3）管理人员带头示范。要提高一家企业的修养，首先要提高经营管理者自身的修养。如果管理人员自己第一个拿起扫帚清扫，最脏处自己第一个上，员工也会积极主动清扫。

### （三）推行 5S 管理的意义

推行 5S 能为组织带来许多效益，归纳起来主要有以下几个方面。

（1）5S 是节约家，能够有效地减少各种浪费，降低企业运营成本。通过 5S 管理，库存、空间浪费、作业时间和物料减少了，成本自然也就降低了。

（2）改善和提高企业形象。通过实施 5S 管理，不仅能使工作现场更为干净整洁，还能有效提高员工的道德修养和责任心，提高顾客对公司的满意度，吸引更多的合作伙伴。

（3）5S 管理不仅是安全保障者，也是质量守护神。各种物品按规定位置进行摆放，各类标识形象醒目，员工按规章办事，生产现场的各项活动井然有序地开展，安全和质量自然有了保障。

（4）促进标准化管理。5S管理强调标准化的重要性，活动的每个步骤及如何检查都有明确的规定，这些都能有效地培养员工按规定做事的习惯。

（5）提高效率。物品按规定摆放，减少了取放时间，消除了马虎之心，可以改善员工精神状态，达到提高效率的目的。

（6）增强员工的归属感。良好的工作环境、有素养的同伴、轻松和谐的人际关系都能有效激起员工对公司的热爱，增强公司的凝聚力。

## 二、目视管理

### （一）目视管理的概念

人类主要靠视觉、听觉、触觉、嗅觉和味觉五感来接受外部信息，相关数据表明，五感所接受的信息中视觉占83%。因此，在进行现场管理时，人们也越来越重视利用目视手段来提高管理的效率和效果。

目视管理是指利用各种形象直观、色彩适宜的视觉感知信号来组织现场生产活动，以达到提高劳动生产效率的目的的一种管理方法。它是一种将管理明显化的工具，人们也称之为"可视化管理""看得见的管理""一目了然的管理"。目视管理以视觉信号为基本手段，以公开化为基本原则，尽可能地将管理者的要求和意图让大家都看得见，借以推动自主管理和自我控制。作业人员可以借助目视管理将自己的建议、成果、感想展示出来，与领导和同事们进行交流。

目视管理是企业现场管理和改善活动的基础，适用于对生产现场及其他场所的物品、设备、作业、质量和安全等方面的管理，与5S活动并称为现场管理的两大支柱。

### （二）目视管理的内容

#### 1. 规章制度与工作标准的公开化

为了维护统一的组织和严格的纪律，提高劳动生产效率，实现安全生产和文明生产，凡是与现场工作密切相关的规章制度、标准、定额等都需要公之于众。其中，与岗位工作直接有关的应分别展示在岗位上，如岗位责任制度、操作程序图、工艺卡等，并要始终保持完整、正确和洁净，让工人随时了解相关作业标准的要求。

#### 2. 生产任务与完成情况的图表化

现场是协作劳动的场所，凡是需要大家共同完成的任务都要公布。计划指标要定期层层分解，落实到车间、班组和个人，并列表张贴在墙上。实际完成情况也要相应地按期公布，并运用图表让大家容易看出各项计划指标完成中出现的问题和发展趋势，以促使集体和个人都能按质、按量、按期完成各项任务。

#### 3. 与定置管理相结合，实现视觉显示信号的标准化

为了消除物品混放和误置，目视管理应按定置管理的要求，采用清晰的、标准化的视

觉显示符号（如标志线、标志牌等）将各种区域、通道、设备、辅助工具等进行标识，确保物品与设备摆放有序整洁。

### 4. 生产作业控制手段的形象直观与使用方便化

为了有效地进行生产作业控制，使每个生产环节、工序能严格按照期量标准进行生产，杜绝过量生产、过量储备，需采用与现场工作状况相适应的、简便实用的信息传导信号，以便在后道工序发生故障或由于其他原因停止生产，不需要前道工序供应在制品时，操作人员看到信号后，能及时停止投入。各生产环节和工种之间的联络，也要设立方便实用的信息传导信号，以尽量减少工时损失，提高生产的连续性。

生产作业控制除了期量控制外，质量和成本控制也要实行目视管理。例如，质量控制，在各质量管理点要有质量控制图，以便清楚地显示质量波动情况，及时发现异常，及时处理。

### 5. 物品的码放和运送的数量标准化

物品码放和运送实行标准化，可以充分发挥目视管理的长处。例如，各种物品实行"五五码放"，各类器具（如箱、盒、盘、包等）均按规定的标准数量盛装，这样可以方便操作、搬运和检验人员的点数。

### 6. 人员分类着装与挂牌制度

现场人员统一着装，不仅起到劳动保护的作用，在机器生产条件下，也是正规化、标准化的内容之一。它可以体现职工队伍的优良素养，显示企业内部不同单位、工种和职务之间的区别，同时还具有一定的心理作用，使人产生归属感、荣誉感、责任感等，对于组织指挥生产，也可创造一定的方便条件。

### 7. 色彩的标准化管理

色彩是现场管理中常用的一种视觉信号，目视管理要求科学、合理、巧妙地运用色彩，并实现统一的标准化管理，不允许随意涂抹。这是因为色彩的运用受到技术因素、生理和心理因素、社会因素的影响。

### （三）目视管理的基本原则及要求

#### 1. 基本原则

推行目视管理，必须坚持视觉化、透明化、界限划三个基本原则。

（1）视觉化，即通过视觉化信息和工具，使管理内容和要求让人看得见；

（2）透明化，即要让大家看得见未显露出来的内容；

（3）界限化，即标识出正常与异常的情况，使之一目了然。

#### 2. 基本要求

推行目视管理，要防止形式主义，一定要从企业实际出发，有重点、有计划地逐步展开，务必做到"统一、简约、鲜明、实用、严格"的基本要求。

（1）"统一"是指目视管理要实行标准化，消除五花八门和杂乱现象；

（2）"简约"是指视觉显示信号应易懂，一目了然；

（3）"鲜明"是指各种视觉显示信号要位置适宜，现场人员都能看见、看清；

（4）"实用"是指不摆花架子，少花钱、多办事，讲究实效；

（5）"严格"是指现场所有人员都必须严格遵守和执行有关规定，有错必纠，赏罚分明。

### （四）目视管理的工具

运用目视管理的工具将工作现场的所有事物加以标准化，使所有人员（尤其是管理者与监督者）都能及时发现异常、浪费和问题，确保能及时采取相应措施。目视管理可采用的主要工具和方法如下。

#### 1. 信号灯或异常信号灯

信号灯是工序发生异常时用于通知管理人员的工具，信号灯可分为发音信号灯、异常信号灯、运转指示灯和进度灯等。

#### 2. 颜色线或胶带

用色彩对区域、部位等进行标识，以确保现场规范有序，有利于及时发现异常。

（1）区域线。对半制品放置的场所或通道等区域用线条画出，主要用于整理与整顿、异常原因、停机故障等，用于看板管理。

（2）警示线。在仓库或其他物品放置处用于表示最大或最小库存量的涂在地面上的色彩漆线，用于看板管理。

#### 3. 管理板

生产管理板是用以揭示生产线的生产状况与进度的表示板，记录生产实绩、设备开动率、异常原因（停机、故障）等。提醒板用于防止遗漏，健忘是人的本性，不可能杜绝，只有通过一些自主管理的方法来最大限度地减少遗忘或遗漏。

#### 4. 操作流程图

操作流程图是描述工序重点和作业顺序的简明指示书，也称为步骤图，用于指导生产作业。在一般车间内，特别是工序比较复杂的车间，在看板管理上一定要有操作流程图。例如，原材料进来后，第一个工序是签收，第二个工序是点料，第三个工序是转换或者转制……

### （五）目视管理的作用

目前，目视管理已被各行各业广泛应用，其主要作用如下。

#### 1. 迅速快捷地传递管理信息，提高工作效率

目视管理能充分运用直观、色彩适宜的各种视觉感知信息来组织现场活动，便于迅速快捷地传递生产和现场信息。

#### 2. 形象直观地显示潜在的问题

目视管理依据人类的生理特征，充分利用信号灯、标识牌、符号颜色等方式来发现视

觉信号，鲜明准确地刺激人的神经末梢，快速传递信息，形象直观地将潜在的问题和浪费现象显现出来。不管是新进的员工，还是新的操作手，都可以与其他员工一样，一看就知道问题所在。

### 3. 有助于体现管理的客观、公正和透明

实行目视管理，对生产作业的各种要求可以做到公开、透明，有利于人们默契配合、相互监督，使违反劳动纪律的现象不容易隐藏，使管理更客观，也使员工逐渐养成良好的习惯，调动并保护员工的工作积极性。

### 4. 有助于促进企业文化的建立和形成

目视管理通过介绍企业愿景、使命、价值观、发展方向和发展规划，展示员工合理化建议、优秀事迹、先进员工表彰，以及公开讨论栏等各种健康向上的内容，能使所有员工形成一种非常强烈的凝聚力和向心力，有助于企业建立和形成优秀的企业文化。

## 三、防错法

### （一）防错法的概念

在生产和工作中出现的各种不合格现象，几乎都是由于差错引起的。差错包括主观差错和客观差错，前者是指由于操作人员失误所造成的差错，后者是指人们无法控制或难以控制的随机因素所导致的过程异常或差错。

针对如何有效地消除差错，日本管理专家新江滋生最早提出防错法，认为，可运用预防性装置或方法使作业者在作业时能及时发现失误，或使操作者失误后不会导致缺陷。作业人员可通过防错手段完成自我检查，同时防错法也可确保只有满足其设定的要求才能完成操作。由此可见，防错法意在过程差错发生之前即加以防止，是一种在生产过程中采用自动作用、报警、标识、分类等有效手段，使作业人员减少或避免产生错误的方法。防错法的主要目的是防止生产过程中可能出现的差错，并避免由于差错而产生的质量问题。

### （二）防错法的思路与步骤

针对可能出现的错误，可依据表 4 - 1 的优先顺序来选择防错法的思路。

表 4 - 1 防错法思路

| 防错思路 | 目标 | 方法 | 评价 |
|---|---|---|---|
| 消除 | 消除可能的失误 | 从产品制造过程的设计角度考虑采用防错方法 | 最好 |
| 替代 | 用更可靠的过程代替目前的过程以降低失误 | 运用机器人技术或自动化生产技术 | 较好 |
| 简化 | 使作业更容易完成 | 合并生产步骤，改善工业工程 | 较好 |
| 检测 | 在缺陷流入下工序前对其进行检测并纠正 | 使用计算机软件，在操作失误时予以警告 | 较好 |
| 减少 | 将失误影响降至最低 | 如何采用保险丝进行过载保护等 | 好 |

实施防错法的步骤一般可依据图4-3进行。

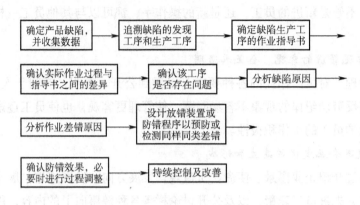

图4-3 防错法的实施步骤示意图

### （三）防错法的作用

在产品和过程设计、生产制造等过程中运用防错手段，具有以下几个主要作用。

（1）第一次就把事情做好，减少工作中的差错。因为防错法采用一系列方法或工具以防止差错的发生，其结果就是第一次就把事情做好。

（2）提升产品质量，同时减少由于检查而导致的浪费。防错法直接结果就是产品质量的提高。与靠检查来保证产品质量相比，防错法是从预防角度出发所采取的预防措施，而检查不能防止缺陷的产生，检查发现的缺陷只能纠正。

（3）消除返工及其引起的浪费。防错法能提升产品质量，消除缺陷，从而减少返工次数，达到减少时间和资源浪费的目的。

# 第三节 印染企业生产现场管理

## 一、印染企业生产车间布局

印染企业的生产车间布局主要根据生产要求和自然条件来合理规划各个生产单元的相对位置，尽量做到紧凑合理、安全可靠、投资节省、管理方便。

### （一）布局原则

印染企业生产车间布局应遵循下述原则：

（1）参照厂区总平面布局方案，原料进料口和产品出料口应接近相关仓库。

（2）各车间的相互位置，应保证在制品尽可能直线前进，使运输路线缩短至最小，并避免迂回交叉和往返运输。

（3）各主要生产车间宜划分清楚。干湿车间和散发有毒气体或灰尘的车间要尽可能分隔，以便布置空调；换气次数多的、蒸汽散发多的车间安排在易透风的地方；面积不大的厂房隔墙不宜太多。

（4）生产辅助设施尽量靠近生产车间和使用机台，如碱回收站靠近丝光工段，雕刻间应单独设置并靠近印花车间。

（5）重量大、用水多的机台应布置在楼层的底层。

（6）车间位置和结构均应符合建筑和防火的规定，如烧毛车间应用防火墙隔开、厂房外形以长方形为好。

### （二）布局形式

印染企业的生产车间布局主要可分为工艺导向型和产品导向型两种。

#### 1. 工艺导向型

工艺导向型是按照生产工艺的性质不同来划分车间。根据厂房形式，工艺导向型主要有矩形厂房（图4-4）、凹字形厂房（图4-5）和山字形厂房（图4-6）三种形式。

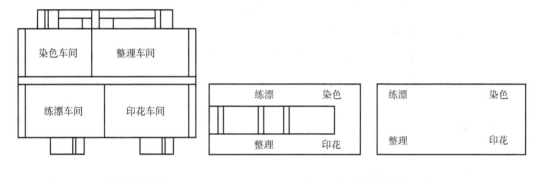

图4-4　矩形厂房布局　　　　　　　　　　图4-5　凹字形厂房布局

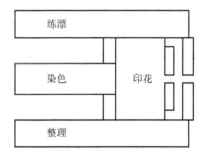

图4-6　山字形厂房布局

工艺导向型布局的优点是比较灵活，能较好地适应多品种的要求，便于对工艺进行专业化管理和干湿车间分开，能充分利用生产设备和生产面积。但是，工艺导向型布局生产过程连续性差，在制品占用资金和空间大，运送半成品的材料消耗和劳动量大，各生产单位间的管理较为复杂。

### 2. 产品导向型

产品导向型是按照产品的不同划分车间。如染色车间集中了生产染色产品所需要的各种设备，印花车间又是一个单独的封闭式生产线，各车间不需要跨其他生产单位就可以生产产品。

产品导向型布局可缩短生产过程中的运输路线、缩短生产周期、简化管理工作。但是，该布局的缺点也非常明显，如一个车间的设备齐全，工艺复杂，难以对设备和工艺进行专业化管理，也不利于充分利用生产设备，且难以提高生产批量。

## 二、印染企业生产现场环境管理

### （一）生产现场环境管理概述

环境是生产现场重要生产要素之一，又是其他要素充分发挥作用的条件。环境管理的任务，就是要为现场各种生产要素的结合（即生产活动）创造和保持一个整洁、有序、安全、美化的环境，使生产力得以充分发挥。做好环境管理主要有以下几点作用。

（1）振奋人的精神，减少辅助作业时间，有利于提高生产效率和工作效率。

（2）防止或减少设备和工伤事故，有利于实现安全生产。

（3）消除或减少各种偶然因素，有利于保证产品质量。

（4）保持环境卫生，减少污染，有利于保护职工健康。

（5）在改造客观世界同时改造主观世界，有利于克服职工中残存的小生产意识和习惯，培养和树立现代社会大生产意识和作风。

### （二）印染企业生产现场环境管理的内容

纺织品印染加工不仅工序多、流程长、化学助剂品种多、有色介质多（如印花色浆、染液等），而且印染产品对生产现场环境要求高（如灰尘、油质等易使印染产品产生色斑、色花、油斑等疵病）。为此，印染车间环境管理显得尤为重要。

印染企业生产现场环境管理方法可结合 5S 管理、目视管理、防错法三种方法进行综合管理，其管理内容主要包括以下几点。

（1）生产现场严格执行 5S 管理，保持生产环境（包括地面、屋顶等）清洁无污染，尤其要注意车间屋顶的清洁无污染。因为印染企业生产车间湿度高、蒸汽量大，水汽在屋顶遇冷形成液状水，液状水将携带污物一起滴落到储放的在制品和设备上，影响产品质量。

（2）生产设备需要及时清洗，尤其染色与印花设备。因为做完一批产品的染色或印花后，若未及时清洗干净而导致染料或色浆沾附在设备上，则会影响下一批产品的色光等质量指标。此外，纺织品印染加工过程中，不同工序会分别用到酸、碱和氧化剂等化工助剂，若酸有残留，则会影响下一道碱处理、漂白处理、染色等工序的加工质量。

（3）在制品储放需执行定置管理，一道工序加工完成之后需及时运输至下一道工序，可根据客户、纤维类别、颜色类型等信息分类。

## 三、印染企业设备管理

设备管理是印染企业的技术基础管理之一，印染企业设备管理的好坏直接影响生产能否顺利进行，影响产品产量、质量、物资消耗、安全生产和经济效益。所以，为满足各种工艺对设备提出的要求，并保证印染产品的产量和质量，印染企业必须对设备进行科学合理的管理。

印染企业设备管理的主要内容有以下几个方面。

（1）根据印染企业的生产特点和工艺流程，正确配置相应的机器设备。为使所有仪器设备最大效率地发挥作用，各种主要设备不仅在性能和生产效率上必须相互协调配套，而且还应与辅助设备、动力设备、传导设备和运输设备等具有适当比例。

（2）按照各类仪器设备的性能、结构、特点，恰当地安排加工任务和工作量，使设备的工作负荷饱满，严格按照操作规程执行，保证设备正常运转，避免意外事故发生，保证安全生产。

（3）设备运行要有一个良好的生产环境。为了使设备正常运转，延长使用寿命，实现安全生产，就必须做到生产有序、工艺纪律严明、环境清洁卫生、工作产地部署合理等。

（4）建立有关设备使用和维修的规章制度。合理制订设备管理责任制、设备维护保养制度、设备维修计划制度、设备技术档案管理制度、设备维修费使用管理制度、动力设备制度、空调设备管理制度、操作规程和人员培训制度等。

（5）加强对设备进行爱护的思想教育，提高员工爱护设备的积极性与自觉性。

## 四、生产现场安全管理

安全生产是一项基本原则，提高安全管理工作，确保安全生产，不仅是企业开展正常生产活动的需要，而且是一项重要的任务。建立健全各项管理制度和安全生产操作规程，是保证安全生产的重要手段。从思想上重视安全生产，并自觉执行安全措施，是搞好安全生产的关键。

印染企业生产加工具有设备温度高、染化料助剂多、设备运行速度快等特点，这些因素都会对员工的人身安全造成一定的危险。所以，印染企业必须制订相应的生产管理制度，以保证生产的顺利进行和员工的人身安全。印染企业生产现场安全管理准备主要有以下几点。

（1）进车间不准穿拖鞋、背心，更不准打赤膊。因为，酸、碱、氧化剂等化学助剂对皮肤具有腐蚀作用，甚至会导致皮肤灼伤，而且印染设备较高的温度也可能造成皮肤灼伤。

（2）进车间要穿戴好防护用品，不准披衣服、围围巾，留长发的女工要戴安全帽。因为部分印染设备属于连续式生产设备，一旦衣服、头发被卷绕，就会造成人身危险。

（3）生产区域严禁明火与吸烟，明火作业要报保卫科批准后方可实行。因为纺织品中有些属易燃产品（如棉与麻等纤维素类纤维、羊毛与蚕丝等蛋白质纤维等），遇到明火或达到着火点便容易燃烧，从而导致生产安全事故。

（4）全厂受压容器、压力表、安全阀等需要定期检查，发现不安全因素时，需及时维修或更换。

（5）运输在制面料与染化料助剂（尤其是具有腐蚀性的酸、碱）时，要慢而稳，不准跑行或滑行，转弯时要注意避让行人，以免在制品与助剂洒落或撞伤行人。

（6）保持厂区、车间、通道、工作场所清洁卫生，物品需堆放整齐，严禁乱扔果皮杂物。

（7）机台操作人员必须严格按照机台的安全操作规程操作，开车前需仔细阅读交接班记录本，以免重复或遗落加工工序。此外，多人操作同一机台时，在开车前需先打铃，呼应后方准备开车，以免造成人员伤害。

（8）全厂员工要养成"安全生产、人人有责"的观念，认真执行国家关于安全生产、劳动保护的方针和政策，严格执行各级安全生产责任制度和岗位安全操作规程，对影响生产的各种隐患和不安全因素及时报告和处理。

## 五、生产现场管理其他制度

### （一）行政劳动纪律

遵守劳动纪律，是完成生产任务的前提，纪律面前人人平等。主要行政劳动纪律列举如下。

（1）所有员工必须严格执行厂部的"十不准"制度，即不准迟到、早退及擅离工作岗位；不准酗酒及酒后上班；不准远离负责的操作设备；不准违反工艺及有关规程操作；不准在上班时干私活，如洗澡、洗衣服等；不准上班时串岗、聊天、看书报、嬉戏喧哗；不准在生产车间吸烟或点火；不准上班时瞌睡或睡觉；不准不服从领导；不准上班时带小孩到生产现场。

（2）员工缺勤必须事先以书面形式请假，特殊情况可在第二天补假，否则按旷工处理。同时对管理人员作严格要求，如车间和部门的负责人请假半天，需报企管办备案，请假一天，要报总工程师批准。

（3）加班需办报批手续，以作为发放加班费的依据，否则，一律视为无偿劳动。

（4）生产工人替班，必须是同工种，且事先经车间主任批准，替班时发生的质量、设备事故，由替班人承担全部责任。

（5）生产区域严禁少年儿童进入，如有进入，需告诉家长一切事故由家长自负，且使工程遭受损失的违纪者要进行赔偿。

（6）劳动纪律逐级管理，各级管理人员必须以身作则，并高度重视对下属的宣传教育，严格管理，公正执法，以理服人。如有弄虚作假，一经发现，从严处理。

（7）厂部授权企管办重点对各级管理人员遵守劳动纪律情况进行不定期的监督和检查，并有处罚权，对严重违纪现象，可在厂内公布。

（8）请假条、加班申请单及罚款收据，由厂部统一印制。罚款由车间（部门）和财务科分别管理，做到账款一致，严禁私自动用。

### （二）禁止乱撕布和携带出厂制度

各车间要对更衣室、工具箱进行彻底清理，把零乱的布匹集中整理，计好数量，交指定部门。车间要根据厂部规定，制订出相应的管理方法，以保证厂部制度的落实。相关规定列举如下。

（1）车间需用导布要按规定领取。漂练、印花机台所用导布，要经质检科同意，在领布台领取，由质检科做好记录。染色导布若用量较大，要报请厂部批准，凭领料单到坯布仓库领取。任何车间不得自行使用疵布作为导布。废导布不能随便扔弃，要另外存放，经车间主任确认报废并签字后方能送到供料科的废料库。

（2）漂练、染色或印花小块打样布、车间零布与布头不允许随意丢弃，要集中放置。

（3）生产过程中不经主任或带班工长和技术员的同意，任何人不得撕下坯布，必须撕下时，批准人要在布上说明并签字。撕下的布由车间集中存放，并做好记录。

（4）每次送到废品库的废布，车间对废品率都要有记录，月底交厂办核对公布。

（5）整装车间和布机验码组的开剪处，不经厂领导批准，任何人不得去拿零布，未经批准拿用的，所有机台员工均有权制止，并记下姓名报告生产部，由生产部根据情况给予处罚。

（6）严禁员工撕扯坯布、废品布，并携带出厂。

### （三）染化料管理制度

染化料是印染企业的主要消耗原材料，具有品种复杂、数量大和价格高等特点。因此，提高染化料的管理水平有利于提高经济效益、加快资金周转、避免造成积压浪费。

#### 1. 染化料的申请与采购

各车间根据生产任务，申请计划（包括染化料的名称、型号、数量等内容）需要的染化料，交供应部门安排采购计划。采购人员接到采购任务单后，要认真了解采购品种、数量、代号等要求再进行采购，不清楚时找申请车间有关人员核对清楚后再购买，避免采购发生错误。

申请采购计划时，需以尽量减少积压为原则。采购数量尽量按计划进行，如遇特殊情况，尽量同卖方商量改小包装，以防止积压浪费。

#### 2. 染化料的入库和保管

仓库保管员需按采购申请单的品名、数量等项目进行验收，并做好记录。若发现不符，应及时提出，并进行相应处理。收料后，库管人员要立即取样交化验室进行小样化验，将化验结果及时通知车间。

对入库的染化料要妥善保管，根据染化料的品种和进库顺序分别堆放，做到先进的先用，防止存放时间过长影响质量。库管人员还需经常查看库存染化料，防止受潮、发霉及鼠咬等现象出现。

### 3. 车间染化料的使用

为了各车间便于经济核算、使用和保管等，车间应指定负责人员负责填写出库单、核算及剩余染化料的管理工作。车间领用染化料时，必须按出库单数量和品种领取。

# 复习指导

运用科学的管理思想、管理方法和管理手段对生产现场的各种生产要素进行合理配置和优化组合，对提高产品质量稳定性和生产效率具有重要作用。通过本章学习，主要掌握以下内容：

1. 熟悉生产现场管理的主要任务、内容、特点和基本原则。
2. 熟悉生产现场管理的主要方法及其实施注意事项。
3. 熟悉印染企业生产车间布局原则和主要形式。
4. 熟悉印染企业生产现场管理的主要内容及主要方法。

# 思 考 题

1. 什么是生产现场？简述生产现场在企业中的主要作用。
2. 简述生产现场管理的涵义。
3. 简述生产现场管理的主要任务及其主要特点。
4. 生产现场管理的主要特点有哪些？简述各特点的含义。
5. 生产现场管理应遵循的基本原则有哪些？简述各原则的基本含义。
6. 5S 管理的基本要素是什么？简述各要素之间的相互关系。
7. 简述 5S 管理中整理的涵义及其主要作用。
8. 简述企业推行 5S 管理的主要意义。
9. 什么是目视管理？目视管理的基本原则有哪些？
10. 目视管理的主要内容有哪些？
11. 什么是防错法？防错法的主要目的是什么？
12. 印染企业车间布局主要有哪些类型？简述各类型的特点。

13. 印染企业车间布局应遵循哪些原则?

14. 什么是生产现场环境?简述对生产现场环境进行管理的主要作用。

15. 印染企业生产现场环境管理的主要方法有哪些?

16. 染化料管理的主要内容有哪些?

# 第五章　能源管理与节能减排

## 第一节　能源管理概述

### 一、能源概述

能源是经济和社会发展的重要物质基础，《中华人民共和国节约能源法》中提出，能源是指煤炭、石油、天然气、生物质、电力、热力及其他直接或者通过加工、转换而取得有用能的各种资源。

#### （一）能源的定义

按照国家标准《能源管理体系　要求》（GB/T 23331—2012）把能源定义为：能源是可以直接或通过转换提供人类所需的有用能的资源。

据不完全查询，目前关于"能源"定义约有 20 多种，《科学技术百科全书》指出：能源是可从其获得热、光和动力之类能量的资源；《大英百科全书》指出：能源是一个包括所有燃料、流水、阳光和风的术语，人类用适当的转换手段便可让它为自己提供所需的能量；《日本大百科全书》指出：在各种生产活动中，我们利用热能、机械能、光能、电能等能源做功，可利用其作为这些能量源泉的自然界中的各种载体，称为能源；我国的《能源百科全书》指出：能源是可以直接或经转换提供人类所需的光、热、动力等任一形式能量的载能体资源。

由此可见，能源是一种呈多种形式且可以相互转换的能量的源泉。简单地说，能源是自然界中能为人类提供某种形式能量的物质资源。

#### （二）能源的分类

能源在不同领域、部门的分类方法各有不同，以适应科研、统计、开采、储运及使用的需要，通常从能源的形态、使用、形式、环保等角度出发，采用相对比较的方法对能源进行分类。

##### 1. 一次能源与二次能源

从自然界直接取得、并不改变其使用价值的根本形式和运动形式就可以获得其能量的物质及物质运动形式的能源，称为一次能源，如原煤、原油、天然气、柴草、水能、太阳能、风能等。

为了满足生产和生活需要，有些能源通常需要经过加工转换以后再加以使用。因此，对一次能源而言，经过加工转化而成的具有更高使用价值的能源称为二次能源，如电力、煤气、热力（蒸汽）、电石、氢气、焦炭、汽油、柴油等。

### 2. 可再生资源与非可再生资源

可再生资源是指在自然界中那些不随提供能量的过程而丧失其继续提供能量的物质或物质运动过程，如太阳能、风能、水能、生物质能、海洋能、低热能等。非可再生资源是指随提供能量的过程而丧失其继续或周期性提供能量的功能物质或物质运动过程，如需要经过亿万年形成的或短周期内无法恢复的煤炭、石油、天然气、核燃料等能源。

### 3. 常规能源与新能源

常规能源是指在相当长的历史时期内，已经被人类长期广泛利用，技术上比较成熟，经济上比较合理，而且也是当前主要的应用能源，如煤炭、石油、天然气、水力、电力等。

一些正在被积极研究开发，有待推广应用的能源称为新能源，如太阳能、海洋能、氢能等。还有些虽属古老的能源，但只有采用先进的方法才能加以更充分利用的能源也包括在新能源的范围内，如风能、生物质能（沼气）、地热能等。目前，虽然新能源所占比例比较小，但很有发展前途。

### 4. 燃料能源与非燃料能源

从能源性质来看，能源又可以分为燃料能源和非燃料能源。燃料能源是指能够作为燃料的物质，包括矿物燃料（煤炭、石油、天然气）、生物质燃料（薪柴、沼气、有机废物等）、化工燃料（甲醇、乙醇、丙烷以及可燃原料铝、镁等）、核燃料（铀、氘等）四类。

非燃料能源是指那些不通过燃烧过程而提供能量的能源，如水能、风能、地热能、海洋能、太阳能等。

### 5. 清洁能源与非清洁能源

从使用能源时对环境污染大小的角度出发，能源又可分为清洁能源与非清洁能源。清洁能源是指无污染或污染小的能源（如太阳能、风能、海洋能、水能、电能等），对环境污染较大的能源称为非清洁能源（如煤炭、油页岩等）。

## 二、能源管理概述

广义的能源管理是指对能源生产过程及消费过程的管理，狭义的能源管理是指对能源消费过程的计划、组织、控制和监督等一系列工作。

### （一）能源管理的含义

能源管理是为了达到一定的能源、经济、环境和社会目标，通过计划、组织、监督、控制等手段，有效利用能源的活动。能源管理是人们在不影响产品产量、质量、安全和环境标准的前提下，进行的科学、有效利用能源的活动。能源管理的主要目标是合理利用能源资源，提高能源利用效率，保证社会经济稳定、持续发展，节约能源和改善环境。

节约能源（简称节能）是指加强用能管理，采用技术上可行、经济上合理以及环境和社会可以承受的措施，从能源生产到消费的各个环节降低消耗、减少损失和污染物排放、制止浪费，有效合理地利用能源。

### （二）企业能源管理

企业能源管理是企业管理的一个重要组成部分，由于能源本身的特点，决定了能源管理的特殊性和复杂性，更应通过加强能源管理，提高能源的效率。

**1. 企业能源管理的组织机构与制度**

（1）建立能源管理组织结构。对于企业而言，有了统一的专门从事能源管理工作的组织机构和人员，才能把企业的能源有效地管理起来。要建立有最高管理者直接领导的能源管理机构，并建立能源管理网络。尤其是重点用能单位要设置专门的能源管理机构，并配备能源管理工程师和有关专业人员（即能源技术人员、熟悉能源业务的管理人员、了解生产和能耗情况的调度人员），并建立和形成企业、车间、班组三级能源管理网络。

（2）健全能源管理制度。建立和健全一套管能、用能、节能的规章制度。明确企业内能源管理组织、有关人员的分工及岗位责任制；明确企业内部有关部门在能源管理工作中的相互关系；从企业能源的供、销、购、存、用等各个方面，包括能源加工转换、传递输送、使用及回收各个环节，同时对设备、工艺、操作运行、维修及管理等各个领域全面建立规章制度，使能源管理从人治转变为法制。

企业能源管理制度主要包括定量供应制度、定额管理制度、奖惩制度三个方面。

（3）企业能源管理应树立的观点。

①资源观点。能源是自然界的重要资源，而自然界的能源毕竟是有限的，大多数是非再生资源。因此，要树立资源观点，珍惜使用已被开发的有限能源。

②全局观点。对于能源的合理分配利用、耗能企业的合理布局、耗能产品的合理设计等都必须从全局观点出发。合理组织生产是合理利用能源的重要途径，例如，把单耗高的分散生产改组为单耗低的集中生产，利用能源资源较多的地区优势合理配置耗能大的工业等。

③系统观点。能源包括一次能源、二次能源等各种对象，又包括能源的勘探、开采、加工、储存、使用等一系列环节，还包括资金、技术、供需、时间等许多条件，这些对象、环节和条件之间相互联系、相互制约，组成了错综复杂而庞大的能源系统。在系统内部，存在着十分密切的纵向联系和横向联系，构成纵横交错的能源网络。总之，能源管理的目的是求得能源系统内部平衡，对于如此关系复杂、变量众多、结构庞大的系统，为了求得在各种约束条件下的合理化和最优化方案，必须在系统观点的指导下，运用系统工程的方法来解决。企业内能源问题亦要采用系统观点来弄清企业的全部资源流向和能源收支

平衡状况，找出节能的潜力和途径，确定合理使用能源的最佳方案。

④效益观点。降低产品生产中能源消耗是提高经济效益的重要途径之一，即以尽量少的劳动消耗和物资及能源消耗生产出更多符合社会需要的优质产品。

⑤环境观点。做好节能工作，减少和降低能源消耗，从而降低对环境的污染。为了人类的生存，要充分利用优质能源清洁生产，采用太阳能、风能等。

（4）企业能源管理的基本内容。企业能源管理基础工作包括：能源计量、能耗定额、能源统计分析和教育培训等方面的工作。

①能源计量。应用各种仪器仪表对各类能源消耗进行测定，是取得可靠及完整数据的唯一手段，也是开展经济核算的依据，提高经济效益的重要环节。

②能耗定额。能耗定额是指企业在一定的生产工艺、技术装备和组织管理条件下，为生产单位产品或完成某些任务所规定的能源消耗数量标准，包括质与量两个方面。定质是确定能源所需品种、规格和质量的要求，定量是确定能源消耗所需要的数量。

③能源统计分析。能源统计分析是能源从进厂到终端消耗全过程的管理，是能源管理有关信息传递、反馈的主要方式，是企业领导在能源管理决策中的重要"参谋"和"助手"。能源统计分析包括两个方面的内容：一是对历史资料和现状资料的系统统计，包括对企业各类能源购进、消耗、库存进行分门别类的统计；二是对各种原始记录进行系统分析，掌握企业各部门能源消耗情况，不断提高企业能源管理水平。

④教育培训。能源管理是一门综合性的学科，既包含一定的专业知识，又有相当的社会科学知识。通过对能源管理干部、技术人员和操作工人的培训，不断提高能源政策水平、能源管理水平和能源科学知识水平，不但可以促进节能降耗的实现，而且也是一项智力投资，应使之经常化、制度化。

### 2. 企业能源管理的意义

能源管理的好坏将直接影响企业的经济效益和社会效益。在当前能源供需矛盾日益尖锐的情况下，必须改变某些企业忽视能源管理的倾向，使之正确认识能源管理在企业管理中的地位和作用。能源管理水平的提高依赖于整个企业管理水平的提高，因为能源的合理利用和有效利用，除了决定于工艺方法、生产手段和操作技能等技术条件外，还决定于生产组织的合理性、企业的经济管理水平和技术管理水平的高低。

## 三、能源与能源管理的相关术语

### （一）热量

热量指的是由于温差的存在而导致的能量转化过程中所转化的能量，单位为卡（cal）、千卡或大卡（kcal）、焦耳（J）、千焦（kJ）。

1cal 的热量相当于 1g 水在加热或冷却时，其温度升高或降低 1℃所吸收或放出的热量，其大小相当于 4.186J。工程上常以卡的 1000 倍来表示热量，称为千卡或大卡。

### （二）有效能

有效能是指消耗的各种能源在终端利用所必需的能量，一般是指生产有效能、采暖有效能、照明有效能和运输有效能。

#### 1. 生产有效能

生产有效能是指为达到工艺要求所必需消耗的能量（包括进入产品的能量）和物质运输过程中为满足运输要求所必需消耗的能量。

#### 2. 采暖有效能

采暖耗热量低于规定指标时，实际耗热量视为有效利用能量；高于规定指标时，超出部分不计入有效利用能量。

#### 3. 照明有效能

照度低于规定时，实际耗电量视为有效利用能量；高于规定时，超出部分不计入有效利用能量。

#### 4. 运输有效能

运输耗能量低于规定指标时，实际耗能量视为有效利用能量；高于规定指标时，超出部分不计入有效利用能量。

### （三）燃料发热量

单位质量燃料完全燃烧时放出的热量，固体或液体发热量的单位为千卡/千克（kcal/kg）、千焦/千克（kJ/kg）；气体燃料的发热量单位是千卡/标准立方米（kcal/Nm$^3$）、千焦/标准立方米（kJ/Nm$^3$）。

燃料发热量有高低位发热量之分，热平衡计算的基准通常使用低位发热量。

#### 1. 高位发热量

燃料完全燃烧，并当燃烧产物中的水蒸气（包括燃料中所含水分生成的水蒸气和燃料中氢燃烧时生成的水蒸气）凝结为水时的全部反应热。

#### 2. 低位发热量

燃料完全燃烧时，其燃烧产物中的水蒸气仍以气态存在时的反应热，等于从高发热量中扣除水蒸气凝结后的热量，是燃料燃烧时实际放出的可利用热量。

燃料高位热值和低位热值的关系可由式（5-1）表示：

$$Q_{dw} = Q_{gw} - rW_{H_2O} \tag{5-1}$$

式中：$Q_{dw}$ 与 $Q_{gw}$ 为燃料的低位热值与高位热值，kcal/kg；$r$ 为水蒸气凝结热，kcal/kg；$W_{H_2O}$ 为燃料燃烧产物中的水蒸气含量，kg/kg。

### （四）当量热值与等价热值

#### 1. 当量热值

单位量的某种能源，在绝热条件下按能量守恒定律全部转换为热量，这一热量即为该能源的当量热值。如 1kW·h 电的当量热值为 3600kJ，则电热当量为 3600kJ/（kW·h）。

### 2. 等价热值

为得到单位量的二次能源（如水蒸气、电、煤气、焦炭等）或单位量的载能体（如水、压缩空气、氧气等）实际所消耗的一次能源的热量，即为二次能源或载能体的等价热值。等价热值与当量热值的关系可用式（5-2）表示。

$$等价热值 = \frac{当量热值}{能源的转换总效率} \tag{5-2}$$

等价热值是用来反映国家对企业投入的能源资源量，而企业能量平衡工作中，一切能源量只取其当量值，而不可将能源的等价值与当量值混用。

### （五）标准煤

工业上，在核算企业对能源的消耗量时，常采用标准煤的概念（亦称煤当量）来进行比较和管理。标准煤是计算综合能耗时用以表示能源消耗量的单位，目前，标准煤的计算尚无国际公认的统一标准。通常情况下，应用基低位发热量为 29308kJ（或 7000kcal）的固体燃料称为 1kg 标准煤，应用基低位发热量为 41868kJ（或 10000kcal）的液体燃料称为 1kg 标准油，应用基低位发热量为 41868kJ（或 10000kcal）的气体燃料称为 1kg 标准气。一般计算时，仍将各种液体与气体燃料折算成千克标准煤或吨标准煤。常用能源和耗能工质折标煤参考系数见附录 1。

## 四、能源管理的基础工作

### （一）计量及能源计量

#### 1. 计量

（1）计量的概念。人类生产实践活动所需要的一切数据都要通过测量获得，测量使我们对客观事物的认识更加精确，是人类认识和改造世界不可缺少的手段。

人类起初的测量方法是原始的，单位是任意的。当商品交换、分配形成社会性活动的时候，就需要实现测量的统一，即要求在一定准确度内对某一物体在不同地点达到其测量结果的一致。这就要求以法定的形式建立统一的单位制，建立基准、标准器具，并以这种基准、标准来检定测量器具，保证量值的准确可靠。计量是"实现单位统一，量值准确可靠的活动"，或者说，是保证单位统一、量值准确一致的测量，它对整个测量领域起指导、监督、保证和仲裁作用。计量的本质就是测量，但不是一般的测量，而是具有某一准确度级别的测量手段，是以实现单位统一、量值准确可靠为目的的测量。在技术管理和法制管理的要求上，计量高于一般的测量。

（2）计量的基本特征。

①统一性。统一性是计量最本质的特征，其集中反映在计量单位的统一和量值的统一，而计量单位的统一又是量值统一的重要前提。计量失去统一性，也就失去了存在的意义。在科学技术高度发达和国际交流与合作日益频繁的今天，统一性不仅局限在一个国家

内单位值的统一，而是要实现全世界各国间单位量值的统一性。

②准确性。准确性是计量的核心，也是计量权威性的象征。离开准确性，计量无法实现其"量值准确可靠"的目的，一切数据只有建立在准确测量的基础上，才具有使用价值。此外，计量的统一性也必须建立在准确性的基础之上。

③法制性。为了保证计量的统一性和准确性，需要国家用法律形式给予保障。对统一使用的计量单位、复现单位量值的国家计量基准、进行量值传递的方法与手段等，应用法律做出规定。对涉及贸易、安全、环保、卫生等公益性利益或公平性利益的计量设备、计量方法及手段等进行法律规定，作为各行各业遵循的准则。如果没有法制性，所谓的统一性、准确性就是一句空话。

④社会性。社会性是指计量涉及范围的广泛性，它涉及社会经济生活的各个领域，千家万户的衣食住行乃至国际交往等，无不与计量有着密切的关系。

**2. 能源计量**

（1）能源计量的概述。能源计量是指在能源流程中，对各个环节的数量、质量、性能参数、相关的特征参数等进行检测、度量和计算。能源计量与节能监测、能源审计、能源统计、能源利用状况分析是企业能源管理和节能工作的基础，而能源计量是基础中的基础。如果企业没有合理配备能源计量器具，能源管理部门就难以获得准确可靠的能源计量数据，对企业的节能监测、能源审计、能源统计、能源利用状况也就难以进行科学的分析和统计。从而无法为企业的能源管理和节能工作提供可靠、准确的指导方向，可能造成企业能源严重浪费，增加生产成本。由于企业能源的浪费，随之也会带来对环境的污染和破坏。

（2）能源计量仪器仪表。能源计量仪器仪表是提供能源量值信息的工具，主要包括流量、重量、电能、热量计量检测等仪表，以及燃烧过程分析仪器和具有明显节能效益的自动控制系统。

（3）能源计量方法。不同形态能源的计量方法不同，日常计量方法有以下几种。

①煤和焦炭只允许称重法计量器具；

②原油、轻油和其他石油制品可以用容积法和称重法；

③电能计量用瓦秒法和感应式回转表法计量；

④水、煤气、蒸汽、压缩空气用流量计量法；

⑤液化气用称重计量法；

⑥能源工艺计量和电能平衡测试可采用温度、密度、黏度、压力、电流、电压、热量、质量等参数计量。

（4）企业能源计量级别。在过去，因为工厂是企业机构的最高级别，车间是工厂的二级机构，机台的生产班组是工厂机构的三级机构，所以曾经把进出企业的能源计量称为一级能源计量，车间的能源计量称为二级能源计量，重点用能设备的能源计量称为三级能源计量。

随着改革开放的深入及企业体制的改革，现在企业结构非常复杂，集团公司下设公司，公司下设分公司，分公司下设分厂，分厂下设车间等，企业机构的级别已无法统一规定几个级别。所以国家强制性标准 GB 17167—2006 对能源计量的管理级别取消了原来的三级模式，改为"用能单位""次级用能单位""用能设备"三个等级。单位无论大小，只要是进出该单位的能源计量统称为用能单位能源计量。单位下设无论多少级机构，分公司、分厂、车间的能源计量统一称为次级用能单位能源计量，用能设备的能源计量保持不变。其中为抓好能源计量的重点，提出了"主要次级用能单位"和"主要用能设备"的概念和量化规定，达到"主要次级用能单位"和"主要用能设备"的量化指标必须按规定配备能源计量器具。

（5）能源计量管理。能源计量管理的主要任务是按国家计量制度的统一要求，保证单位量值的准确一致，具体内容包括：

①配齐、用好计量器具和仪器仪表，保证安全运行；

②准确、完整、及时提供各种有关能源数据，并保证信息的可靠性；

③建立计量管理制度，保证计量器具值常处于良好状态。

#### （二）能源统计

##### 1. 能源统计的含义

能源统计是运用综合能源系统经济指标体系和特有的计量形式，采用科学统计分析方法，研究能源的勘探、开发、生产、加工、转换、输送、储存、流转、使用等各个环节运动过程、内部规律性和能源系统流传的平衡状况等数量关系的一门专门统计。能源统计建立在能源计量记录的基础之上，没有能源计量就没有能源统计。

能源统计的对象是能源系统，在能源系统内，可以把能源统计分为三级，第一级为从一次能源生产到加工转换，第二级为加工转换到交付最终用户使用，第三级为能源在最终使用部门的使用情况。企业能源统计属于第三级能源统计范畴，是企业能源管理的重要内容，是编制企业能源计划的重要依据，又是政府监督管理企业能源使用、进行企业审计和企业能量平衡的基础。

##### 2. 能源统计内容

（1）企业能源购入储存量统计。将企业用能体系看作一个系统，作为研究对象进行能源消费统计分析与评价，首先必须弄清真正投入系统的能源总量，并折算出它们的等价值与当量值。有了投入能源的等价值与当量值，方可对不同种类能量进行比较、加减和综合平衡。

（2）企业能源加工转换量统计。企业投入的各类能源，有的直接使用，有的还要经过加工或转换成二次能源和耗能工质供企业用能系统使用。企业内加工转换的二次能源（包括耗能工质）总量是企业使用购入能源加工、转换出的二次能源量，而不包括企业购入的二次能源量。

（3）企业能源输送分配量统计。企业能源输送分配分两大类：一类是管道输送的能源与耗能工质，如燃料油、天然气、煤气、蒸汽、热水、压缩空气等；另一类是输配电线路。

计量输送能源损失量，企业必须装有足够的、准确的、可用的二次能源计量仪表，对各类能源做好统计期内的统计记录，所取得的统计数据（即累计读数）必须具有一定的可靠性。

（4）企业最终用能统计。最终用能是企业能源系统中最为复杂的一个环节，各类企业的能源消费形式千差万别，特别是不同行业的企业构成差异很大。参照国家标准《企业能源平衡通则》（GB/T 3484—2009），可以将企业的最终用能环节划分为主要生产、辅助生产、采暖制冷、照明、运输、生活及其他。还可进一步将主要生产和辅助生产细分成各生产车间，生产车间又可按用能设备细分。由于企业能源系统所包含的用能设备种类繁多，能耗量有大有小，因此，应将精力集中在能源消耗量大的用能环节和单元，以此作为企业能量平衡计算与分析的重点。

（5）非生产用能统计。非生产用能统计指标包括非生产用能总量、生活用能量、基建用能量和非生产设施用能量四类。

（6）企业节约能源量统计。企业节约用能量（简称节能量）是指在一定的统计期内，企业实际消耗的能源量与某一个基准能源消耗量的差值，通常是实际消耗的能源量与某一能源消耗定额之间的差值。所以，随着所选定的基准量（或定额量）不同，其节能量也有所不同。

根据统计口径的不同，企业节能量可分为企业节能总量、单位产品节能量、单位产值节能量、节能技术改造项目的节能量和单项工艺的节能量。

根据统计期不同，企业节能量可分为当年节能量和累计节能量。当年节能量是前一年与当年的能源消耗量的差值。累计节能量是以某一确定的年份与当年的能源消耗量的差值，实际上等于这一时期内各年的节能量之和。

### （三）节能监测

节能监测是依据国家能源标准对节能监测中不合格的监测项目做出评价，并进行研究分析，针对设备存在的能源浪费问题查找原因，并及时对设备设施进行节能改造。

#### 1. 节能监测的内容

节能监测是推动节能技术改造的巨大动力，节能技术改造是企业节能降耗、增加经济效益的根本途径。节能监测的内容主要有以下几个部分。

（1）用能设备的技术性能和运行状况；

（2）能源转换、输配与利用系统的配置与运行效率；

（3）用能工艺与操作技术；

（4）企业能源管理水平；

（5）能源利用效果；

（6）供能质量与用能品种。

### 2. 节能监测的作用

（1）节能监测是一种技术监督手段。节能监测机构的职责之一就是定期向节能主管部门和上级节能监测机构报告监测情况，提出有关建议，为节能部门提供用能单位能源利用状况的科学分析。大量的数据更科学地反映主要用能设备的装备水平和用能水平，大量的科学数据能够使节能主管部门更深层次地部署、协调、服务、监督节能工作，以达到降低能耗、保护环境的目的。

（2）节能监测是一项执法活动。国家为了制止低水平重复建设，促进生产工艺、装备和产品的升级换代，根据国家的有关法律、法规，已公布了多批淘汰产品目录。节能监测的一项重要任务是贯彻政府法令，加强节能监测，使落后的生产能力、工艺装备、产品的淘汰工作落到实处。

（3）节能监测在节能技术监督中还体现政府的服务。这种服务通过对用能单位的能源利用状况的定量分析，能为用能单位提出节能潜力和措施，为用能单位改进能源管理和开展节能技术改造提供科学依据。节能监测中，节能监测机构对监测结果的评价结论不仅仅是合格或不合格，还必须对浪费能源的原因和技改提出分析意见。节能监测促进了企业提高自身的节能自觉性，促进了企业节能技术改造，提高了企业的经济效益。

### （四）能源审计

《企业能源审计技术通则》（GB/T 17166—1997）将能源审计的概念定义为：能源审计单位依据国家有关节能法规和标准，对企业和其他用能单位能源利用的物理过程和财务过程进行的检验、核查和分析评价。能源审计是资源节约和综合利用的专业性审计活动，属于管理审计的范畴。

### 1. 能源审计的类型

可以从能源审计实施的主体及审核内容与要求的不同等方面，对能源审计进行分类。

（1）按能源审计实施的主体分类。根据能源审计实施主体的不同，能源审计可分为政府监管能源审计、企业自主能源审计和第三方能源审计三种。

如果说政府监管能源审计是能源审计活动的最初形式的话，那么，企业自主能源审计和第三方能源审计则是能源审计活动的发展趋势，因为后两者更能够调动企业节能积极性，更能体现第三方专业机构的独立、规范和科学性，有助于推动企业能源管理体系的建立和实施，有助于充分发挥能源审计活动的重要性。

（2）按能源审计的内容和要求分类。根据能源审计内容和要求的不同，可以将能源审计分为初步能源审计、详细能源审计和专项能源审计。

### 2. 能源审计的范围

能源审计以企业能源消耗为对象，以企业经济活动全过程为范围。企业在产品的生产过程中，除了直接消耗燃料动力和耗能工质等能源外，还必须使用人力资源和消耗原材料、辅助材料、包装物、备品备件及使用各种设备和厂房。而原材料、设备和厂房等也都是需要能源才能生产出来的，所以对它们的使用也是在间接地消耗能源。因此，一个企业的全部能源消耗既包括直接消耗的，也包括间接消耗的，通常将之称为全能耗（图5-1）。

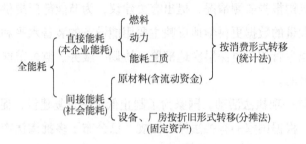

图5-1　全能耗的构成

无论是燃料、动力和能耗工质，还是原材料、设备和厂房，所消耗的能源都来自一次能源。在分析企业和产品的能源利用情况时，应以全能耗为基础。凡是减少直接能耗的称为直接节能，降低原材料消耗和充分发挥设备、厂房使用效率的称为间接节能。

因此，为了全面评价企业能源利用效果，最大限度地查找节约潜力，在开展能源审计时，建议审计范围应包括能源和原材料两方面。

**3. 能源审计的过程**

能源审计过程虽有差异，但是也有共同的步骤，大体包括以下9个步骤，如图5-2所示。

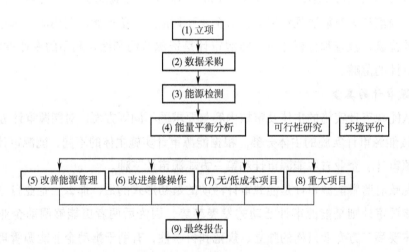

图5-2　能源审计过程示意图

在实施能源审计时，应遵循物质和能量守恒原理、分层嵌入原理、反复迭代原理、穷尽枚举原理，其中最为基础的是物质和能量守恒原理，最为重要的是分层嵌入原理。在分层嵌入原理中，核心是抓住能源流转的四个环节，紧扣能源审计的三大问题，穷尽过程管理的八个因素。分层嵌入原理决定了能源审计的程序和方法。

### （五）企业能量平衡

企业能量平衡是能源标准化工作的一项重要内容，从全面分析能量利用状况出发，对进入体系（如某台热设备、某套装置、车间或企业等）的能量与离开体系的能量在数量上的关系进行考察的一种方法。企业能量平衡系统可用图5-3简单表示。

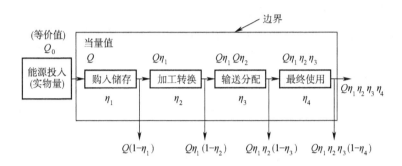

图5-3　企业能量平衡系统图

其中：$Q_0$ 为供入系统能源总量的等价值；$Q$ 为供入系统能源总量当量值；$\eta_k$ 为企业用能环节 $k$ 的能源利用率（$k=1$，$2$，$\cdots$，$I$）。

企业能量平衡内容包括企业热平衡、电平衡和水平衡。能量平衡图是企业进行能量审计、能源监测、建立能源管理系统等工作的基础。企业能量平衡的主要作用有以下几点。

（1）摸清企业的能耗状况。查清企业的能源构成及其来龙去脉，从而了解企业能源损失的大小与分布、损失的原因和存在的问题，以利于采取节能措施。

（2）掌握企业用能水平，即掌握企业各种能源的有效利用率、余能资源率及各主要产品的能耗数据，为制订合理的能源消耗定额、完善能源制度和法规提供科学根据。

（3）对加强企业管理、提高管理人员的技术水平、推动企业的技术改造等起促进作用。

开展企业能量平衡分析，主要是为了查出造成能量浪费的原因，以便制订相应的节能措施与管理制度。因此，分析的重点是企业的各项能量损失。归类分析法将企业能量损失分为不可避免的和不应有的两类，不可避免的损失是指在目前工艺条件下的客观损失，这种损失除了更新设备和改革工艺之外是无法解决的；不应有的损失是指不合理、不应该有的损失，往往是因管理不善、操作不当造成的损失，这种损失通过一定的工作是可以避免或减少的。

通过开展能量平衡分析，可对企业总的能耗水平有个基本估价，即将反映企业能耗水平的几个评价指标（如单位产品产量综合能耗、单位产值综合能耗、企业能源利用率等）与国际、国内、省内同行业生产企业相比，与本企业历史最好水平相比，判断自己所处的水平或找出存在的差距，进而预测企业节能潜力所在，从工艺流程、设备、生产组织、操作技术、管理制度等方面找出能源浪费的技术因素和管理缺陷，加以改进。

### （六）企业能源网络图

企业能源网络图将企业的用能系统划分为购入储存、加工转换、输送分配和最终使用四个环节，按网络的形式由左向右绘制，每个环节又可划分为一个或几个用能单元，其中购入储存、加工转换与最终使用各环节内的用能单元分别以圆形、方形和矩形表示，在能源系统中回收的可利用能源单元可用菱形表示。

企业能源网络图形象直观地描述了企业能源系统的基本平衡关系，其主要作用有以下几点。

（1）集中了企业能源物流和信息流。

（2）反映企业使用的各类能源在各节点上的流入量与流出量平衡关系。

（3）反映了企业能源系统各环节、各用能单元的能源量平衡关系。

（4）标明各用能量占投入企业总能源量的比例。

（5）系统地表明企业能源体系各环节、各用能单元的能源消耗结构。

# 第二节　印染产品能耗计量与计算

## 一、纺织品分类

纺织品分类方法主要有按生产方式分类、按纤维原料分类和按使用领域分类三种方法，其中按生产方式可分为线类、带类、绳类、针织物、机织物、非织造布等产品。

（1）线类。由两根以上的纱捻合而成，线既可作为半成品供织造（机织、针织或编织）用，又可作为成品（如缝纫线、绣花线、麻线、绒线等）供家用或工业用。

（2）带类。窄幅或管状织物，广泛用于衣着（如松紧带、裤袋、吊袜带等）、装饰（如花边、饰带等）和工业生产（如商标带、背包带、安全带、降落伞带等）。

（3）绳类。由多股纱或线捻合而成，由两股以上的线经复捻后成为"绳"，直径更粗的称为"索"，如捆扎用的打包绳、船舶用的缆绳、起重装卸用的吊索等。

（4）针织物。用织针将纱线构成线圈，再把线圈相互串套而成，可以先织成坯布，经裁剪、缝制成各种针织品。也可以直接织成全成形或部分成形产品（如袜子、手套、毛衫等）。按编织时所用的针床数，可分为单面针织物和双面针织物；按线圈在织物中联结的特征，可分为原组织、变化组织、花式组织和复合组织。

（5）机织物。以纱线作经、纬，按各种织物组织（包括原组织、变化组织、复杂组织、提花组织和联合组织等）结构相交织造的织物。

（6）非织造。非织造布是一种不经过传统的纺织工艺，由纤维梳理成网或由纺丝方法直接制成杂乱排列或定向铺置的纤维层形成薄片状的纺织品，生产方法主要有干法、湿法、纺丝成网法、射流喷网法和组合法。非织造布是通过摩擦加固、抱合加固或黏合加固的方法制成的纤维制品，纤维间的作用主要有摩擦力、自身的黏合力、外加黏合剂的黏合力。

## 二、印染产品计量单位

### （一）计量单位

#### 1. 长度单位

长度单位是指丈量空间距离上的基本单元，是人类为了规范长度而制订的基本单位。国际单位制中，长度的标准单位是米（m），常用单位有毫米（mm）、厘米（cm）、分米（dm）和千米（km）等。

此外，英国和美国为主的少数欧美国家也有使用码（yard 或 yd）、英尺（foot 或 ft，复数为 feet）、英寸（inch 或 in）和英里（mile）等英制单位。常用的英制单位与国际单位及其相互间的换算关系见附录 2。

在上述长度单位中，印染产品常用的长度单位为"米"和"码"。

#### 2. 质量单位

物理学中，物体所含物质的多少叫作质量，质量常用的单位有吨（t）、千克（kg）、克（g）和毫克（mg）等。印染产品质量计量中，常用的单位有吨和千克，生产中也会遇到码重（g/yd）、盎司（oz）和姆米等单位，可以用法定计量单位标准进行换算。

（1）克重。克重是指每平方米织物的重量，单位是"克/平方米"（$g/m^2$），可缩写为 FAW。针织面料和粗纺毛呢通常采用"克重"作为技术指标。

（2）码重。码重是指在织物自有门幅（即纬向宽度）下，织物沿经向 1yd 长的重量，单位是"克/码"（g/yd）。例如，假设织物幅宽为 1.5m，码重为 300g，则该织物的克重为 $300/（1.5 \times 0.9144）= 219g/m^2$。

（3）盎司。牛仔面料的克重一般用"盎司（oz）"表示，即每平方码面料重量的盎司数。盎司与克重的换算系数为 33.906，即 $1oz = 33.906g/m^2$。

（4）姆米。丝绸面料的克重常用"姆米（m/m）"表示，织物宽 1in、长 25yd、重 2/3 日钱（1 日钱 = 3.75g）为 1m/m。姆米与克重的换算系数为 4.3056，即 $11m/m = 4.3056g/m^2$。

### （二）印染产品计量方式

印染产品产量计量一般可分为按质量计量和按长度计量两种，对于弹性小或可伸长性小的织物（如机织物、丝绸类织物、精梳毛织物等）可按长度计量（如米、千米、万米等），而弹性大或可伸长性大的织物（如针织物）、线类、带类和绳类产品一般按质量计量（如千克、吨等）。

### 三、印染产品标准品计算

纺织品印染加工工序因纤维品种、染色方法、印花方法、整理条件和客户要求不同而不同，其单位产品能源消耗和水消耗量存在较大差异，如果直接按照各类产品的实际产量来计算水耗和能耗，不同时期的单位产量水耗、能耗无可比性。因此，先设定一个标准品，其他各类产品根据工艺状况进行系数修正，折合成标准品产量。这样，可以计算同类产品在条件相同下的产品可比单位产量。在计算标准品产量时，需使用合格品产量。

#### （一）针织物标准品产量计算

针织或纱线标准品为棉浅色染色产品，不同产品的折合标准品系数及工艺系数见表5-1。

表5-1　折合标准品系数和工艺系数

| 项目 | 漂白布 | | 染色布 | | | | 印花布 | | | |
| --- | --- | --- | --- | --- | --- | --- | --- | --- | --- | --- |
| | | | 浅色 | | 中深色 | | 直接印花 | | 防拔染印花 | |
| | 化纤 | 棉 | 化纤 | 棉 | 化纤 | 棉 | 化纤 | 棉 | 化纤 | 棉 |
| 折合标准品系数 | 0.6240 | 0.8093 | 0.8163 | 1 | 1 | 1.2093 | 1.2558 | 1.5605 | 1.4659 | 1.7783 |
| 丝光工艺系数 | — | 0.2000 | — | 0.1667 | — | 0.1429 | — | 0.1143 | — | 0.1026 |
| 印花防拔染系数 | — | — | — | — | — | — | — | — | — | 0.0800 |

注　涤棉混纺等织物染色布，如果一次染色成功，按被染色纤维织物计；若二次染色成功，按在一次染色的基础上增加0.14系数计。

针织物标准品产量可按见式（5-3）进行折算。

标准品总产量 = 合格品产量 × 折合标准品系数 × （1 + Σ 特殊工艺修正系数）　（5-3）

【案例分析】某针织厂8月份的产量报表见表5-2。

表5-2　8月份产量报表（单位：t）

| 漂白布 | | 染色布 | | 印花布 |
| --- | --- | --- | --- | --- |
| 化纤 | 棉丝光 | 浅色棉（丝光） | 中深色化纤 | 棉防拔染印花 |
| 50 | 100 | 350 | 270 | 100 |

**解**：结合表5-1、表5-2和式（5-3）可得

化纤漂白布标准品产量 = 50 × 0.6240 = 31.2t

丝光漂白棉标准品产量 = 100 × 0.8093 × （1 + 0.2000） = 97.1t

浅色棉（丝光）标准品产量 = 350 × 1 × （1 + 0.1667） = 408.3t

中深色化纤标准品产量 = 270t

棉防拔染印花布标准品产量 = 100 × 1.7783 × （1 + 0.1023 + 0.0800） = 210.2t

该单位在 8 月份的标准品产量 = 31.2 + 97.1 + 408.3 + 270 + 210.2 = 1016.8t

### (二) 机织物标准品产量计算

机织物以门幅为 152cm、布重为 10 ~ 14kg/100m 的棉染色布为标准品，真丝绸机织物以幅宽为 114cm、布重为 6 ~ 8kg/100m 的染色布为标准品。其标准品产量可按式 (5 - 4) 进行计算，其中重量修正系数和阔幅修正系数见附录 3。

$$标准品产量（百米） = 合格品产量 \times 重量修正系数 \times 阔幅修正系数 \qquad (5 - 4)$$

## 四、印染产品能耗计算

### (一) 实际能耗

企业实际消耗的各类能源，即用于生产活动中的各类能源，包括基本生产用能和辅助生产用能，不包括生活和其他作业用能。

### (二) 综合能耗

企业综合能耗是指统计对象在计划统计期内，实际消耗的一次能源（如煤炭、石油、天然气等）和二次能源（如石油制品、蒸汽、电力、煤气等）以及能耗工质（如水、压缩空气等）所消耗的能源，固体燃料发热量按 GB/T 213—2008 的规定测定，液体燃料发热量按 GB/T 384—1981 的规定测定。能源的低位热值应以实测为准，若无条件实测，可通过热值折算为标准煤，进行综合计算所得的能源消耗量。

综合能耗分为企业综合能耗和产品可比单位综合能耗。

**1. 企业综合能耗**

企业综合能耗等于企业在计划统计期内生产活动中实际消耗的各类能源实物量与该类能源折标准煤系数的乘积之和，可用式 (5 - 5) 计算。

$$U_{q} = \sum_{i=1}^{i} (E_i P_i) \qquad (5 - 5)$$

式中：$U_q$ 为企业综合能耗，千克标准煤；$E_i$ 为生产活动中消耗的第 $i$ 类能源实物量；$P_i$ 为第 $i$ 类能源折算标准煤系数。

**2. 产品可比单位综合能耗**

产品可比单位综合能耗等于计划期内的企业综合能耗除以同期产出的标准品总产量，可用式 (5 - 6) 计算。

$$U_{kc} = \frac{U_q}{N_{bz}} \qquad (5 - 6)$$

式中：$U_{kc}$ 为产品可比单位综合能耗，千克标准煤/百米（或吨标准煤/吨）；$U_q$ 为企业综合能耗，千克标准煤；$N_{bz}$ 为标准品总产量，百米（或吨）。

# 第三节　印染企业能源管理任务与现状

## 一、印染企业用能与节能指标

### （一）印染企业能耗指标

国家工信部发布的《印染行业规范条件（2017 年版）》规定印染企业要采用先进技术、节能环保的设备，禁止使用国家明确规定的淘汰类落后生产工艺和设备，禁止使用达不到节能环保要求的二手设备；连续式水洗装置要密封性好，并配有逆流、高效漂洗及热能回收装置；间歇式染色设备浴比应满足 1 : 8 以下工艺要求；热定形、涂层等工序挥发性有机物（VOCs）废气应收集处理，鼓励采用溶剂回收和余热回收装置，箱体隔热板外表面与环境温差不大于15℃；印染企业应实行三级用能、用水计量管理，设置专门机构或人员对能源、取水、排污情况进行监督，并建立管理考核制度和数据统计系统；完善冷却水、冷凝水回收装置，企业水重复利用率达到40%以上；印染企业要健全企业管理制度，鼓励企业进行质量、环境以及职业健康等管理体系认证，支持企业采用信息化管理手段提高企业管理效率和水平。此外，条件还对印染企业单位产品能耗和新鲜水取水量作了明确规定（表 5 – 3）。

表 5 – 3　印染加工综合能耗和新鲜水取水量

| 织物种类 | 综合能耗 | 新鲜水取水量 |
|---|---|---|
| 棉、麻、化纤及混纺机织物 | ≤30kgce/100m | ≤1.6t 水/100m |
| 纱线、针织物 | ≤1.1tce/t | ≤90t 水/t |
| 真丝绸机织物（含练白） | ≤36kgce/100m | ≤2.2t 水/100m |
| 精梳毛织物 | ≤150kgce/100m | ≤15t 水/100m |

注　机织物标准品为布幅宽度152cm、布重 10～14kg/100m 的棉染色合格产品，真丝绸机织物标准品为布幅宽度 114cm、布重 6～8kg/100m 的染色合格产品，当产品不同时，可按标准进行换算；针织或纱线标准品为棉浅色染色产品，当产品不同时，可参照《针织印染产品取水计算办法及单耗基本定额》（FZ/T 01105—2010）进行换算；精梳毛织物印染加工指从毛条经过条染复精梳、纺纱、织布、染整、成品入库等工序加工成合格毛织品精梳织物的全过程，粗梳毛织物单位产品能耗按精梳毛织物的 1.3 倍折算，新鲜水取水量按精梳毛织物的 1.15 倍折算，毛针织绒线、手编绒线单位产品能耗按纱线、针织物的 1.3 倍折算，新鲜水取水量按纱线、针织物的 1.3 倍折算。

### （二）印染企业节能指标

我国已经进入改革开放纵深化发展的关键时期，单位工业产品 GDP 能耗和生产污水排放、大气污染程度、资源再利用等指标控制的生态环境建设已经被列为《国民经济和社会发展第十二五个年规划纲要》的重要内容与中央和地方各级政府行政业绩考核的主要指标。国务院办公厅 2016 年 12 月发布的《"十三五"节能减排综合工作方案》指出，强化节能环保标准约束，严格行业规范、准入管理和节能审查，对电力煤炭、印染、造纸、制革、染料等行业中，环保、能耗、安全等不达标或生产、使用淘汰类产品的企业和产能，要依法依规有序退出；同时，加强高能耗行业能耗管控，在重点耗能行业全面推行能效对标，推进工业企业能源管控中心建设，推广工业智能化用能监测和诊断技术。国家工信部 2016 年 9 月发布的《纺织行业"十三五"发展规划》明确指出，到 2020 年，纺织单位工业增加值能耗累计下降 18%，单位工业增加值取水下降 23%，主要污染物排放总量下降 10%。国家工信部发布的《印染行业规范条件（2017 年版）》不仅对印染企业可比单位能耗进行限量，同时要求印染产品合格率需达到 95% 以上。绍兴市人们政府办公室发布的《绍兴市区印染产业转型升级实施方案》规定，到 2015 年，市区印染企业污水排放总量在 2012 年基础上减少 80% 以上，其中到 2013 年 12 月 31 日止，纳管废水 COD 降到 200mg/L 以下，平均重复用水率不低于 35%，定型机废气油剂回收率 95% 以上。

由此可见，印染企业不仅要积极开展能源管理项目，还需要不断研发节能减排技术，实施技术与设备改造，提高产品合格率。

## 二、印染企业能源管理现状

### （一）能源管理制度方面

对于企业而言，只有建立了统一的专门从事能源管理工作的组织机构和人员，才能把企业的能源有效地管理起来。但是，目前印染企业大多专注于如何提高产量和经济效益，几乎没有一家印染企业建有完善的能源管理部门和相关的规章制度。

### （二）能源管理技术方面

"十一五"以来，我国染整行业在节能、节水新技术开发和应用上的进展较快，成绩显著。但是，不少印染企业在能源的科学管理上还存在不少问题，主要有以下几个共性问题。

#### 1. "跑、冒、滴、漏"现象普遍存在

印染企业在生产时，"跑、冒、滴、漏"的现象普遍存在，部分管理人员对这些现象的重视程度不够，认为这些只是小事，不会对能源造成多大的浪费。因此，几乎没有印染企业设置专职人员负责统计全厂区的设备泄漏点。但是，统计获得的数据表明，一只直径 2mm 的小孔泄漏蒸汽（5kg 饱和蒸汽）时，年泄漏蒸汽折合标煤达 10.34t；一只疏水阀因失灵而泄漏，一年就要浪费标煤 9t；一只水龙头滴流时要损失水量 1.6kg/h，线流时的损失水量为 17kg/h，大流时损失水量高达 670kg/h。由此可见，这样的泄漏一年下来，企业能源的浪费量将是惊人的数目。

国家规定一个企业的泄漏率不能超过 2‰，即 1000 个泄漏点只允许有 2 个泄漏。目

前，泄漏率较少的印染企业也要在 10‰左右（超出国家规定的 5 倍），部分企业的泄漏率高达 10%，远远超出国家规定的指标。

### 2. 蒸汽管道线路布置不合理

蒸汽管道设计得不合理性主要体现在以下几个方面。

（1）通至各车间的蒸汽管道没有设置分汽缸，或者虽设置了分汽缸，但总汽管通至分汽缸的设计不是从中间接入而是从端口接入，且从分汽缸接往各机台的蒸汽管道也未按机台的用汽量来计算管道的直径，导致管道直径与机台用汽量不匹配而浪费蒸汽。

（2）上百米的蒸汽管道未安装伸缩弯，有的虽安装了伸缩弯，却未安装疏水阀，而且安装的伸缩弯不是与蒸汽管道平行的，且弯头不是弧形而是 90°直角（蒸汽管道忌用直角弯、十字弯，其弯头必须 >90°且呈弧形）。

（3）从蒸汽管道接往机台的支管不是从蒸汽管道的上半部或从管道的顶部接出，而是从蒸汽管道的下半部甚至从管道的底部接至机台，这样通下去的蒸汽带有大量的冷凝水，最终影响蒸汽的质量和使用效率。

### 3. 散热设备保温处理不完善

染整加工中很多工序需要在高温条件下进行，加工设备（如高温高压染色机、水洗机、定型机等）、蒸汽管道和热水输送管道的保温处理不仅有利于节约能源，而且有利于仪器设备的稳定运行，提高印染产品质量稳定性。据统计，直径为 20mm 的 1m 未保温的蒸汽管道（管内蒸汽为 200℃）在一年的热损失折合成标煤为 2.88t，一台烘燥机的散热损失高达 40% 左右。由此可见，在印染企业能源管理工作中，散热设备的保温处理是一项不容忽视的工作。

### 4. 资源循环再利用技术不足

印染企业资源循环再利用主要是指水的回用（如冷凝水、冷却水和中水）和余热回用（主要包括蒸汽冷凝水余热、高温废水余热和定型机废气余热）两个方面。目前，印染企业已在不同程度上对部分工段的水与余热进行了回收利用，但未能在整个企业全面实施，且回用率有待进一步提高。

### 5. 生产设备改造速度慢

国家工信部发布的《印染行业准入条件（2010 年修订版）》明确规定：印染行业重点淘汰 74 型染整生产线、使用年限超过 15 年的前处理设备、浴比大于 1∶10 的间歇式染色设备，淘汰落后型号的平网印花机、热熔染色机、热风布铗拉幅机、短环烘燥定型机及其他高能耗、高水耗的落后工艺、设备。但因设备改造不仅需要投入大量的资金，而且在改造期间会影响企业的正常生产，所以不少企业未能及时进行设备改造。

### 6. 加工技术创新不足

长期以来，纺织品印染加工一直以师傅带徒弟的模式进行生产，这种模式存在一定的弊端，如凭经验把握产品质量、不敢尝试新的工艺等。加工技术创新不足，也是造成设备改造速度慢的原因之一。因为，即使生产设备是性能最好最先进的设备，而生产工艺仍是采用传统的方法，则会导致新设备的优势不能充分发挥，甚至采用传统工艺在新设备上生产出来的产品质量还不如低端设备生产的好。

# 第四节　印染企业节能减排措施

## 一、节能减排技术

印染行业是高水耗、高能耗行业。传统的印染加工工艺流程长、浴比大、废水排放量大、能耗高，这些严重制约着印染企业自身的发展。目前，随着能源危机的日益严重和环保意识的逐渐增强，实现印染行业可持续发展的关键之一就是积极研究并应用节能降耗的生产技术。

### （一）前处理技术

（1）生物酶前处理。目前可应用于印染的生物酶主要有淀粉酶（退浆）、纤维素酶与果胶酶（煮练）、葡萄糖氧化酶（漂白）、漆酶与木质素酶（去除木质纤维中的木质素）、半纤维素酶（去除半纤维素）、过氧化氢酶（去除漂白残留的过氧化氢）等。

（2）冷轧堆前处理技术。冷轧堆前处理是指通过氢氧化钠和过氧化氢共浴浸轧，然后在室温条件下打卷放置一定时间，最后经过水洗处理，完成织物的退浆、煮练和漂白的过程。

（3）过氧化氢低温漂白技术。过氧化氢低温漂白通常是指在漂白液中加入一种可与过氧化氢反应生成氧化能力更强的过氧乙酸的活化剂，漂白温度可降低至 $70 \sim 80 ℃$。过氧化氢低温漂白活化剂可分为有机类、生物酶及仿酶类金属配合物和复配型活化催化剂三大类，有机类氧漂活化剂主要包括酰胺基类化合物、烷酰氧基类化合物、$N$ - 酰基内酰胺类化合物、氨基腈类化合物、胍类衍生物等。

（4）短流程前处理。短流程前处理一般可分为一浴一步法和二浴二步法。一浴一步法是指将传统的退浆、煮练和漂白三步并为一浴一步进行。二浴二步法一般有两种形式，一种是织物先退浆，再经碱氧一浴煮漂，适用于含浆率较高的厚重紧密织物；另一种是织物先经退煮一浴处理，再进行漂白处理，适用于含浆率较低的中薄织物。

（5）棉织物常压等离子体退浆技术。等离子体（Plasma）是由部分电子被剥夺后的原子及原子团被电离后产生的正负离子组成的离子化气体状物质，是不同于固体、液体和气体的物质第四态。常压室温等离子体（Atmospheric Room Temperature Plasma）是近几年提出的一种新的大气压辉光放电冷等离子体源，是指能够在大气压下产生温度在 $25 \sim 40 ℃$ 之间的、具有高活性粒子（包括处于激发态的氩原子、氧原子、氮原子、OH 自由基等）浓度的等离子体射流。与传统退浆工艺相比，常压等离子体退浆具有节水、节能、少污染的效果。

### （二）染色与印花技术

（1）喷墨印花技术。喷墨印花被誉为 21 世纪纺织品印花的革命性技术，是未来纺织品印花的发展趋势。数码喷墨印花集机械、电子、信息处理、化工材料、纺织印染等技术为一体，喷墨印花系将含有色素的墨水在压缩空气的驱动下，经由喷墨印花机的喷嘴喷射到被印基质上，由计算机按设计要求控制形成花纹图案，根据墨水系统的性能，经适当后处理，使纺织品获得具有一定牢度和鲜艳度的花纹。

（2）静电印花技术。纺织品静电印花与喷墨印花相似，也是一种数字印花技术，即运用静电复印机或激光打印机的印刷原理实现先进的纺织品印花技术。纺织品静电印花技术的研究范围主要包括设备、显色剂（墨粉、色粉）和计算机控制三个方面，其中尤以显色剂的研究最为关键。根据显色方法不同，显色剂可分为粉剂（即墨粉或色粉）和液体（即油墨或电子油墨）两类，前者用于干式显色，后者用于湿式显色。织物静电印花显色剂可以是粘着型，也可以是染着型，但织物印花之后还必须进行固着处理，以满足织物的各项牢度要求。

（3）超临界二氧化碳流体染色（如聚酯、聚丙烯腈、聚乳酸等纤维染色）。当物质的温度和压力达到一定值后，液态和气态就不存在界面了，该点称之为临界点。而将温度和压强处于临界点以上的气体，称为超临界流体。超临界流体具有气体和液体两种特性，其黏度和扩散系数接近气体，而密度和溶剂性却与液体相近。这种物理特性，使溶解或分散在超临界流体中的物质具有很强的渗透力和扩散力。超临界 $CO_2$ 流体染色是通过加压和预热系统将 $CO_2$ 加热加压至超临界流体状态，有循环泵将溶有染料的超临界 $CO_2$ 输送到染料容器，在染料容器和染色罐之间进行循环，并周期性地穿过被染织物，完成染料对织物的上染过程。染色完成卸压后，未上染的染料与纤维分离形成粉状，经回收系统回收后再重复利用。超临界 $CO_2$ 一般适用于非离子染料对疏水性纤维的染色。

（4）活性染料染色新工艺。如无盐染色、冷轧堆低温染色、中性染色、轧蒸短流程染色、低温固色、受控染色技术等。

（5）涂料轧染技术。涂料对纤维没有选择性，适用于各种纤维的染色，然而涂料又是一种不溶性的有色物质，很难进入纤维内部，对纤维没有亲和力，只能借助树脂或黏合剂固着在纤维表面。所谓涂料轧染，是指将涂料、黏合剂等制成分散体系，通过浸渍、轧压等方式使织物均匀带液，经预烘干和高温焙烘，使之均匀牢固地分布在织物表面。目前，涂料轧染的难点主要在于染色时黏合剂易粘轧辊和导辊，染深色时耐摩擦色牢度和手感不理想，限制了其应用推广。新型涂料、环保型黏合剂（如无皂黏合剂、自交联黏合剂、低黏度黏合剂等）、新型固色工艺（如低温固化、紫外线固化、等离子固化等）将是涂料轧染技术的发展趋势。

（6）还原染料的电化学染色技术。还原染料不溶于水，对纤维素纤维没有亲和力，染色时需要在强还原剂和碱性条件下，将染料分子中的羰基还原，形成可溶性的隐色体钠盐后才能上染纤维。还原染料染色中最常用的还原剂连二亚硫酸钠（俗称保险粉，分子式 $Na_2S_2O_4$）于空气中易吸收氧气而发生分解，并结块散出刺激性酸味，而且应用时会产生高浓度亚硫酸盐和硫酸盐废水，造成水体环境污染，不符合绿色环保的要求。电化学还原是一种可以代替保险粉的新型还原技术，包括电催化氢化、直接电化学还原、间接电化学还原三种。电催化氢化还原是在电化学作用下，水在处于碱性介质中的阴极被还原生成活性氢原子，此活性氢原子在阴极表面催化靛蓝分子的羰基进行加氢反应，在碱性介质中生成靛蓝隐色体钠盐。直接电化学还原法是使染液中染料中间体与电极表面直接接触而被还原的方法，在染料还原的初始阶段加入很少的化学还原剂，生成染料自由基中间体，然后通过电化学还原的方式还原中间体生成隐色体。间接电化学还原法是采用氧化态的媒介在电极表面先还原为还原态，此还原态媒介（如葡萄糖酸铁、蒽醌及其衍生物、三乙醇胺铁等配合物）可以还原有机染料，而氧化态的媒介通过电化学还原得以再生。

（7）微悬浮体染色技术。微悬浮体染色技术的原理是在染浴中加入微悬浮体化助剂，该助剂与染料在染浴中构成有较强疏水性的稳定微悬浮体，由于染料微悬浮颗粒很细小，对织物组织有很强的渗透性，染料微悬浮体颗粒可以均匀地吸附在织物表面及纱线间隙中，随着温度升高，微悬浮体系逐渐解体，释放出的染料单分子向纤维内部扩散，进而固着于纤维内部，完成染色过程。微悬浮体染色解决了染色不匀的现象，缩短了染色时间，并能提高上染百分率，从而降低后道工序的负担，减少污水的排放，具有节能环保的效果。

（8）分散染料微胶囊无助剂免水洗染色技术。分散染料微胶囊化是指利用天然或合成的高分子材料作为壁材，将芯材分散染料包覆其中，形成微米级核壳结构的微小容器。分散染料微胶囊染色的核心技术就是将分散染料微胶囊化，制得符合染色工艺要求的分散染料微胶囊，加热到一定温度后，囊壁破裂达到热敏释放的目的。分散染料微胶囊染色不使用化学助剂，染色过程中不发生"增溶吸附"，染色后纤维表面仅含有极少量的浮色，因此无需清洗和皂洗。分散染料微胶囊结构分为单核型、多核型及复合微胶囊，粒径为 $1 \sim 200 \mu m$。微胶囊的制备方法分为化学法（聚合反应法）、物理法以及物理化学法（相分离法）。

（9）活性染料无盐无碱或低盐低碱染色技术。纤维素纤维在染液中呈负电性，活性染料成阴离子性，由于静电斥力，染料上染受到抑制，染浴中往往需要加入大量的中性电解质食盐或硫酸钠等来提高染料上染百分率，并加纯碱进行固色。这样染色后的污水成了有色含盐污水，盐的浓度高，污水处理负担加重，且生产费用增加。为提高染料利用率和降低盐、碱用量，增加染色时染料的反应固着率，一般采用阳离子改性剂对棉织物进行改性，再进行无盐无碱或低盐低碱染色。目前，研究较多的改性剂主要有高聚物（如聚环氧氯丙烷胺化物）和含多官能团的胺化改性剂。

（10）活性染料无尿素印花技术。传统活性染料印花色浆中需加入大量的尿素，帮助染料溶解与纤维吸湿溶胀，从而促进染料与纤维的反应、固着。但尿素易分解成二氧化碳和含氮化合物，不仅使水体的化学需氧量升高，还极易造成藻类繁殖和水体富营养化。目前，尿素替代品的开发及相关工艺改进是减少活性染料印花中尿素用量的主要方法。尿素替代品主要有直接替代尿素的助剂（如相对分子质量为 400 和 600 的聚乙二醇、霍美卡陀尔 C、自制助溶剂 DN–0515 及一些醇醚类结构的表面活性剂）及与尿素复配产物（如丙三醇、三甘醇等与尿素复配物）。

### （三）后整理技术

（1）泡沫整理。传统浸轧的轧液率为 70%～100%（大多数控制在 95% 左右），而泡沫整理仅需 15%～30%，且拉幅机的速度可从 110m/min 提高到 250m/min。

（2）生物酶后整理。例如，应用纤维素酶对棉织物进行抛光、柔软处理，用蛋白酶对羊毛类织物进行防毡缩整理等。

## 二、生产设备改造升级

淘汰《印染行业准入条件（2010 年修订版）》中明文规定的设备，并推广应用低浴比染色设备（如气流染色机、欧型缸溢流染色机）、灵巧型轧车（轧液率≤45%）、射频加热烘燥机、逆流水洗机、超声波水洗机、电脑数码印花机等，替换现有使用年限长、能耗大的设备。先进设备引进之后，一定要及时对操作人员进行培训，且加工技术要及时跟进，否则，设备再好，能源也省不了多少。

## 三、能源的节约与回用

### （一）水资源的节约与回用

针对用水与节水现状分析，印染企业可进一步改善的方面有以下几点。

（1）采用节水型加工技术，提高产品的一次成功率。同时合理安排生产，尽量将同一类产品安排在一起加工，减少设备的停歇和启动次数，提高设备运转率和产品正品率，避免重洗、重烘、返修等反复加工。

（2）对设备进行适当的技术改造，采用逆流洗涤技术。

（3）采用废水、冷凝水、冷却水回用措施，提高水资源的利用率。

（4）实行废水清污分流措施，如条件不允许，建议集控区外现有印染企业对污水处理设施进行提升改造，增加深度处理设施，综合废水处理达标后，部分进行深度处理后回用，确保废水回用率满足要求。

（5）设置专人负责节水工作管理，完善各设备上的计量仪表（尤其是主要耗水设备），并培养全体员工的节水意识，实行节水与薪金挂钩的制度，调动全体员工节水积极性。

（6）冲厕、绿化、环境卫生等使用河流或经处理后的河水。

### （二）余热回收利用

我国是一个印染大国，印染企业生产过程中需要排放大量的废水、废气。据不完全统计，全国印染行业年耗水量达 95.48 亿吨，能源以蒸汽为主（50% 为饱和蒸汽），高温排放量大，热能利用率约为 35%。由此可见，回收利用废水、废气中的余热可以产生丰厚的经济效益。

印染加工过程中，余热主要包括蒸汽冷凝水余热、印染排放的高温热废水余热、后整理定型机废气余热和锅炉烟道气余热四个部分，通过这四个部分的热源回收，可以降低单位产品能耗、减少污染物排放和节能减排。

#### 1. 废水余热回用

（1）蒸汽冷凝水余热回用。印染企业蒸汽消耗占整个企业能耗的 80% 以上。蒸汽在用汽设备中释放潜热后，还原成同温度下的饱和水（即冷凝水，实为热水），冷凝水具有可观的热能利用价值，是品质较好的蒸馏水。印染企业冷凝水的余热可以回用于退浆、煮练、漂白和洗水等需要水温在 50~98℃ 热水工艺用水的预热。

（2）高温热废水余热回用。印染企业的退浆、煮练、漂白、丝光、染色废水均有一定的温度（50~130℃），排放量大，具有相对较高的热能，而印染设备工艺用水一般都需要消耗蒸汽间接或直接加热到一定温度，通过配套热交换器，利用排放高温热废水通过换热器后实现工艺用水的预热，实现节能目的。

【案例分析】以一台处理能力为 180t/d 的换热器为例，即高温废水进水量为 7.5t/h，高温废水进换热器温度按 90℃，高温废水出换热器温度按 30℃，热回收效率按照 85% 计算，清水进入换热器的温度（环境温度）按 25℃，进水量按 7.5t/h，按照理想状态热平衡原理，经过热交换器后清水温度由 25℃ 提高到 73℃，回收热量 $3.655 \times 10^4$ kcal/h，按每天 24h，每年 300 天计算，每年可节约原煤 526.32t。

污水热能回用系统是针对印染企业的特殊工况研制的节能装置，其核心技术为污水自动过滤系统和专用换热器，该系统不仅能够有效利用余热，实现节能减排目的，同时可大幅减轻污水处理设施的压力。另外自动过滤系统有效过滤污水中的纤尘及大粒径杂质，由此减少换热器的堵塞现象，同时减少污水处理成本。

#### 2. 废气余热回用

印染企业高温废气主要是锅炉烟气和高温定型机油烟废气，不同废气余热可以采用不同的回用技术。

（1）定型机废气余热回用。定型机配套余热回收和废气净化系统可将废气中的余热传送给新鲜的空气或水，并使废气中的污染物得到冷凝和过滤，预热后的新鲜空气可进入后整理机组利用，减少定型机废气污染物的排放，且回收余热，减少能耗。

（2）锅炉烟气余热回用。锅炉排放的废气温度在 220℃ 以上，含有很高的热能，将废气中的能量进行回收可实现资源的高效利用。目前，典型企业采用了热管式省煤器回收烟气余热，利用省煤器的换热功能，将废气中的热能转移到水中，可通过水量调节将水温控制在汽化温度以下，直接产生热水。省煤器是一种常见的气—液式换热器。

# 复习指导

熟悉能源管理的相关术语及管理方法，掌握印染企业能源管理现状、工段能耗情况、节能减排技术现状及发展趋势，有利于明确节能降耗的攻坚方向，提高产品经济效益和市场竞争力。通过本章学习，主要掌握以下内容：

1. 了解能源管理的重要意义。
2. 熟悉能源管理的主要工作内容。
3. 掌握印染产品标准产量及其单位能耗的计算方法。
4. 熟悉印染企业能源管理现状及行业要求。
5. 熟悉印染企业节能减排技术现状及发展趋势。

# 思 考 题

1. 简述一次能源与二次能源的区别。
2. 简述清洁能源与非清洁能源的含义。
3. 什么是能源管理？能源管理的目的是什么？
4. 企业能源管理应树立哪些主要观点？
5. 企业能源管理的基本内容有哪些？
6. 什么是高位发热量和低位发热量？
7. 什么是当量热值和等价热值？
8. 简述计量的基本特征。
9. 什么是企业能源管理和节能工作的基础？
10. 简述对能源进行计量的意义。
11. 能源统计的主要内容有哪些？
12. 什么是节能监测？节能监测的主要作用有哪些？
13. 以一台处理能力为200t/d的换热器为例，设高温废水进换热器温度按95℃，高温废水出换热器温度按30℃，热回收效率为90%，按照理想状态热平衡原理，试计算该单位一年（以300天计）能节约多少标准煤。[一吨标准煤热值以7000大卡计，水的比热为4.2J/（g·℃）]

14. 针织布折合标准品系数及工艺参数如题表5-1所示。

**题表5-1 针织布折合标准品系数及工艺参数**

| 工艺参数 | 漂白布 | | 染色布 | | | | 直接印花 | |
|---|---|---|---|---|---|---|---|---|
| | 化纤 | 棉 | 浅色 | | 中深色 | | 化纤 | 棉 |
| | | | 化纤 | 棉 | 化纤 | 棉 | | |
| 折合标准品系数 | 0.6240 | 0.8093 | 0.8163 | 1 | 1 | 1.2093 | 12558 | 1.5605 |
| 丝光工艺系数 | — | 0.2000 | — | 0.1667 | — | 0.1429 | — | 0.1143 |

某针织厂8月份的生产报表如题表5-2所示:

**题表5-2 生产报表（单位：t）**

| 漂白布 | | 染色布 | | 印花布 |
|---|---|---|---|---|
| 化纤 | 棉丝光 | 浅色棉（丝光） | 中深色化纤 | 丝光棉直接印花 |
| 100 | 200 | 350 | 300 | 100 |

试计算该单位在8月份的标准品产量为多少吨?（取1位小数）

15. 印染企业能源管理技术方面存在哪些共性问题?

16. 列举8种纺织品印染加工中已应用的生物酶，并指出其可用于哪个工序，并简述其作用。

17. 什么是泡沫整理? 泡沫整理是如何达到节能效果的?

# 第六章　企业精细化管理

## 第一节　精细化管理概述

### 一、精细化管理的概念

#### （一）基本含义

精细化管理是源于发达国家（日本 20 世纪 50 年代）的一种企业管理理念，是社会分工精细化与服务质量精细化对现代管理的必然要求，是建立在常规管理的基础上，并将常规管理引向深入的基本思想和管理模式，是一种以最大限度地减少管理所占用的资源和降低管理成本为主要目标的管理方式。

精细化管理可以理解为一种管理理念和管理技术，运用程序化、标准化、数据化和信息化的手段，使组织管理的各单元精确、高效、协同和持续运行。精细化管理，"精"是经营管理的关键环节，"细"是关键环节的主要控制点，精细化管理就是系统解决经营管理过程中的各个环节及其主要控制点。

精细化管理的本质意义，就在于它是一种对战略和目标分解细化和落实的过程，是让企业的战略规划能有效贯彻到每个环节并发挥作用的过程，同时也是提升企业整体执行能力的一个重要途径。一个企业在确立了"建设精细化管理工程"这一带有方向性的思路后，重要的就是结合企业的现状，按照"精细"的思路，找准关键问题、薄弱环节，分阶段进行，每个阶段完成一个体系，并实施运转、完善一个体系，同时牵动修改相关体系。只有这样，才能最终整合全部体系，实现精细管理工程在企业发展中的功能、效果、作用。同时，我们也要清醒地认识到，在实施"精细化管理工程"的过程中，最为重要的是要有规范性与创新性相结合的意识。"精细"的境界就是将管理的规范性与创新性更好地结合起来，从这个角度来讲，精细化管理工程具有把企业引向成功的功能和可能。

#### （二）国内概念

精细管理工程创始人刘先明提出的"精细管理工程"是指企业按照"五精四细"的思路与方法，对企业的管理进行精细化改造的工程。"五精四细"是精细化管理工程的核心内容，"精"可以理解为更好、更优，精益求精；"细"可以解释为更加具体、细针密缕、细大不捐。

1. **五精**

（1）精华。企业需要有效运用全球范围内的文化精华（含企业精神）、技术精华和智慧精华等来指导、促进企业的发展。

（2）精髓。企业管理理论虽已基本成熟，但深谙和运用管理精髓的企业家或企业管理者为数不多，要想成为一个成功发展的企业，就必须拥有那些为数不多的、深谙和运用企业管理精髓的企业家和企业管理者。只有这样，企业管理的精髓才能在企业成功发展中得到充分运用。

（3）精品。企业需要把握好产品质量精品的特性、处理好质量精品与零缺陷之间的关系，建立确保质量精品形成的体系，为企业形成核心竞争力和创建品牌奠定基础。

（4）精通。企业需要精致打造畅通于市场的渠道，精致建好畅通于客户的管道。

（5）精密。企业内部凡有分工协作和前后工序关系的部门与环节，其配合与协作需要精密；与企业生存、发展的环境的适宜性需要精密，与企业相关联的机构、客户、消费者的关系需要精密。

2. **四细**

（1）细分市场和客户，全面准确把握市场变化、客户需求、企业发展战略和产品定位。

（2）细分企业组织机构中的职能和岗位，企业管理体系健全，责权利明确、到位。

（3）细化分解每一个战略、决策、目标、任务、计划、指令，使之落实到人。

（4）细化企业管理制度的编制、实施、控制、检查、激励等程序、环节，做到制度到位。

精细化管理最基本的特征就是重细节、重过程、重基础、重具体、重落实、重质量、重效果，讲究专注地做好每一件事，在每一个细节上精益求精、力争最佳。

## 二、精细化管理的宗旨

根据企业的特点和具体实际，按照"以人为本，追求卓越"的工作理念，制订企业的精细化管理宗旨：即彻底杜绝浪费，永远追求效率，不断提升管理水平和核心能力，推进企业的不断发展。总之，每个员工在工作上都要做到精益求精，在经济管理上做到精打细算。

## 三、精细化管理的特征

### （一）强调数据化，精确性

科学管理就是尽力使每一个管理环节数据化，而数据化则是精细化管理最重要的特征之一。有了数据化，则精确性即成为其中应有之义。在数据化、精确性的前提下，严谨成了一种习惯性的行为，在企业管理上的每一个执行细节上都可以做到数据化、精确性。而这些数据化、精确性的资料可以成为管理者进行决策的重要依据，使决策更具科学性和可操作性。

产品和服务的高质量不是粗放的管理模式可以创造出来的，而是要通过精细化的管理来实现。精细化管理不像粗放型管理那样采用"差不多"的说法，市场不相信拍着胸口信誓旦旦下保证，而是用事实说话，依靠严谨的行为确保高质量的实现。

【案例分析】在国外的某一公司，每个部门和每个人都有已经被量化的年度工作目标。这样，公司的总目标就被精细化到每一个部门和每一位员工身上。在该公司，产品的交货期不是以天数计算，而是以小时计算，如货物下午4点钟必须要到达报税仓库，以使准时装上5点钟起飞的飞机飞往欧洲。这就要求所有的成品在2点钟前必须到达公司的成品库，3点钟装上卡车，4点钟到达报税仓库，5点钟飞往欧洲。第二天该公司所组装的产品就能及时地直接出现在欧洲的市场上。

### （二）持续改进，不断完善

精细化管理需要在企业流程的每一个环节中得到体现，所以不断地改进和优化流程是精细化管理的主要特征。我国经济体制从计划经济过渡到市场经济之后，市场需求急剧扩大，为国内企业迅速成长创造了良好的机遇。企业在抓住市场机遇迅速成长的同时，应当清醒地认清现实，把机会型增长转变为战略型增长，使企业在市场带来的增长逐渐减少或者消失之后，能够顺利地实现内涵式的增长，从精细化的管理中创造效益。

企业应顺应外部环境的变化而相应做出转变，以建立完美的流程为中心，强调不断地改善，实施精细化管理。精细化管理不是一蹴而就的，而是一个不断改善、不断提高的过程。很多企业错误地理解了精细化管理的含义，把它当成了一个灵丹妙药，以为它是一种模式，只要照抄过来实行，马上就可以改变企业的现状。其实，这是对精细化管理的误解。

精细化管理没有固定的模式，也不能照搬别人的精细化管理模式，它需要各家企业从管理的实践经验中不断总结、提升。别人的经验可以借鉴，但绝不能简单地移植。精细化作为一个需要持续改进的过程来说，需要运用先进的管理方法，来实现对管理进程的不断调整、持续改进。

### （三）以人为核心

管理最核心的问题是人的问题，精细化管理更是强调以人为核心。管理就是使有限的资源发挥最大效能的过程。而在一个企业中，人的资源是最重要的资源，要创造最大效益，就必须使人的潜力得到最大程度的发挥。而如何最大限度地发挥人的潜力，则是管理中遇到的最重要的课题，也是精细化管理面临的最大的难题。

### （四）注重创新

精细化管理以持续的自我改进为特征，而创新则是自我改进中永恒的主题。没有创新，则谈不到自我改进。精细化管理强调创新，在创新中不断地否定自我，不断地进步。

细节是一种创造，包含着把小事做细的精细化管理，强调非数据不精、非创新不细。

## 四、精细化管理的内容

精细化管理是一个全面化的管理模式，全面化是指精细化管理的思想和作风，要贯彻到整个企业的所有管理活动中。精细化管理的内容主要包含以下几个部分。

### （一）精细化的操作

精细化的操作是指企业活动中的每一个行为都有一定的规范和要求，每一个企业的员工都应遵守这种规范。让企业的基础运作更加正规化、规范化和标准化，为企业的拓展提供可推广性、可复制性。

### （二）精细化的控制

精细化的控制是精细化管理的一个重要方面，它要求企业业务的运作要有一个流程，要有计划、审核、执行和回顾的过程。控制好了这个过程，就可以大大减少企业的业务运作失误，杜绝部分管理漏洞，增强流程参与人员的责任感。

### （三）精细化的核算

精细化的核算是管理者清楚认识自己经营情况的必要条件和最主要的手段，要求企业的经营活动凡与财务有关的行为都要记账、核算，还要通过核算去发现经营管理中的漏洞和污点，减少企业利润的流失。

### （四）精细化的分析

精细化的分析是企业取得核心竞争力的有力手段，是进行精细化规划的依据和前提。精细化分析主要是通过现代化的手段，将经营中的问题从多个角度去展现，从多个层次去跟踪。同时还要通过精细化的分析去研究提高企业生产力和利润的方法。

### （五）精细化的规划

精细化的规划是容易被管理者忽视的一个问题，但精细化规划是推动企业发展的一个至关重要的关键点。企业的规划包含有两个方面：一方面是企业高层根据市场预测和企业的经营情况而制订的中远期目标，这个目标包括了企业的规模、业态、文化、管理模式和利润、权益等；另一方面是企业的经营者根据企业目标所制订的实施计划。所谓精细化的规划，就是指企业所制订的目标和计划都是有依据的、可操作的、合理的和可检查的。

## 五、精细化管理的方法

### （一）各就各位，建立专业化的岗位职责体系

在企业管理过程中，几乎所有的企业在组织架构、岗位职责方面非常混乱，导致企业

管理无序、扯皮、推诿、内耗，老板头痛、经理人员烦恼、员工抱怨，效率低下。为解决上述问题，应做到以下三点：组建适应企业发展的组织架构、清晰界定各部门的职责、把各个部门的职责细分到各个岗位。

为什么一些企业编制了岗位职责指导书，管理顽症依然如故呢？究其原因，主要有以下两点。

（1）岗位职责指导书"千岗一面"、大同小异、泛泛而谈，没有结合业务流程专业化、具体性描述岗位的工作权责，这样的指导书成为一纸空文。企业所需要的不仅仅是"岗位职责说明书"，更需要的是能够实实在在指导不同岗位的员工履行职责、开展工作的规范指引。

（2）没有紧密结合细化的权责提炼出合理的、量化的考核指标，岗位职责与绩效考评纯粹是"两张皮"，中看不中用。应该把岗位绩效指标作为岗位指导书的重要组成部分，解决"如何评价"的问题，即明确员工绩效评价指标有哪些、绩效目标值是多少、各项指标的权重有多大、评价期有多长。对于不能量化的指标，则应设计具有个性化的态度及能力指标。例如，对房地产企业而言，风险最大的环节是项目前期的拿地，所以对负责前期工作的开发部及其所属岗位的职责考核重点是"风险控制"；考核生产部及其所属岗位职责的重点是"生产质量"和"交期"；实现"利润"最关键的部门是营销部，所以以营销部及其所属岗位职责考核的重点是"销售量"和"销售进度"；对公司品牌贡献度最大的是业务部，业务部职责考核的重点是"服务质量"和"客户满意度"。

### （二）各干各事，建立目标管理体系

岗位职责指导书给每一位员工明确定位、明确绩效考评的标准，是绩效管理的前提条件。但是，这些都是静态的，单靠这些考评还远远不够，考评的核心内容（即考什么）必须明确。应该考核各个岗位的工作计划与目标完成情况，即各有各的任务、各自干好各自的事，这是创造业绩的关键点。

企业需要建立一套精细化的运营管理系统，且建立一条以"5年战略目标—3年经营规划—年度经营计划—年度绩效考核体系"为主线的战略目标管理体系，将战略发展目标层层分解，直至可以进行量化考核的绩效指标。公司的战略思想，需要通过年度绩效考核体系落实到各个部门、各位员工身上。为了实时监控、及时调整战略和经营规划，企业必须建立一套计划/目标监控体系，通过周、月度、季度、半年度和年度的系列检查反馈和总结，使公司各个层面的管理者都能及时掌握与自己相关的信息，并提前对下一步的工作做出调整和安排。通过这两套系统，将由上至下的战略制订与实施过程和由下至上的经营反馈过程很好地结合在一起。

### （三）各考各评，建立科学的考评体系

"各考各评"包含的理念是员工自我对比、自我考评，不搞横向攀比，不搞上级"判

官考评"。要做到"公平、公正、公开"这一点，需要精细化的操作体系，其具体操作方法中强调两条原则：

（1）最大限度保证考评的客观、公正、全面。

（2）强调参与、互动、双赢，重在绩效改进、能力提高。

### （四）各拿各钱，建立考评结果应用体系

绩效管理是一个完整的体系，环环相扣，缺一不可。考核结果应用是最重要的一个环节，如果考核结果不与员工奖励、任用挂钩，绩效考核将毫无意义。绩效管理的核心是利用"分配"与"任用"两大手段，原则是要有很强的个性特征，做到各拿各钱，各得其所。

## 六、企业精细化管理的意义

精细化是一种意识、一种观念、一种认真的态度、一种精益求精的文化。精细化管理是一种先进的管理文化和管理方式。实施精细化管理符合国情，也符合企情，是我国企业管理实践必经的发展阶段，它是提升我国企业员工工业化素质的有效工具，也是我国企业发展实现二次创业的有力支点。

### （一）有利于企业改革创新制度

精细化管理模式是企业发展的必经之路。在现代化信息与科学制度下，企业要想在管理上有进一步提高，就应该最大化地发挥人力资源作用，保证企业的安全生产与进步，从而提高企业的整体效益以及安全意识。传统的企业管理理念比较落后，在很大程度上阻碍了企业的发展，不能很好地适应企业的深化改革与创新。在当今激烈的市场竞争中，精细化管理已成为企业管理的必然趋势。精细化管理能有效地保证企业人才资源的合理利用，在创新技能与管理方法上做到精益求精。与此同时，在企业意识与观念不断提升的基础上，企业的创新能力与凝聚力得到很大程度的提升。

### （二）有效提升企业的执行力

精细化管理的应用能有效强化企业的管理方法，从而全面推动企业和谐发展。精细化管理首先是规范企业的运作、明确企业的管理目标；其次是对管理方式进行细化与创新；最后还要保证企业的每项管理方法都到位，从而提高企业的管理效益，保障其整体的经济效益。

### （三）促进企业和谐稳定发展

面对不断改革与创新的企业管理，精细化管理模式不仅促进了管理过程的精细化，也促进了管理工作的科学化。精细的管理方法与理念，不但提高了企业成员的价值管理协调

能力，而且提升了其竞争力与凝聚力，促进企业内部的发展与和谐。在管理方法与管理体制上的创新，能有效保证企业管理模式的先进性，有利于企业更好地适应市场需求。通过精细化管理的企业管理模式，使其整体利益得到最大程度提高，促进企业管理的和谐与发展。

# 第二节　精细化管理的实施

## 一、精细化管理实施的基本条件

### （一）建立现代企业制度

精细化管理要求建立现代企业制度，首先是决策科学化、精细化。精细化不是什么新东西，作为一种追求精益求精的努力自古以来就有。但是，要使精细化管理更具理性和科学性，就必须建立"产权明晰、权责明确、政企分开、管理科学"的现代企业制度。因为只有现代企业制度才能保证企业管理的科学化和精细化。现代企业制度让每个细胞都充满活力，让每一个员工都成为追求精细化管理跳跃的音符。可以肯定地说，精细化管理科学概念的背后，是对科学的执着追求，是一种上下一心追求极致的大众思维模式。一个企业能否生存发展，决策的科学化与精细化起着决定性的作用。

### （二）为企业科学定位

一个企业，无论是大中小型企业，都可以进行精细化管理。可是有些企业为什么不能把精细化管理进行到底？为什么看不到精细化管理带来的显著效益？原因有两点：一是形而上学地、机械地模仿外来的精细化管理经验，没有让其本土化、民族化；二是对自己的企业没有一个清醒的认识，没有一个科学的定位，急功近利。

作为一个企业，要正确分析市场经济的形势，通过纵向、横向比较，科学、精确地给自己定位，既不能贬低自己，也不能拔高自己，对企业内部生产经营情况要了如指掌，抓住主要矛盾，研究出切实可行的解决方案，拟定出通过努力可以达到的目的。通过精细化的操作，一步一步地完成，一个目标一个目标地实现，才能够循序渐进、稳扎稳打、步步为营，直至全面推进精细化管理。

### （三）充分挖掘人力资源

精细化管理要充分挖掘人力资源，调动干部与职工的积极性及创造性。精细化管理对企业最大的贡献在于成本控制，因为管理的精细化能够优化流程、提高品质、降低不必要的损耗、把可以省的钱都省下来。然而，这需要全体员工的共同努力，需要调动全体员工的积极性与创造性。

（1）讲清道理，统一思想，取得全体员工的理解和支持。在管理过程中，经常会发现员工对领导布置的事情并不理解，认为那样做对他们并没有什么用，有的员工甚至我行我素。为此，让员工具备精细化管理的基本常识，让他们知道精细化管理的主要内容、基本方法和重要意义，使大家形成共识，知道为什么要这样做，就可以减少自作主张或持怀疑态度的抵触行为，从而达到统一思想、统一行动的目的。

（2）摸清家底，积极培训，明确贯彻精细化管理的方案。干部、职工队伍素质高低有别，即使有了一个好的精细化管理思路、方案也很难完美实现。因此，精细化管理首先要切合人的实际，用好人；其次要对职工摸清家底，用其所长，避其所短，并有目的地进行培训，使其掌握精细化管理的步骤、技术标准等，摒弃任何无用的动作，不做任何无用功；最后要深入基层，了解在精细化管理的进程中到底还存在什么困难，及时处理发现的问题。

（3）奖优罚劣，奖勤罚懒，建立长效机制。企业要实现精细化，必须实现由随意化管理向规范化、制度化管理的转变，建立一套系统的、比较完备的奖惩制度。这种奖惩制度只要符合实际、比较公平，就应该使其形成长效机制。让勤勤恳恳为企业做出贡献、创造效益的员工不断得到更多的实惠，让企图混天度日、粗心大意、给企业带来不良影响，甚至破坏企业生产经营的员工得到应有的惩罚。

## 二、精细化管理的实施过程

精细化管理强调责任明确、程序规范、制度有效、执行到位、末端检查、及时纠偏。实际上，精细化管理是一种全面化的管理模式，要求将精细化管理的思想和精髓贯彻到整个企业的所有管理活动中。精细化管理的本质就是在每一项工作或环节中精确有效地实施 PDCA 管理循环，即 Plan（计划）、Do（执行）、Check（检查）和 Action（行动）。

### （一）计划阶段

计划阶段的主要工作是由管理层将公司的战略目标和任务层层分解，把企业的宏观决策和目标分解为各个部门、各个岗位可操作的工作指令和目标，具体包括细化与量化岗位责任、规范工作流程、明确任务和完善制度。

#### 1. 细化与量化岗位责任

众所周知，国内的企业一般都制订了岗位责任书，明确规定每个岗位的职责。实际上，这些岗位职责条款多数只描述了一个岗位的工作内容范围，而不是对岗位责任的具体规定，员工执行起来会有很大的随意性和弹性空间，这实际上是一种粗放式的管理。精细化管理和粗放式管理在岗位职责规定上的差别见表 6 - 1。

**表6-1　精细化管理与粗放式管理岗位职责规定比较**

| 管理模式 | 精细化管理 | 粗放式管理 |
|---|---|---|
| 工作布置的工具 | 岗位工作手册或责任书 | 岗位职责 |
| 布置工作的特点 | (1) 职责细化<br>(2) 职责清楚、明确<br>(3) 尽可能将职责量化<br>(4) 有明确的执行标准<br>(5) 按手册规定的流程、标准、方法执行，规范性强<br>(6) 有明确的检查和考核程序 | (1) 职责条款笼统<br>(2) 责任模糊<br>(3) 责任缺少量化<br>(4) 缺少执行标准<br>(5) 靠执行者理解领悟，执行随意性大<br>(6) 无明确的检查、考核办法 |

**2. 规范工作流程**

有这样一种说法，90%的质量问题和事故都是由于员工违反程序而造成的。在实际工作中，完成每一道工序都要按照一定的程序进行，有其先后顺序。表6-2为麦当劳服务顾客的流程。

**表6-2　麦当劳服务顾客的流程**

| 工序 | 程序号 | 程序（怎么操作工序的规定） |
|---|---|---|
| 招呼顾客 | (1) | ➤ 精神抖擞，面带微笑<br>➤ 大声说："早上好""欢迎光临""请到这边点餐" |
| 询问点餐 | (2) | ➤ 说："您要点什么？""请问您需要些什么？"<br>➤ 顾客点完餐后，服务员要复述一遍品名和数量<br>➤ 向顾客推荐的食品不能超过一项 |
| 准备食品 | (3) | ➤ 对顾客说："请稍等"<br>➤ 默记顾客所说的食品<br>➤ 按奶昔—汉堡—派—薯条—圣代的顺序准备食品，食品的标志要向着顾客，薯条要靠在包装盒上 |
| 收款 | (4) | 收款时要大声复述金额，如"谢谢您，总共45元，收您50元，找回5元" |
| 把食品递给顾客 | (5) | ➤ 双手托盘给顾客<br>➤ 说："让您久等了""请小心拿好""请看一下是否都齐了" |
| 感谢顾客 | (6) | 顾客离柜时说："谢谢惠顾""欢迎您再次光临""祝您用餐愉快"等致谢词 |

由此表可以看出，工序是员工行为，程序是管理行为，是管理层为员工制订的如何操作的行动指南，是对某一工序或行为的操作方式的规定。规范程序一般要明确操作方法和工具、操作标准、操作规则等几个要素。

### 3. 明确任务

公司决策执行的效果与每个部门、每个员工的工作效率有关，只有明确自身的岗位职责，才有充分发挥自身的岗位职能，提高工作效率。明确任务，主要是指让所以员工必须明确自己的工作职责是什么内容、该承担什么样的工作、承担什么样的责任、如何更好地去做、什么是不该做的等。员工明白自己岗位职责的益处主要有以下几点。

（1）让员工了解自己的岗位职责，能够最大化地进行劳动用工管理，科学地进行人力配置，做到人尽其才、人岗匹配，使企业的人力配置得到最合理、最充分的发挥。

（2）明确岗位职责能够有效地防止因为职位分配不合理而导致部门之间或员工之间出现工作推脱、责任推卸等现象发生。

（3）明确岗位职责有利于规范员工的行为，同时也是作为员工绩效考核的重要依据。

### 4. 完善制度

制度是管理层对员工操作或行动做出的一系列规定或执行指令。制度要求相对较严，违反制度一般会受到惩罚。因此，制度所起到的作用是防止并惩罚企业员工做错误的事。国内精细化管理大师汪中求曾一度中肯地指出：没有不合格的员工，只有不合格的管理者。这就需要制度建设护航，且以人本与人文管理为交互支撑平台，只有制订了一系列严格精细的制度，才能实行精细化管理。

### （二）执行阶段

在细化与量化责任、规范程序、明确任务、完善制度之后，接下来就是落实和执行的事情了。员工是否能按照程序做正确的事和正确地做事，是否能不折不扣地履行岗位职责，保质保量地完成任务。管理层是否能按照制度的规定和程序的要求给予员工针对性的辅导和跟踪检查。在执行阶段，关键就是是否按照程序和制度办事，履行各自的岗位职责。

### （三）检查阶段

检查是抓落实和促执行的关键阶段，检查也是管理者获得一线工作状况的信息反馈阶段。假设一个老板只管一个员工，每天用 1/10 的时间监督和检查员工的工作情况，那么他对员工的了解程度是 1/10，或者说他获得了 1/10 的信息反馈；假设他管理十个员工，还用同样的时间去监督检查，那么信息反馈的程度只有 1/100，依次类推，结果可想而知。在实际工作中，不能没有检查，只依靠员工自律。有检查，才能了解实际情况，才能意识到离目标有多远，才能在出现问题的时候及时采取措施进行补救。因此，在推行精细化管理过程中，做好监督检查也至关重要。根据方针、目标和工作要求，对过程和结果进行监督和测量，及时进行反馈，为下一阶段的工作提供依据。

### （四）纠偏阶段

纠偏阶段就是解决存在的问题、总结经验和吸取教训的阶段，所以该阶段是精细化管理中非常重要的一个方面。职责、程序、制度、政策等在执行的过程中，虽然有计划、有要求、有标准、有检查，但还是会出现偏差，还是会有达不到企业要求和标准的地方。也就是说，尽管有了前面的事前控制和事中控制，但还要作好事后控制。企业不仅要通过一些手段和措施激励员工避免出现工作上的偏差，还要通过反馈了解偏差，分析原因，采取措施纠正偏差，避免出现更大的失误。

精细化管理要求企业业务的运作要有一个有序的流程，要有计划、审核、执行和回顾的过程。只有控制好每一个过程，才能大大减少企业的业务运作失误，杜绝部分管理漏洞，增强员工责任感。精细化管理就是要求每一个管理者都尽职尽责，一次就把工作做到位。工作要日清日结，每天都要对当天的情况进行检查，发现问题及时纠正、处理等。

## 三、加强精细化管理的基本途径

### （一）做好精细化管理的学习和宣传

精细化管理虽然已经在现代管理中逐渐成为最热门的管理理念，但是不管是管理现状还是学习认识上，距精细化的要求仍有一定的距离。一些单位和职工还不能充分认识精细化管理的优势，常把它视作"不必要"的"麻烦"。这就要求我们在实行精细化管理的同时，做好教育宣传工作，着力培育精细化管理的制度意识和素质，让更多的干部、职工了解它的内涵，只有具备了相应的理论知识，才能在实际工作中正确运用。

### （二）加强精细化管理制度建设

精细化管理的精髓在于各种业务流程的细化、标准化。每一种行为，都有其合理的表现方式，如何做、何时做、做到什么程度，都要在管理制度上作明确规定，不可以有任何疏漏。应将各个业务环节流程控制作为精细化管理的切入点，通过再造业务环节流程，细化工作程序和标准，做到每一项业务、每一件事情的完成都不得缺少规定的任何一个环节，在每项业务系统中制订出具体业务处理流程，流程中每个岗位固定、责任固定，以实现岗位、程序间的相互制约，按照"一项业务一本手册、一个流程一项制度、一个岗位一套规定"的要求，推进管理的标准化和规范化建设。

### （三）强化精细化管理制度的刚性

精细化管理是一种方法，确保这一方法有效运作的则是构筑的"制度化"的"刚性"管理环境。目前，我们的管理制度处处要求体现人性化，但"人性化"不等于"自由化"，在强调人性的同时还要强化制度的"刚性"，体现"刚性"管理的特点就是执行制度无"弹性"。不动真格的，制度就落实不下去，就处处让步，效益也就上不去。为了强化精细化管理制度的刚性，就要制订出责任连带追究制度。

### （四）狠抓精细化管理目标的落实和考核

单位各个职能部门在实施精细化管理中起主导作用，要立足全局、贴紧专业、各负其责、有的放矢地开展工作。把每一个单元工作目标分解落实到岗位、职工身上，真正做到"点点滴滴求合理，细微之处见管理"。要将精细化管理内容纳入各单位各部门及其负责人的量化管理目标责任制中，进行综合考核，并作为评价考核部门及其负责人工作业绩的重要依据，以增强其切实抓好精细化管理目标的落实和督导的积极性，进一步提高风险防范和控制能力。

## 四、中国企业实施精细化管理存在的问题与对策

### （一）存在的问题

在市场竞争日益激烈的今天，企业推行精细化管理既符合国情，也符合企业提升自身素质的需要，是我国企业管理实践的必经之路。然而，中国的企业毕竟有中国的特点，在企业推行精细化管理过程中还存在许多共性和个性问题。

#### 1. 思想观念问题

目前，中国的多数企业尚处在由传统管理向科学管理、由粗放管理向精细化管理、由人性化管理向法制化管理的过渡阶段，受多年的农耕文化和习惯的影响，企业中员工的思维方式、行为习惯还不适应精细化管理的要求。所以，管理手段简单、管理方式粗放、管理模式落后，不仅成为企业发展的严重障碍，而且为精细化管理的推进带来困难。

#### 2. 员工素质问题

不少企业为适应市场竞争的要求，提出了实施精细化管理的方案，但是员工素质严重制约着方案的顺利实施。在调查中发现，员工往往不了解上级布置的事情，认为那样对自己并没有什么用处。特别是基层员工，工作内容往往是由基础性工作、阶段性工作、协助性工作等多方面构成，事情多而繁杂，为了完成任务，应对考核，只好眉毛胡子一把抓，结果是没有一样事情认真办好，影响了精细化管理的实施效果。

#### 3. 推行次序问题

企业的精细化管理涉及许多内容，如成本管理、物流管理、客户管理、人力资源管理、安全管理等，哪些先推行、哪些后推行，哪些是重点、哪些是配角，不同的企业有不同的要求，有的企业忽视了精细化管理是一项长期而系统的工程，急于求成，大肆全面推行，贪求一步到位，效果却适得其反。

#### 4. 步骤与效率问题

为了追求精细化，有的企业把一些可以跳跃的步骤变得不可缺省，表面上看起来是好事，但事物总有其两面性，如果过度的追求精细化，可能导致一些可以省略的步骤变成必经的路线，进而影响办事效率，导致企业对外部环境的不适应，给企业效益带来损

失。如何在精细化管理中把握好"度",需要企业的决策者和管理者审时度势、认真掌握。

**5. 标本兼治问题**

精细化管理要制订目标,用数据说话。但有的企业过于相信数字而被数字的假象所迷惑,从而导致决策失败。有的企业一时追求精细化管理的目标,员工则是不择手段的追求目标,往往导致管理者为了目标而目标,致使精细化管理成为短期行为。

## (二)对策

精细化管理是一项系统工程,必须与企业实际相结合,既要统筹兼顾,又要突出重点,分步实施。

**1. 营造氛围,塑造有助于精细化管理的企业文化**

精细化要求做到精、细、准、严。精,就是要精益求精,追求完美;细,就是要细分目标、细化责任、细节控制;准,就是要准确定位、准确决策、准确操作;严,就是要严格执行、严格考核。为了达到上述要求,精细化管理首先应该成为全体员工的工作态度、工作作风、价值导向和精神追求,精细化管理应该贯穿于企业管理的各个层次。

为此,企业必须加强有助于精细化管理的企业文化建设,通过企业文化建设,把精细化管理的思想渗透到企业各个层次员工的心中,并化作企业和员工的精神风貌,最终达到提高认识、转变观念、自觉行动的目的。

**2. 以人为本,全面提高员工素质**

在提高认识、转变观念的基础上,全面提高员工素质尤为重要。企业定的目标再高、制度再细,具体执行的还是员工。所以,员工素质的高低决定了精细化管理的成败。为此,企业要通过各种途径,采取多种方法加大对员工的培训力度,通过培训增强员工的管理知识,使精细化管理成为员工的自觉行动。

**3. 夯实基础,完善各项企业管理制度**

精细化管理的精髓在于各种业务流程的细化、标准化,在制度上明确规定每个细节如何做、何时做、做到什么程度等内容。所以,企业要结合自身的实际,对管理的流程、工作程序、工作标准和工作目标逐步加以规范和完善,达到科学合理,真正达到既规范了企业行为和员工行为,又为企业不断创新创造良好的条件。

**4. 突出重点,提高工作效率和经济效益**

企业精细化管理的最终目标是提高工作效率和经济效益,精细化管理要见到实效就必须突出重点。只有抓住企业中存在的薄弱环节,有重点、有步骤、有目标地实行精细化管理,同时统筹兼顾企业管理的其他方面,精细化管理才能真正见到实效。

**5. 严格考核,促进精细化管理的全面落实**

精细化管理要求实现标本兼治,就必须要有严格的考核过程,控制是精细化管理的关键，企业应该通过考核、奖励、处罚等手段来推进精细化管理的过程控制。考核过程应注意以下三点：一是要有层次性，一级考核一级，一级监督一级；二是要有全面性，对每个员工、每道工序都要进行考核，对考核部门要实行反考核；三是要在考核结果的基础上，通过奖励使成绩发扬光大，通过处罚消除失败、吸取教训、整改提高。

# 第三节　印染企业精细化管理

## 一、印染企业精细化管理的主要内容

印染企业的精细化管理涉及整个企业管理的各个方面，包括人事管理与企业文化、营销、生产、工艺、操作、设备、质量、成本和财务等各方面。

（1）人事管理与企业文化。要抓住加强人力资源开发、培养创新人才的各个细节，要有"以人为本"的管理理念，激发人的潜能，同时培育本企业的特色文化。

（2）营销。拓宽经营思路，建立强有力的营销手段，调整产品结构，搞好售后服务，树立客户第一的思想。

（3）生产调度。加强生产调度，有序地做好"小批量、多品种、高质量、快交货"的生产秩序，不允许任何生产环节上的浪费，实现高质量、低成本。

（4）工艺设计。实行工艺创新，优化工艺路线、处方、条件，达到工艺路线最短、用料与耗能最低及产品质量最佳。

（5）生产操作。制订各工艺阶段的操作细则和要点，对每个操作细节都要有章可循，加强安全操作，杜绝安全事故发生。

（6）设备维护。以提高运转率为目的，防止带病运行。树立预防为主的思想，加强计划检修，制订严格细致的周期性检修及检修内容。

（7）质量标准。严格执行质量标准，准确判定质量等级，及时进行质量分析、讲评，防止任何质量事故。

（8）成本核算。准确核算成本，及时传递成本信息。

（9）财务。加强资金管理，开展增收节支，定期进行财务状况分析，为企业决策提供有效、准确的依据。

## 二、印染企业生产过程精细化管理分析

印染企业精细化管理内容中，生产过程的精细化管理主要有生产调度、工艺设计、生产操作、设备维护和质量标准，此处将就这五个方面进行简要分析。

### （一）生产调度

众所周知，品种多、批量小、质量高和交货快是印染企业生产的主要特点之一。然

而，尽管单个订单批量小，但大部分订单的加工流程中存在相同的加工工序，如棉型织物都需要退煮漂加工。为此，可在交货期允许的条件下，根据织物组成、纤维含杂情况和加工流程等信息，将加工工序相同的不同订单合并为大批量生产，以缩短加工周期、提高生产效率。此外，严格按照订单交货期安排生产，减少在制品的待产时间，提高生产效率。

### （二）工艺设计

纺织品印染加工的工艺设计主要包括工艺配方、工艺条件与工艺流程三部分。

#### 1. 工艺配方

纺织品印染加工通常可分为前处理、染色（或印花）和后处理（或功能整理）三个工段，不仅不同工段使用的助剂类型不同，而且同一工段通常需要同时使用多种助剂，才能达到理想的处理效果。为此，要实现工艺配方精细化管理，技术人员就必须熟悉配方中各助剂的作用效果及其相互间的协同作用。此处以棉织物煮练、纤维素纤维活性染料染色、棉织物功能整理为例，简要介绍染化料精细化管理的主要内容。

（1）棉织物煮练。来自织造厂未经染整加工的棉织物坯布中含有大量的天然杂质（如果胶、脂蜡质、灰分、色素等）及经纱上的浆料。这些杂质的存在，不但使织物色泽发黄，手感粗硬，而且吸水性很差。为了提高织物的白度和吸水性，以满足后续染整加工的需要，通常需要对织物进行煮练处理。为了节能降耗，棉织物煮练通常采用一浴一步浸渍法处理，煮练液组成主要包括碱剂（如氢氧化钠）、漂白剂（如双氧水）、漂白稳定剂、精练剂等。煮练液中，增加碱剂用量可提高杂质去除效果，但同时会加速漂白剂的无效分解，从而减弱漂白效果，漂白剂无效分解而产生的氧气甚至会加重纤维素的损伤。此外，煮练液各组成的浓度与纤维材料的品质、纱线及织物的结构特征之间具有一定的对应关系。

通过调研发现，印染企业以生产出评价指标合格的产品为目的，煮练液各组成的浓度大多数是凭经验配制，很少对工艺配方进行系统优化。虽然，现有做法通常能生产出指标合格的产品，但常因织物材料品质及结构变化而发生质量不稳定的现象，或者因使用的助剂超量而产生浪费。

为此，对于棉织物煮练而言，可以针对纤维品质、纱线及织物结构特征，采用单因素试验及最优化试验设计（或正交试验）对煮练液各组成的用量进行系统优化，并创建数据库，编制操作指导书。

（2）纤维素纤维活性染料染色。在纤维素纤维活性染料染色过程中，盐和碱分别对染料在纤维表面的吸附、染料与纤维素间键合反应具有促进作用，而盐与碱在整个染色过程基本不会被消耗。同时，盐、碱的用量与染料浓度存在一定的对应关系。为此，染料供应商需要通过简单的试验来编制产品使用说明书，指出染料与盐、碱的对应关系。表6-3为某公司的活性染料上染天然纤维素纤维时染料与盐、碱的用量对应表。

表 6 - 3　活性染料染天然纤维素纤维时染料与盐、碱的用量对应表

| 染料浓度 | 元明粉（g/L） | | 碱剂 |
|---|---|---|---|
| （%，o.w.f） | 未丝光棉 | 丝光棉 | （纯碱 + 烧碱，g/L） |
| 0.5 ~ 1.5 | 30 | 20 | |
| 1.5 ~ 2.5 | 40 ~ 50 | 30 | |
| 2.5 ~ 3.5 | 50 ~ 60 | 40 | 5 + 1 |
| 3.5 ~ 4.5 | 70 | 60 | |
| >4.5 | 80 | 70 | |

从表 6 - 3 可以看出，染料浓度在较大范围内变化时，而盐与碱的用量却未发生变化。然而，高浓度的盐、碱废水不仅会造成环境污染，而且高浓度碱还会加速染料水解，使染料失去与纤维素发生键合反应的能力。由此可见，增加染料浓度变化区间，建立染料浓度与盐及碱用量间的精确对应关系，不仅可以减少环境污染，而且可以降低成本、提高产品质量的稳定性。

（3）棉织物功能整理。织物整理的目的是通过物理、化学或物理化学加工，将具有特定功能的化学助剂固着于织物上，提高服用性能或赋予特殊功能。纺织品功能整理通常采用轧、烘、焙的方法进行，其整理效果与织物自身性能（如纤维种类、克重、组织结构等）、助剂用量、轧液率、焙烘温度、焙烘时间等因素有关。供应商在销售助剂时，往往需要附上产品说明书，对助剂用量与工艺条件进行推荐。表 6 - 4 为某公司整理剂 3545N 和 3568 应用条件的介绍。

表 6 - 4　某公司整理剂 3545N 和 3568 的推荐应用条件

| 助剂 | 浓度（g/L） | 轧液率（%） | 焙烘 | |
|---|---|---|---|---|
| | | | 温度（℃） | 时间（s） |
| 3545N | 10 ~ 30 | 70 ~ 80 | 165 ~ 175 | 50 |
| 3568 | 40 ~ 150 | 70 ~ 80 | 160 ~ 180 | 40 ~ 90 |

表 6 - 4 表明，供应商推荐的应用浓度和工艺条件均是一个较宽的范围。目前，大多数印染企业以生产出评价指标符合订单要求的产品为目的，直接从产品说明书中选择一个浓度做试样，质量符合要求则进行大货生产，几乎不会根据织物自身性能及评价等级对助剂的用量进行优化。企业现有打样方式不仅易造成助剂的严重浪费，同时还有可能会因织物性能改变而造成评价指标波动。为此，印染企业生产实践中，应根据织物性能及评价指标的级别对应用条件进行优化，实现生产精细化。

**2. 工艺条件**

纺织品印染加工的工艺条件与纺织品性能及助剂用量具有一一对应的关系。例如，活性染料染色时，盐与碱加入的时间、批次、不同批次加入的量都会影响染色效果；后整理时，处理到织物上的助剂量由整理液浓度与轧液率共同决定的，焙烘温度与时间取决于轧

液率、助剂与纤维反应性能，温度与时间之间又存在相互作用。某公司根据织物的克重，对焙烘温度和焙烘时间进行了系统分析，并建立了对应关系（表6-5），实现了节能降耗，提高了产品质量稳定性。

表6-5 某公司对织物克重与焙烘条件进行的规定

| 织物克重（g/m²） | 焙烘 | |
|---|---|---|
| | 温度（℃） | 速度（m/min） |
| <200 | 150 | 14 |
| | 160 | 16 |
| 200~260 | 150 | 12 |
| | 160 | 14 |
| >260 | 150 | 10 |
| | 160 | 12 |
| | 170 | 16 |

此外，印染企业可引入能效管理信息系统，实时采集整个企业多级能源计量系统的数据，显示能源的分布和流向，对能耗数据越限、异常等故障实时报警，及时进行处理与改造，实现能源精细化管理。

3. 工艺流程

纺织品印染加工的工艺流程取决于产品品种、纤维品种及品质、织物品种与规格、染化料等因素。

（1）产品品种。如染色产品与印花产品工艺流程不同。

（2）纤维品种与品质。如全棉织物和涤/棉织物，前者只需活性染料染色，后者需要分散/活性染料染色；相同规格的全棉灯芯绒，配棉质量差、死棉、黄白档多的坯布，必须加强前处理的煮练强度，有时甚至需要两次煮练。

（3）织物品种与规格。如棉/氨纶灯芯绒和棉/氨纶贡缎两类产品，原料都是棉与氨纶，但由于成坯方式、风格要求、疵病成因、质量评判都不同，所以两种面料的印染工艺流程不同，其中灯芯绒需要开毛、刷毛、道道翻顺毛，而弹力贡缎需要丝光、定形和预缩。

（4）染化料。如在高耐碱性艳蓝染料问世前，品蓝只能采用轧染，而不能采用冷染；硫化染料遮盖性好，对半制品的前处理要求相对较低，部分颜色甚至可以用煮练坯或者只经烧毛再经洗涤的坯布染色。

为避免因工艺流程制订不当而造成资源浪费、质量不合格或产生波动，应针对不同产品制订相对应的工艺流程，并指出关键工序的注意事项，形成标准文件，严格执行。

（三）生产操作

在实际生产过程中，目前很多印染企业并未对生产操作细节进行规范。例如，染色未能及时将染好的织物取出、印花浆料未能根据生产需要量进行调制、定型时预热时间没有控制等，致使生产效率不高、染化料和能源浪费严重。为此，规范生产操作细节是企业实现精细化管理的重点内容之一。

【案例分析】孚日集团实行"印花浆料精细化控制项目"，为了提高浆料利用率，车间制订了"每个网板剩余3kg以内作为零剩余"目标，首先配料员根据千米用浆量计算该计划所用总浆量，操作员采用"多次化料、每次少化"的原则进行化料，先用光网板上的多余料，最后一次少化料，最终做到桶里、网板里不剩料，刮刀中只剩余必要的料。

### （四）设备维护

加工工序繁多是纺织品印染加工的主要特征之一。不同工序所用助剂具有显著差异性，前一道工序所用助剂可能会对后续加工质量产生严重影响。例如，棉织物前处理所用双氧水和氢氧化钠浓度较高，如果未能清洗干净，残留的双氧水和氢氧化钠将会对活性染料染色得色量和色光产生严重影响。此外，有些残留助剂黏附在设备壁上，在干燥状态上滞留时间长了会影响清洗效率和效果。所以，每个工序加工完成后，必须及时对设备进行清洗。为了达到良好的清洗效果，应将清洗方法、清洗步骤、清洗效果、加工完成后至清洗时的间隔时间等内容制成标准文件，要求操作时严格执行。

此外，应对设备进行周期性检修，并规定周期的期限、检修内容、检修质量及其评价方法等内容，形成标准文件。同时，还应将设备运行状况及时反馈给其他生产工序，以便于其他生产工序在设备发生故障时，能够及时调整生产计划，减少在制品待产时间。

### （五）质量标准

质量标准精细化管理主要应做到以下几点：

（1）建立质量标准体系，严格按照质量标准体系进行检验；

（2）检验部门应定期进行检验方法及注意事项的培训与讨论，尤其在质量标准修订后，应及时组织培训与学习，以便于能够准确判断质量等级；

（3）检验部门应及时将质量问题反馈给生产部门，以便于生产部门能够在第一时间调整生产配方与工艺条件，减少返修率；

（4）对送检样品的数量、取样位置等内容作详细规定，以提高质量等级判断的准确性；

（5）各生产部门应积极配合，相互协调，每天在固定的时间对质量问题进行分析与讨论，及时得出生产配方与工艺条件的改进方法，撰写或修订操作规范。

## 三、印染企业实施精细化管理的关键因素

企业是否导入精细化管理，与企业发展阶段及管理者和职工对精细化管理的理解密切相关。

**（一）企业发展阶段对精细化管理实施的影响**

从管理的层面看，企业的发展大致可以分为个人管理阶段、规则阶段和文化阶段三个阶段。个人管理阶段是针对小企业而言，以领导个人魅力的方式来管理即可，这个阶段无所谓精细化，甚至无所谓制度。规则阶段是针对中型企业而言，此时员工数量有了大幅度的增长，领导个人魅力已经无法辐射到所有人，这个时候就必须依靠规则来管理，一旦要建立规则就必须精细化，也就是要用细致到位的、定量的、标准的规则来规范员工的活动和行为。文化阶段是针对大型企业而言，管理光靠制度是不够的，还要靠企业的理念来吸引大家，此时精细化管理更为重要。为此，企业应根据自身的发展阶段和实际情况决定是否导入精细化管理。

**（二）企业管理者对精细化管理内涵的正确理解**

企业管理者对精细化管理的正确理解对企业是否导入精细化管理并顺利实施具有决定性作用。

**1. 正确理解精细化管理的含义**

精细化管理是一种管理理念和管理技术，是通过规则的系统化和细化，运用程序化、标准化、数据化和信息化手段，使组织管理各单元精确、高效、协同和持续运行。由此可见，精细化不是一种孤立的管理方法，必须与标准化、信息化等管理方法结合，才能有效实施。

**2. 正确理解精细化管理的益处**

目前，不少印染企业尝试过精细化管理，但能够坚持推行的企业微乎其微，其主要原因是企业管理者未能正确理解精细化管理的益处。正确理解精细化管理的益处，主要需要注意以下几点。

（1）精细化管理需要长期积累，短时间内不会产生显著效益，其产生的效益要以月统计、季度统计进行对比，甚至更长时间的统计。例如，活性染料染色时，如果盐的用量能够节约 5g/L，浴比以 1∶8 计，则 1t 布可节约 40kg 盐，以年产量 10000t 计，则可节约 400t 盐。

（2）精细化管理产生的效益主要体现在节能降耗、提高产品质量稳定性上，不会像新产品开发一样，一旦开发成功即可给企业带来巨额利润。

（3）精细化管理使企业的管理问题程序化、简单化、明确化，并提升企业的整体管理效能。

**3. 正确理解精细化管理过程中各阶层的职责**

精细化管理强调的是一个系统，并不仅仅是企业管理者的事，而是每个岗位每位职工都要积极参与。企业负责人、中层干部和操作工的主要职责如下。

（1）企业负责人。制订企业发展战略的细节，把战略制订好。

（2）中层干部。把新产品开发、产品生产的每个细节制订好，让操作工有章可循。

（3）操作工。把每个操作步骤做好，细节管理落实到位。

### 4. 正确引导职工的精细化管理思想

精细化管理就是将管理的对象逐一分解，并量化为具体的数字、程序、责任，使每一项工作内容都能看得见、摸得着、说得准，使每一个问题都有专人负责。在精细化管理实施初期，职工会普遍觉得工作比以前难做了，不仅事情变多了，而且责任变得不可推诿，进而产生抵触情绪，致使精细化管理难以顺利实施。为此，对职工的抵触情绪进行正确引导是精细化管理顺利实施的重要保障。为了使职工形成正确的精细化管理思想，至少应做到以下几点：

（1）精细化管理应先制订规则，这种规则要以大量的生产统计数据为依据，经过大家讨论认可的，而不是管理者临时想出的。

（2）在工作中，管理者必须率先垂范，严格按照管理规范的要求、程序的要求、岗位的要求和团队合作的要求全面做到该做的细节。

（3）适时进行精细化管理培训，传播精细化管理理念，讲解精细化管理的益处，主要具有以下三点。

①精细化操作不但不会增加工作难度，而是使工作变得程序化、简单化和明确化，减少了错误的发生，提高了生产安全性。

②精细化操作可以改善产品质量的稳定性，提高一次成功率，减少返修率，进而提高单位时间内的有效产量，直接关系到职工的工薪。

③精细化管理责任明确，减少了因相互推诿而承受不必要的责任，增进职工间的感情和信任度。这一点对于印染企业来说，显得更为重要，因为纺织品印染加工过程中工序繁多，不同工序又相互影响，致使成品质量责任难以确认。

（4）建立相应的奖励制度，对精细化管理实施效果好的部门或个人给予一定的奖励，对实施效果不好或未能严格执行的给予正确的引导，逐步实现全员参与。

# 复习指导

熟悉精细化管理的内容与方法、实施精细化管理的基本条件与实施方法，才能做到对加工技术的精准控制和资源的合理利用，有助于提高产品质量的一次合格率和质量稳定性，提高经济效益。通过本章学习，主要掌握以下内容：

1. 了解精细化管理的意义。

2. 熟悉精细化管理的内涵。

3. 熟悉精细化管理的特征、内容和方法。

4. 熟悉精细化管理实施的基本条件。

5. 熟悉精细化管理的实施过程及基本途径。

# 思 考 题

1. 精细化管理的宗旨是什么？
2. 简述精细化管理的内涵。
3. 精细化管理的主要特征有哪些？
4. 精细化管理的主要内容有哪些？
5. 简述精细化管理的主要方法。
6. 企业实施精细化管理的意义有哪些？
7. 企业实施精细化管理的基本条件有哪些？
8. 加强精细化管理的基本途径有哪些？
9. 简述实施精细化管理对产品质量控制的重要作用。

# 第七章 企业信息管理

## 第一节 信息与信息管理概述

### 一、信息的概念

#### （一）数据

所谓数据，指对某种事实、概念或指令的一种特殊表达形式，它记录在某种介质上，由可识别的单个或多个抽象的符号组成，可以被人工或自动化装置进行加工处理和传输。数据因人而异，对某些人而言不是数据，但不等于对所有人都不是数据。所以，只有当数据被人们所识别才能称为数据。

一般来说，数据具有客观性和可识别性两方面的含义。客观性是指数据是对客观事物的描述，反映了某一客观事实的属性，通过属性名和属性值同时表达；可识别性是指数据是对客观事实的记录，这些符号是可识别的，尤其是可以被计算机识别。

仅仅有数据是不够的，如果这些数据不被人们所分析、处理和利用，那么这些数据是没有多大利用价值的，因此还需要对数据进行处理。数据处理是指对数据进行一系列的加工、存储、合并、分类和计算等操作的过程。

#### （二）信息

随着社会生产力的发展，人类在经历了农业社会、工业社会后，正式步入信息化社会。信息与物质、能源一起构成了人类赖以生存与发展的三大资源。近年来，信息在社会生产和人类生活中所起的作用越来越明显，信息的增长速度和利用程度已成为现代社会文明和科技进步的重要标志。

##### 1. 信息的定义

关于信息的定义很多，不同的学科由于其研究的内容不同，对信息有着不同的定义。如信息理论的创始人香农说：信息是用以消除不确定性的东西；决策专家西蒙认为：信息是影响人们在适应外部世界，并且在这种适应反作用于外部世界的过程中，与外部世界进行互相交换内容的名称；《国家经济信息系统设计与应用标准化规范》对信息的定义是：构成一定含义的一组数据。总之，信息是指加工以后对人们活动产生影响的数据。数据与信息的转换关系如图 7-1 所示。

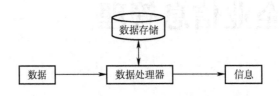

图 7 - 1　数据与信息的转换关系示意图

从概念上讲，信息包括微观信息和宏观信息，其中宏观信息又包括自然信息和社会信息。自然信息是指自然界中动物的运动、植物的生长、有机物和无机物的运动所伴随着的信息的运动，可以理解为事物之间相互联系、相互作用的状态描述；社会信息可以理解为人类共享的一切知识、学问以及客观现象加工提炼出来的各种信息之和，包括电视、广播、报纸、杂志以及人们之间的语言交流和身体语言等。

**2. 信息的分类**

常见的信息分类方法如图 7 - 2 所示。

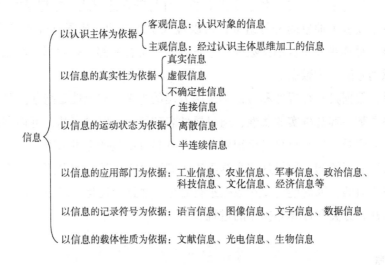

图 7 - 2　常见的信息分类方法

**3. 信息的特征**

信息具有很多重要的特点，如真伪性、层次性、可传输性、可变换性、共享性、时效性等。

（1）真伪性。信息有真伪之分，信息客观地反映现实世界事物的程度是信息的准确性。符合事实的信息对人们的决策具有积极的作用，不符合事实的虚假信息，不仅没有价值，而且可能在决策过程中具有负作用。所以，真实性是信息最基本的性质。

（2）层次性。信息和管理一样，一般分为战略层、执行层和策略层三个层次。战略层的信息大多来源于企业外部，使用频率较低，保密要求很高；执行层的信息大多来源于企业的内部，使用频率较高，保密要求却很低；策略层的信息介于前两者之间，内外都有，使用频率和保密要求也介于两者之间。

（3）可传输性。信息的可传输性是指信息可以通过各种局域网、Internet 等快速传输和扩展的特性。企业可以利用 Internet 建立自己的电子商务系统，接受客户的订单，为客户提供相应的产品或服务。

（4）可变换性。可变换性是指信息可以转化成不同的形态，也可以用不同的载体来存储。信息通过传输并被加工成不同的多媒体形态，形成丰富多彩的信息环境。

（5）共享性。从共享的角度来看，信息不同于其他资源，它具有独占性。在一般情况下，信息是可以被共享的。因此，应充分利用信息以及信息的共享性。

（6）时效性。信息所具有的价值，通常表现在某个阶段，过了这个时段的信息可能就毫无意义了，比如商品信息和交通信息。

鉴于共享性、可传递性等特点，我们可以充分利用信息资源。但正是信息的诸多特点，使得应用信息和处理信息的过程存在很大的风险和很多不确定因素。

### 4. 信息的功能

（1）中介功能。所谓中介，指在不同事物之间或同一事物内部对立两端之间起联系作用的事物。信息在人类认识和改造客观世界过程中起着中介的作用。人类的认识过程实质是认识主体通过对信息的获取、加工、感知等手段，了解或掌握客观世界运动变化的过程。认识主体通过认识过程，对事物发出的各种信息进行观察和综合分析，了解事物的本质属性，形成人类的意识。人类有了意识，就会对物质起反作用，进而主动地发现、了解信息进而更加深刻地认识外界事物。信息的中介功能不仅可以使人类认识客观世界，也可以帮助人类改造客观世界。人类可以通过对信息的掌握，将信息应用到对人类有价值的活动当中，为人类社会发展服务。

（2）信号功能。信息的信号功能是指信息具有向信息接收者发出信号并引发其行为变化的功能。发送者可以通过各种媒介向外或向内发布某种信息，对接收者的行为施加影响。

（3）价值功能。所谓价值，指凝聚在商品中的无差别人类劳动，其价值量的大小决定于生产这一商品所需的社会必要劳动时间。信息作为人类劳动产物，同样具有交换的使用价值，能够为人类所利用并能体现其价值。因此，信息被人们视为一种重要的资源。信息是无形的，是企业不可缺少的资源，而且是越来越重要的资源。信息可以反映市场需求及其变化，可以显示供应商的规模和供应品种，还可以显示企业产品的库存情况、销售情况、缺陷率、销售收入等。

（4）确定功能。信息的确定功能即为信息能够消除系统的不确定性，将动荡的环境由不稳定性变为具有稳定性、能被人类所感知的环境。系统是由若干相互联系与相互作用的元素所构成的具有一定结构和功能的整体，具有不稳定性和动态性特点。企业作为社会系统中的一个子系统，正是通过信息的联系和作用才形成了整体的有序性，企业各管理人员可利用各种信息渠道收集信息，并对信息进行有序处理，通过对信息的整体把握来消除企业系统的不确定性，充分发挥系统的整体功能，为企业的战略目标服务。

### （三）信息流

企业在整个生产经营活动中，人、财、物、技术、信息等因素构成了多样"流"，具体包括物流、资金流、事物流以及信息流，其中，信息流起着至关重要的作用。

信息流是指除去物流、资金流和事物流的物理内容以外的信息的流动过程，如生产计划、销售计划及各种各样的文件、统计、报表构成的信息处理过程。信息流反映其他流的状态，并对其他流具有控制和调节作用。

## 二、信息管理概述

### （一）信息管理的定义

所谓信息管理，是指对人类社会信息活动的各种相关因素（主要包括人、信息、技术和机构）进行科学的计划、组织、控制和协调，以提高信息的利用效率，最大限度地实现信息效用价值为目的的一种活动。简单来说，信息管理就是人对信息资源和信息活动的管理。目前，信息管理具有狭义的信息管理和广义的信息管理之分。狭义的信息管理认为，信息管理就是文献管理、数据管理或信息技术管理；广义的信息管理认为，信息管理是对信息的生产、流通、分配、使用全过程有关的所有信息要素的合理组织与控制，又称为信息资源管理。

信息资源包括信息生产者、信息和信息技术三个要素，其中人是控制信息资源、协调信息活动的主体要素。三个要素组成一个有机整体，信息资源是构成信息系统的基本要素，也是信息管理的研究对象之一。信息活动是指人类社会围绕信息资源的形成、传递和利用而开展的管理活动与服务活动。

### （二）信息资源的管理

信息资源是企业生产及管理过程中所涉及的一切文件、资料、图表和数据等信息的总称。信息资源涉及企业生产和经营活动过程中所产生、获取、处理、存储、传输和使用的一切信息，贯穿于企业管理的全过程。

信息资源管理的内容可以从信息资源的开发与应用的过程环节来识别和划分，大致可以有以下几个方面。

#### 1. 信息资源的规划

从组织的角度，就今后一段时期的信息资源开发，利用信息资源制订战略目标和具体目标，筹划实现目标的策略和步骤，以及人员、资金、技术等要素的储备和部署。面对竞争环境，还要制订信息资源的竞争对策。

#### 2. 信息资源的开发与组织

在开发方面，包括信息源和信息资源渠道的发现、定位和开拓，信息资源采集或挖掘、储存与加工等活动的运作管理和相关方法技术的选择、研发或引用等。在组织方面，包括信息资源的分类、体系、整理与组织的方式、方法和技术的选择，以及具体运作的管理等。

### 3. 信息系统的建设与信息资源的利用

信息系统的建设包括各种以信息资源开发利用为目的的信息系统的规划开发与集成、信息系统的管理和维护等。信息资源的利用主要包括信息资源利用方向与利用面（或点）的选择和确定、利用方案的设计和信息资源的配置、利用方法与技术的选择和配置、利用过程的管理与控制、利用成效的预测和评价分析等。

### 4. 对信息人员的管理与管理机构

对信息人员的管理，包括信息人员的招聘和培养、信息人员岗位和职责的设置等，其中首席信息官（Chief Information officer，简称 CIO）职位和职责的确定是一项重要的内容。在组织结构中增设对信息人员的管理机构，如信息部、信息资源管理部等。

### （三）信息管理的原则

#### 1. 系统原则

信息管理的系统原则是以系统的观点和方法，从整体上、全局上、时空上认识管理客体，以获得满意的管理结果。系统原则的内容包括整体性、历时性和满意化三个理念。

（1）整体性理念。整体性理念要求把管理作为有机整体来认识。要认识系统、管理系统，首先应该把握系统的整体性，按整体规律去处理问题。而系统的整体性质和规律，存在于各个部分之间的相互联系、相互作用之中，孤立地认识每一个部分的性质和规律，就不能揭示系统的整体属性。同时，任何系统不仅自身是一个系统，还是另一个大系统的子系统，系统内各个部分之间、系统与系统之间、系统与环境之间是相互作用和相互制约的。因此，人们要把系统作为一个整体来看，从整体和部分的相互关系上来揭示系统的运动规律。在实际工作中，如果缺乏整体观念，就会把管理客体分割成若干部分，分别加以考察后再机械地叠加起来，最终因违背了系统的整体性而使管理工作失败。

（2）历时性理念。历时性理念要求在信息管理中必须注重管理的产生、发展的过程及其未来的发展趋势，就是要把管理当作是一个随时间推移而变化着的系统来考察，从客体的形成过程所表现出来的规律来认识客体。系统作为一个整体，以一定的要素、按一定的结构对内维持一种相对稳定的状态，对外表现出一定的自适应能力。随着系统内部要素、结构的改变或外部环境的变化，系统自身能够随之变化。

（3）满意化理念。满意化理念要求对管理客体进行优化处理，从整体的观念出发，调整整体与局部的关系，拟定若干可供选择的调整方案，然后根据本系统的需要和可能，选择满意度最高的方案。在系统中，组成整体的各个局部会因为组合方式的不同而使整体表现出不同的功能，即可能使本来最优的局部组成了不优的整体，也可能使本来不优的局部组成了一个最优的整体。

#### 2. 整序原则

整序是指对所获得的信息按照"关键字"进行排序。因为信息管理中的信息量很大，如果不排序，查找所需信息非常困难，甚至会找不到，或因为未排序的信息只能反映单条信息的内容，不能定量地反映信息的整体在某一方面的特征。整序之后，信息按类归并，在此特征下信息总体内涵和外延容易显现，也便于发现信息中的冗余和漏缺，方便检索和利用。所以，信息管理必须遵循整序原则。

**3. 激活原则**

信息管理的激活原则是对所获得的信息进行分析和转换，使信息活化，体现为管理者服务的管理思想。信息并不都是资源，未经激活的信息没有任何用处，只有在被激活之后才会产生效应。激活原则的主要方法可分为综合激活法、推导激活法和联想激活法。

（1）综合激活法。综合激活法是通过对已经拥有的较多信息进行分析和理解，根据需要将它们逻辑地组合起来或加以转换，以求获得新信息的方法。综合激活法可分为简单综合激活法和辩证综合激活法。

①简单综合激活法。简单综合激活法是指将已有的众多信息简单地合在一起，以获得新信息的方法。简单综合激活法是"部分相加等于整体"的综合或者"$1+1=2$"的综合，可分为纵向综合、横向综合、外观综合、方面综合和纵横结合的综合，见表 7-1。

**表 7-1　简单综合激活法类型**

| 纵向综合激活法 | 将过去的信息和现在的信息合在一起，获取新信息的方法 |
| --- | --- |
| 横向综合激活法 | 将同一时期各种相互关联的、不同区域、不同方面的信息合在一起，获取新信息的方法 |
| 外观综合激活法 | 将具有某种关联的若干外表现象、外观信息结合在一起，获取新信息的方法 |
| 方面综合激活法 | 将有关管理客体的某一个方面的全部信息提取出来，获取新信息的方法 |
| 纵横结合综合激活法 | 针对若干拥有的信息，综合运用其他四种手段，获取新信息的方法 |

②辩证综合激活法。辩证综合激活法是通过对已有信息的多侧面综合，并加以推演和发展以获得新信息的方法。辩证综合激活法是"部分相加大于整体"的综合或者"$1+1>2$"的综合，可以是综合的深化，也可以是由简单综合出复杂，或者是从信息群中发现具有共同点的综合。辩证综合可分为兼容综合、扬弃综合和典型综合三类，见表 7-2。

**表 7-2　辩证综合激活法类型**

| 兼容综合激活法 | 将来自不同区域、不同角度、不同方面、不同层次的信息集中起来，兼顾考虑，进行推演，以求达到多样统一的综合 |
| --- | --- |
| 扬弃综合激活法 | 对若干个在内容上相互矛盾的信息，通过辩证分析，剔除其中的伪信息，保留真信息的综合方法 |
| 典型综合激活法 | 根据具有典型意义的局部信息做出整体判断的综合。典型综合的关键在于典型性，如果拥有的信息本身不具备典型性，那么由此综合出来的信息就不可能是正确的 |

（2）推导激活法。推导激活法是根据已知的定理、定律或事物之间的某些联系，从已

知的信息出发，进行逻辑推理或合理推导，从而获得新信息的方法。推导激活法可分为因果推导、关联推导、辐射推导和逆向推导四种，见表7-3。

表7-3 推导激活法类型

| 因果推导激活法 | 根据事物之间的因果关系，从已知的、属于"因"的信息出发，作前因后果的纵向推导，以求获得新信息的方法 |
|---|---|
| 关联推导激活法 | 根据事物之间的已知规律或某种相互关联，从已知信息出发，作前后左右的横向推导，获得由已知信息可能引发的新信息的方法 |
| 辐射推导激活法 | 以已知信息为中心，向四周作发散思维，以求获得新信息的方法，具体可分为要素辐射、范围辐射、功能辐射和延伸辐射 |
| 逆向推导激活法 | 从已知信息出发，通过由果到因的思考，或者是向已知信息的相反方向思考，以求获得新信息的方法 |

（3）联想激活法。联想是由一事物想到另一事物的心理过程。联想激活法就是从已知的一条信息想到另一条信息或几条信息，以求获得新信息的方法。联想和推导不同，联想并不像推导那样经过逻辑推理或者合理推导，而是由此（已知信息）直接想到彼，有时是非逻辑的思维过程，或者是仅仅由此而得到的启示。联想激活法具体可以分为相似联想、接近联想和比较联想，见表7-4。

表7-4 联想激活法类型

| 相似联想激活法 | 由已知信息联想到与此相似的另一信息，而另一信息是信息管理者需要的新信息 |
|---|---|
| 接近联想激活法 | 由已知信息联想到与此接近的另一信息，"接近"是指时间或空间上的接近 |
| 比较联想激活法 | 将已知信息与由此联想到的另一信息进行比较，激活产生出信息管理者所需要的新信息，具体可分为类比联想和对比联想 |

**4. 共享原则**

信息管理的共享原则是指在信息管理活动中获得信息潜在的价值，力求最大限度地利用信息的管理思想。共享是信息的基本特征，因为不仅组织需要信息共享，社会也需要信息共享，否则信息就不能发挥其潜在的价值。共享原则可进一步分为贡献原则（或集约原则）和防范原则（或安全原则）。

（1）贡献原则（或集约原则）。贡献原则是指信息管理者要善于最大限度地将组织拥有的信息、企业和组织所拥有的信息都贡献出来，供企业、组织及全体成员享用。贡献原则是实现信息共享的前提。

（2）防范原则（或安全原则）。因为信息是共享的，竞争对手自然也可以利用我们的信息，由此产生了安全问题，这就要求信息管理者随时予以防范。目前，信息安全问题主要表现在安全意识差、观念落后、恶意侵害、泄密和技术落后。最常用的保密方式是封闭式、伪装式、隔离式，技术创新也可在一定程度上保护信息安全。

**5. 搜索原则**

信息管理的搜索原则是信息管理者在管理过程中千方百计地寻求有用信息的管理思想。对于信息管理者而言，应该有强烈的搜索意识、了解明确的搜索范围、掌握有效的搜索方法。搜索意识对于信息管理者至关重要，是管理者及时、有效地获取信息的前提。任何信息不会自动地来到管理者的面前，只有掌握了搜索范围和方法，并有一种强烈的、时时处处的搜索欲望和动机，才能及时地获取有用信息。信息搜索可分为有意搜索、随意获取和求助搜索。

（1）搜索意识。信息搜索意识，指的是人们捕捉信息的自觉程度、搜索欲望和搜索动机的结合。搜索意识具体包括以下几点。

①凡事先查，有意搜索。

②注意同时搜集组织内外的信息。

③在毫无思想准备的情况下，能够从转瞬即逝的信息中抓住与自己相关的信息，并进一步予以激活和利用。

④为了获取目标信息，必须有不达目的不罢休的精神。

⑤自己解决不了的信息搜索问题，寻求社会咨询机构的帮助。

（2）明确的搜索范围。信息搜索的范围包括内容范围、时间范围和地域范围。

①内容范围。信息需求在内容所限定的范围，包括事件本身的内容和该事件周边相关的内容。

②时间范围。时间范围是指信息需求在时间上的跨度，或者是指信息、资料发表的时间。

③地域范围。地域范围是指信息需求在空间位置上的范围。

（3）搜索方法。有效的信息搜索方法主要有自我总结法、直接观察法、社会调查法和文献阅读法。

## （四）信息管理的层次

**1. 微观层次的信息管理**

微观的信息管理更加贴近普通人对信息管理的理解，它所研究和处理的是具体的信息产品的形成与制作过程，主要面向具体的信息产品而展开。

**2. 中观层次的信息管理**

中观层次的信息管理面向的是处于社会中的具体的信息系统。信息系统有两个层面的理解：其一是从信息技术角度出发，开发编制出用于处理具体问题的计算机系统软件，它涉及系统的分析、编制、维护和管理等问题；其二是从社会组织系统的角度出发，信息系统是一个完整的组织内部的信息处理与交流的环境和平台。如何规划与运营好组织内部的信息资源，是中观层次的信息管理所关注的问题。

**3. 宏观层次的信息管理**

宏观层次的信息管理是从整个社会系统角度来研究的，主要是对一个国家和地区的信息产业的管理。信息产品进入社会和信息市场，要加强对信息市场的监管与信息服务的管理，就需要在政策、法规和条例等方面进行规范。信息产业所涉及的面、领域、行业比较广，如何通过对它们的有效管理，提高行业的信息水平，进而提高整个社会的信息化水平，这些都是宏观信息管理所研究的内容。

# 第二节　信息管理的基本方法

信息管理（或信息资源管理）是指对人们收集、输入、加工和输出等信息活动的全过程管理。它有两个方面的含义：其一是信息管理工作是常规工作的系统化，即用系统工程的方法来管理组织信息工作；其二是利用计算机和现代通信技术手段建立人机结合的信息管理系统，以实现对信息资源的集中统一管理。因此，信息管理方法的科学化与系统化尤为重要。目前，信息管理的主要方法有逻辑顺序法、物理过程法、企业系统规划法、战略目标转化法、战略数据规划和信息系统法。

## 一、逻辑顺序法

逻辑顺序法是信息管理最基本的方法。它将信息视为一种资源加以处理，并试图揭示出业务管理过程中需要考虑的处理问题的逻辑顺序。对企业而言，信息管理的主要任务是将企业内外的信息资源调查清楚，分门别类地加以分析研究，找出对企业的生存和发展具有战略意义的信息资源，并加以充实和提高。因此，逻辑顺序法将信息资源管理划分为信息调查、信息分类、信息登记、信息分析和研究四个基本步骤。

### （一）信息调查

开展深入的调查，摸清信息资源的情况，是做好信息管理工作的基础，是信息整理和分析的前提。作为一种调查活动，信息调查的任务是为解决经济、社会方面的有关现实问题和理论问题，运用科学的方法，有目的、有计划、系统客观地搜集、记录、整理经济与社会现象的有关数据。信息调查的基本要求是准确和及时，两者是相互结合的，要做到准中求快，快中求准。

根据不同的调查目的和调查对象的特点，选择合适的调查方法，是信息调查的重要问题。只有调查手段与方法科学适当，调查的信息才能准确、及时、全面。目前，信息调查的种类大致可分为信息报表和专门调查、全面调查和非全面调查、经常性调查和一次性调查。每种信息调查方法都有其独特的功能和局限性，要根据调查工作的具体情况加以选用。

### （二）信息分类

信息分类，是指根据研究的目的和研究总体的特点，按照某种标志将研究总体区分为若干性质不同的组成部分。对整体而言，是将整体划分为性质不同的若干组；对个体而言，则是将性质相同的单位组合在一起。信息分类是信息资源管理的一项最基本的工作，是对信息研究总体的一种定性认识，反映了信息总体在分组标志下的差异结构及其分布状态和分布特征。

目前，还没有公认的信息分类原则，主要根据本单位的情况来考虑信息分类问题。

### （三）信息登记

信息调查所取得的信息经过科学分类之后就要登记或汇总各个分组数值和总计数值，即需要计算出各组的和总体的单位总数或标志总量，并提供有关的文字材料和档案。

信息登记（汇总）是一件具体而又烦琐的工作，调研人员应亲自将调查收集到的企业内外信息资源进行归纳和整理，登记在信息资源表上，然后，按信息资源分类，将登记表编出目录，并按部门编出索引，以便迅速查找。

### （四）信息分析和研究

信息分析和研究是开展信息管理工作的最后阶段，该阶段的任务是对已经加工整理好的信息，按照建立的分析指标体系加以分析研究，揭示所研究事物的量化比例关系和发展趋势，阐明事物发展的过程规律和运动特征。对于信息分析工作，不能局限于对过去的社会经济情况进行分析和评价，还应对其未来发展变化情况进行预测和分析。对于企业而言，信息资源的挖掘也是十分有益的，因为通过对信息资源的分析和挖掘可以找出对企业现状和发展有意义的信息资源，从而达到优化企业经营资源、增强企业竞争力的目的。

信息分析与其他研究一样，其所用方法可分为定性分析、定量分析、定性与定量相结合的分析。

#### 1. 定性分析

定性分析是指获得关于研究对象的质的规定性方法，包括定性的比较、分类、类比、分析和综合、归纳和演绎等方法，主要是分析与综合、有关与对比、归纳与演绎等各种逻辑方法。定性分析适用于那些不需要或者是无法应用定量分析进行研究的问题。

#### 2. 定量分析

定量分析是指获得关于研究对象的量的特征的方法。由于质是量度的体现，当我们掌握了事物的各种数量关系时，就能通过量的规律来认识事物的本质与规律。定量分析所得结论较定性分析更为直观、精确，有较高的可信度，尤其是在信息分析建模方面的广泛应用。

在信息分析中，定量分析的过程可以分为三步：首先，用精确的数量值代替模糊的印象；其次，依据数学公式导出精确的数量结论；最后，将结论的数学形式解释为直观性质。定量分析常用的研究方法有文献分析法、插值法、回归法、预测分析法和系统分析法等。

### 3. 定性与定量相结合的分析

定性分析与定量分析的有机结合，既可以综合二者的优点，又可以克服两种方法的不足。一方面，定性研究把握信息研究的重心和方向，侧重于物理模型的建立和数据意义；另一方面，定量研究为信息分析结果提供数量依据，侧重于数学模型的建立和求解。通过定性研究与定量研究的结合，可使信息分析方法更加符合实际需求，得出的结论更加准确可靠。

## 二、物理过程法

物理过程法是指基于信息生命周期的相关理论和原则而提出的一种有关信息管理的方法。信息生命周期是信息运动的自然规律，从信息的产生到最终被使用发挥其价值，一般可以分为信息的收集、传输、加工、存储和维护等多个阶段。生命周期的每一个阶段都有其具体工作，需要进行相应的管理。

### （一）信息需求与服务

#### 1. 信息需求

信息需求阶段，不仅要明确信息的用途、范围和要求，还要为用户提供信息，支持他们利用信息进行管理决策。

由于用户的信息需求具有主观性和认识性，因而存在三个基本层次，即用户信息需求的客观状态、认识状态和表达状态。用户信息需求机理研究表明，用户的心理状态、认识状态和素质是影响用户信息需求的主观因素。除主观因素外，信息需求的认识和表达状态还受各种客观因素的影响，这些客观因素可以概括为社会因素作用于用户信息认知的各个方面，如用户的社会职业与地位、所处的社会环境等。

#### 2. 信息服务

信息服务是以信息为服务的内容，其服务对象是对服务具有客观需求的社会主体（包括社会组织和社会成员）。鉴于信息服务的普遍性和社会性，开展信息服务应从社会组织和社会成员的客观信息需求出发，以满足其全方位信息需求作为组织信息服务的基本出发点。也就是说，信息服务用户与信息用户具有同一性，即一切信息用户都应成为信息服务用户。

通过对信息服务本质的分析，不难发现它是从社会现实出发，以充分发挥信息的社会作用、沟通用户的信息联系和有效组织用户信息活动为目标，以"信息运动"各环节为内容的一种社会服务。

### （二）信息收集与加工

#### 1. 信息收集

信息收集是指在课题规定的范围内从事所需信息的获取活动，它根据特定目的和要求将分散蕴含在不同时间、空间的有关信息采掘和积聚起来的过程。信息收集是信息管理得以开发和有效利用的基础，也是信息产品开发的起点。没有信息收集，信息产品开发就成了无米之炊；没有及时准确、先进可靠的信息收集工作，信息产品开发的质量也得不到必要的保证。由此可见，信息收集工作的好坏，对整个信息管理活动的成败将产生决定性的影响。

（1）信息收集原则。信息技术的发展，使新信息层出不穷，社会信息数量猛增，庞杂的信息形成了"信息海洋"，但随之也出现了很多信息老化、污染与分散等问题。此外，信息用户的需求是特定的。所以，在信息收集工作中必须坚持一定的原则。

①全面系统性。所谓"全面系统"，既包括空间范围上的横向扩展，又包括时间序列上的纵向延伸。信息收集的全面系统性，就是指空间上的完整性和时间上的连续性。从横向角度看，要把与某一问题有关的散布在各个领域的信息收集齐全，才能对该问题形成完整、全面的认识；从纵向角度看，要对同一事物在不同时期和不同阶段的发展变化情况进行跟踪收集，才能反映事物的真实全貌。

②针对适用性。针对适用性是指信息收集人员根据实际需要有目的、有重点、有选择地收集利用价值大与相关性强的信息，做到有的放矢。

③真实可靠性。信息分析的最终目的是正确的决策，而真实可靠的信息是正确决策的重要途径。所以在信息收集过程中，必须坚持严肃认真的工作作风、科学严谨的收集方法，保证信息源的真实可靠，认真收集真实信息，并进行严格分析、判断、鉴别，否定错误信息，杜绝传播虚假信息。

④及时新颖性。因为信息具有很强的时效性，所以，应以最少的时间和最快的速度及时搜索、收集、获取信息，才能使信息的效用最大限度地发挥。同时，要求所收集的信息内容具有新颖性，尽量获得课题领域内的最新研究成果，包括新理论、新动态和新技术等。

⑤计划预见性。信息收集既要立足于现实需要，又要有一定的超前性。所以，信息收集要有计划，即事先制订一个比较周密而详尽的计划，而且要求信息收集人员随时掌握社会发展动态，对未来的工作具有一定的前瞻和预见。

（2）信息收集方法。对于大量信息的收集，不仅要依靠科学的收集流程及收集原则，还要采用科学的收集方法。信息收集的方法因信息源类型的不同而有所不同，针对文献信息、口头和实物信息以及网络信息三种不同的信息源，可将信息收集方法大致分为三类。

①文献信息收集方法。文献信息源的信息都是经过人工编辑加工，并用文字符号或代码记录在一定载体上的，通常有信息检索法、预定采购法、交换索要法三种方法。

②口头和实物信息收集方法。口头和实物信息大多未经过系统化处理，未用文字符号或代码记录下来，所以难以收集，却有较高的价值。口头和实物信息获取，一般要通过社会调查来获得，社会调查通常有观察法、问卷调查法、访问交谈法、参观考察法和专家评

估法五类。

③网络信息收集方法。网络信息收集方法，通常有直接访问网页、访问网络数据库、引擎搜索三类。常用的搜索引擎有百度、google、搜狐、Lycos、Excite 和 Alta Vista 等。

### 2. 信息加工

一般来说，收集到的信息来源广，必须对收集到的繁杂无序的原始信息进行筛选、分类、归纳、排序，使之成为便于研究的形式并储存，这一过程就是信息加工的过程。信息加工的目的在于减少信息的混乱程度，使之从无序变为有序，形成更高级的信息产品，以便于信息分析人员有效地利用。信息加工主要有分类与筛选、阅读和摘录、序化处理、改编与重组四种。

### （三）信息存储与检索

#### 1. 信息存储

信息存储是指将经过加工处理后的信息资源（包括文件、音像、数据、报表、档案等）按照一定的规范，记录在相应的信息载体上，并将之按一定特征和内容性能组织成系统化的检索体系。按存储载体的形式划分，可将信息存储划分为人脑载体存储、语言载体存储、文字载体存储、书刊载体存储、电信载体存储、计算机载体存储、新材料载体存储等。

#### 2. 信息检索

（1）信息检索的含义。1950 年，莫尔斯首次提出信息检索一词，其后，人们对信息检索的认识随着信息检索理论和实践的发展而不断发展。目前，对于信息检索，主要存在时间性通信、信息处理和文献查找三种角度的认识。

①时间性通信角度的认识。按照通信角度的认识，信息发送者必须尽可能发送一切信息，是时间性通信的被动一方，而信息接收者则是主动活跃的一方，正是接收者才决定什么时候接收以及接收什么样的信息。因此，信息检索的问题就在于把一个可能的用户引向所存储的信息。

②信息处理角度的认识。从信息处理的角度看，信息检索的基本问题就是如何处理信息和信息的结构。这种认识偏重于信息管理，认为信息不仅局限于文献的范围，音像、声音、数据等也都反映信息，并把信息检索视为计算机科学与技术的一个分支。

③文献查找角度的认识。简言之，信息检索就是查找出含有用户所需信息与文献的资料的过程。因为信息是无形的，必须依附于文献而存在。所以，在信息检索领域，这种认识是一种传统的主流观点，支持者众多。

（2）信息检索的类型。由于用户的信息需求多种多样，信息检索技术也在不断发展变化，进而产生了多种类型的信息检索。其分类方法与类型见图 7 – 3。

图7-3　信息检索分类方法与类型

### （四）信息传递与反馈

#### 1. 信息传递

信息传递是信息分析产品从信息分析人员或信息分析机构走向用户的过程，即产品从信息源经过通道到达信宿（传输信息的归宿）的过程。受到信息分析课题来源的影响，信息分析产品主要有两种传递方式，即单向被动传递和单项主动传递（图7-4）。

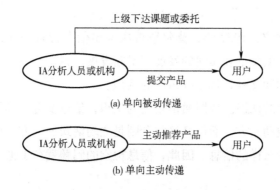

图7-4　信息传递方式示意图

单向被动传递，一般是指上级下达课题和委托课题产生的信息分析产品的传递方式；单向主动传递，一般是指自选课题产生产品的传递方式。随着信息分析活动的普遍开展，以单向主动传递方式传递的产品将逐渐增多。

#### 2. 信息反馈

因为任何信息分析产品都不可能是完美的，都会存在这样那样的不足。所以，信息分析产品的利用过程，不仅是发挥产品效用的过程，同时也是发现产品漏洞与缺陷的信息反馈过程。用户在产品利用过程中，可以向分析人员或信息分析机构，就产品的价格、质量和内容等方面提供建议和意见。信息反馈可以为信息分析人员改进、完善产品提供切入点，为修正、调整和改进以后的信息分析工作提供依据。

## 三、企业系统规划法

企业系统规划法（Business Systems Planning，简称 BSP）是 20 世纪 70 年代初 IBM 公司在开发内部系统时使用的一种方法，主要是基于信息支持企业运行的思想，采用先自上而下地识别系统目标、企业过程、数据分析，然后以数据为基础自下而上地设计系统。

BSP 方法是通过全面调查，分析企业信息需求，确定信息结构的一种方法。只有对组织整体具有彻底的认识，才能明确企业或各部门的信息需要。

### 1. BSP 方法的基本原则

（1）信息系统必须支持企业的战略目标；

（2）信息系统的战略应当表达出企业各个管理层次的需求；

（3）信息系统应该向整个企业提供一致信息；

（4）信息系统应是先"自上而下"识别，再"自下而上"设计；

（5）信息系统应经得起组织机构和管理体制变化。

### 2. BSP 方法的工作步骤

使用 BSP 法进行系统规划是一项系统工程，其大致工作步骤如下。

（1）准备工作。准备工作包括接受任务和组织队伍，一般接受任务是由委员会承担。

（2）定义业务过程（或定义管理功能）。业务过程是指企业管理中，逻辑相关的一组决策和活动的集合。定义业务过程的目的是了解信息系统的工作环境，以及建立企业的过程与组织实体间的关系矩阵。业务过程的识别是一个非结构化的分析和综合过程，主要包括计划与控制、产品和服务、支持资源三个方面的识别过程。通过后两种资源的生命周期分析，可以给出它们相应的业务过程定义。

（3）定义数据类。数据类是指支持业务过程所必需的逻辑相关的数据，即业务过程产生和利用的数据，可将数据分解成设计型、统计型、文档型和业务型四类。数据分类主要按业务过程进行。识别数据类的目的在于了解企业目前的数据状况和数据要求，以及数据与企业实体、业务过程之间的联系，查明数据共享情况。

（4）定义信息系统总体结构。定义信息系统总体结构的目的是刻画未来信息系统的框架和相应的数据类，主要工作是划分子系统。其思想就是尽量把信息产生的企业过程（指组织机构和人员遵循管理原则，运用管理信息，技术和方法来实现企业目标的活动过程）和使用的企业过程划分在一个子系统中，减少子系统之间的信息交换。

（5）确定总体结构中的优先顺序。由于资源的限制，系统的开发总有先后次序，而不可能全面进行。一般来说，确定项目的优先顺序应考虑潜在效益、对组织的影响、成功的可能性和需求四类标准。

（6）形成最终研究报告。BSP 工作提交的报告就是信息系统建设的具体方案，包括系统框架、子系统划分、信息的信息需求、数据结构、开发计划等。

### 3. BSP 法的分析工具

对实际系统的业务过程和数据类作描述之后，就可以在此基础上进行系统化分析，以便整体性地考虑新系统的功能子系统和数据资源的合理分布。进行这种分析的有力工具之一就是功能/数据矩阵，即 U/C 矩阵，其中 U 表示使用（Use）、C 表示产生（Create）。U/C 矩阵不仅适用于系统规划阶段，在系统分析中也可以借用它来分析数据的合理性和完备性等问题。

### 4. BSP 法的特点

BSP 方法是最易理解的信息系统规划技术之一，相对于其他方法的优势在于其强大的数据结构规划功能。它全面展示了组织状况、系统或数据应用情况及差距，可以帮助众多管理者和数据用户形成组织的一致性意见，并通过对信息需求的调查来帮助组织找出其在信息处理方面应该做些什么。但是 BSP 法收集数据的成本较高，数据分析难度较大，实施起来非常耗时、耗资。它被用来进行数据结构规划，而不是解决诸多信息系统组织以及规划管理和控制等问题。此外，BSP 法不能为新信息技术的有效使用确定时机，也不能将新技术与传统的数据处理系统进行有效集成。

## 四、战略目标转化法

战略目标转化法（Strategy Set Trans for wation，简称 SST）是由 William King 于 1978年提出的，他把整个战略目标看作是一个"信息集合"，由使命、目标、战略和其他战略变量（如管理复杂程度、改革习惯以及重要的环境约束）等组成。信息系统的战略规划过程，实际上就是把组织的战略目标转变为信息系统战略目标的过程，如图 7-5 所示。

图 7-5　管理信息系统战略的制订过程

### （一）识别组织的战略集

组织的战略集应在该组织及长期计划的基础上进一步归纳形成。在很多情况下，组织的目标和战略没有书面的形式，或者它们的描述对信息系统的规划用处不大。为此，信息系统规划就需要一个明确的战略集元素的确定过程，该过程可按如下步骤进行。

#### 1. 描述组织关联集团的结构

"关联集团"包括所有与该组织利益相关的人员，如客户、股东、雇员、管理者、供应商等。

#### 2. 确定关联集团的要求

组织的使命、目标和战略要反映每一关联集团的要求，对每一个关联集团要求的特性作定性描述，还要对这些要求被满足程度的直接和间接度量给予说明。

3. 定义组织相对于每个关联集团的任务和战略

识别组织的战略后，应立即交给企业组织负责人审阅，收集反馈信息，经修改后进行下一步工作。

### （二）将组织的战略集转化成信息管理系统（Managemant Information System，简称 MIS）战略集

MIS 战略集应包括系统目标、约束及设计原则等。转化过程，应先对组织战略集的每个元素识别相应的 MIS 战略约束，然后再提出整个 MIS 的结构，最后再选出一个方案提交给组织领导。

战略目标转化法（SST）从另一个角度识别管理目标，它反映了各种人的要求，而且给出了符合这些要求的分层，然后再转化为信息系统的目标，是一种结构化的方法。该方法能保证目标较为全面。

## 五、战略数据规划法

美国著名学者詹姆斯·马丁认为，系统规划的基础性内容包括企业的业务战略规划、企业信息技术战略规划、企业数据库战略规划三个方面。其中，战略数据规划是系统规划的一种重要方法，其工作包括三个步骤（图 7 - 6）。

图 7 - 6　战略数据规划过程

业务分析要按照企业的长远目标分析企业的现行业务及业务之间的逻辑关系，将它们划分为若干职能领域，然后再弄清楚各职能领域中所包含的全过程，再将各业务过程细分为一些业务过程。

在业务分析基础上，可以弄清楚所有业务过程所涉及的数据实体及其属性，重点是分析实体及其相互之间的关系。按照各层管理人员与业务人员的经验及其他方法，将联系密切的实体划分在一起，形成实体组。在这些实体组中，内部实体之间联系较为密切，而与外部实体之间的联系较少，它们是划分主体数据库的依据。

## 六、信息系统法

### （一）信息系统的概念

现代的信息系统多指基于计算机与通信技术等现代化手段且服务于管理领域的信息系统，即信息管理系统。从技术上讲，它是一组由收集、处理、存储和传播信息组成的相互联系的部件，用以在组织中支持决策和控制，同时还可以帮助管理者和工作人员分析问

题、解决复杂问题和创造新产品。

信息系统包括与之相关的人、场地、组织内部事物或环境方面的信息，如图 7-7 所示。通过信息系统，我们可以从中得到有用的信息。数据在被组织或加工成为有用的信息之前，只是一种对组织或物理环境中所发生事件的原始事实的描述。可以说，信息系统输入的是数据，经过加工处理后再输出各种有用的信息。信息系统用以实现对决策、控制、操纵、分析问题和创造新产品及其服务所需信息的收集和加工。

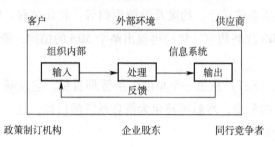

图 7-7　信息系统的内外环境

### （二）信息系统的类型

在一个组织中，人们的利益、专业和层次各不相同，因此存在为满足人们不同需求而设计的不同类型的信息系统。按组织层次来划分的信息系统如图 7-8 所示。

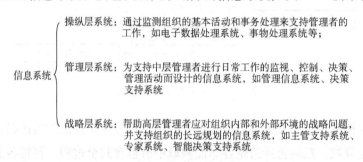

图 7-8　按组织层次划分的信息系统

### （三）信息系统的价值增值

根据基本价值链模型理论，企业可以看作是由给其产品或服务带来价值增加的活动链，链上的活动可以分为基本活动和支持活动，如图 7-9 所示。

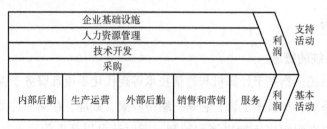

图 7-9　企业价值链环节框架示意图

利用价值链模型可分析出企业中与竞争战略关联的活动，在此基础上，分析信息系统最有可能产生战略影响的应用领域，标识出在哪些特定的关键活动上应用信息技术可以最有效地改进企业的竞争地位，即确定信息系统应用可能给企业经营提供最大程度支持的关键应用点。基于价值链的信息系统的价值增值如图 7 – 10 所示。

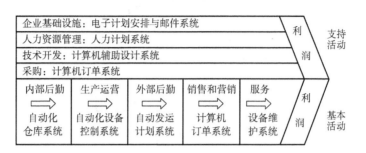

图 7 – 10　基于价值链的信息系统的价值增值示意图

### （四）信息系统对企业战略的支持

现代信息系统是作为企业的战略资源而存在的，其对企业战略的支持可用图 7 – 11 简要说明。图 7 – 11 中，箭头 1、2 表示匹配关系，即企业战略与 IS 战略之间、IS 战略与 IT 战略之间是 What 和 How 的关系；箭头 3、4 表示影响关系，即现代信息技术对业务的潜在影响。

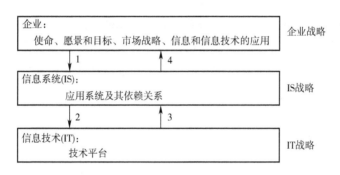

图 7 – 11　信息系统对企业战略的支持示意图

企业战略的主要组成有使命、愿景、目标、市场战略，以及使用信息、信息系统和信息技术的一般方法。企业战略中有关信息和 IT 部分也称为信息管理战略。IS 战略的主要组成有未来的 IS/IT 应用、人力资源能力、组织结构以及 IS/IT 功能的控制。IS 战略的主要工作是规划未来的 IS/IT 应用的优先级，规划信息系统的开发或获取，考虑用户的需要及系统的安全策略，规划未来人力资源所需的知识技能，定义未来 IS/IT 组织的任务、角色、管理以及所需的外部资源等。

广义的信息系统战略包括 IS 战略和 IT 战略，可简称 IS/IT 战略。IS/IT 战略必须服从于企业战略，并为其提供服务，只有支持企业战略的信息系统才能给企业带来长远的利益；另外，IS/IT 战略通过影响企业的业务运营模式、行业竞争态势，为企业带来变革，发展成为企业的战略信息应用，从而影响企业的战略。IS/IT 战略的框架如图 7−12 所示。

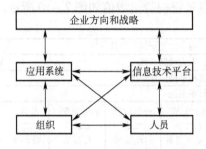

图 7−12　IS/IT 战略框架示意图

# 第三节　信息管理系统

## 一、信息管理系统概述

### (一) 系统

系统是由相互联系、相互作用的若干要素按一定的法则组成，并具有一定功能的整体。一般而言，系统有两个以上要素，各要素和整体之间、整体与环境之间存在一定的有机联系。任何系统的存在，都有三个必要的条件，即机构、功能和目标，三者之间的关系如图 7−13 所示。要达到某一目标，就要求一定的功能，功能是做某项工作的能力，这种能力是依靠一定机构来实现的。

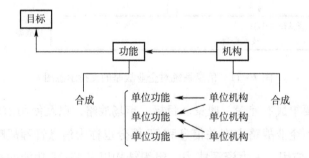

图 7−13　系统存在的三个必要条件

根据系统的原理，系统由输入、处理、输出、反馈、控制五个基本要素组成（图 7−14）。通常，将控制和反馈合并到处理之中，其简化系统如图 7−15 所示。

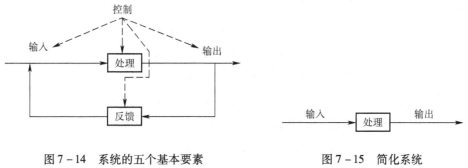

图7-14 系统的五个基本要素　　　　图7-15 简化系统

### （二）信息系统（Information Systems，简称 IS）

近年来，一个比较普遍的趋势是利用信息系统代替管理信息系统。应当说，信息系统比管理信息系统具有更宽的概念范围，用于管理方面的信息系统就是管理信息系统。而国外，一般谈信息系统就是指管理信息系统。

技术上，信息系统可以定义为支持组织中决策和控制而进行信息收集、处理、存储和分配的相互关联部件的一个集合。由此可见，信息系统就是管理信息系统。

### （三）管理信息系统（Management Information Systems，简称 MIS）

#### 1. 管理信息系统的概念

关于管理信息系统概念的论述很多，不同时期、不同学者对管理信息系统提出了不同的解释。比较常见的有以下几种。

（1）管理信息系统是一个利用计算机硬件和软件，手工作业、分析、计划、控制和决策模型，以及数据库的用户——机器系统。

（2）管理信息系统是一个由人、计算机等组成的能进行信息的收集、传递、储存、加工、维护和使用的系统。

（3）管理信息系统是一个以人为主导，利用计算机硬件、软件、网络通信设备以及其他办公设备，进行信息的收集、传输、加工、存储、更新和维护，以企业战略竞优、提高效益和效率为目的，支持企业高层决策、中层控制、基层运作的集成化的人机系统。

由此可见，管理信息系统不仅是一个技术系统，而且是一个人机系统、管理系统、社会系统，同时也是一个不断发展的学科，其定义也将随着计算机和通信技术的发展而不断发展。

#### 2. 管理信息系统的组成

管理信息系统的目的是对整个组织的信息资源进行综合管理、合理有效利用，以实现组织的目标。其组成包括工作人员、计算机硬件系统、计算机软件系统、数据机器存储介质、通信系统、非计算机系统的信息收集、处理设备和规章制度。

#### 3. 管理信息系统的功能

管理信息系统掌握着与企业有关的各种事件和对象的信息，并将这种信息提供给企业内外的系统用户。为了达到提供有用信息的目的，系统内必须实现某些过程，特别是信息联系过程和变换过程。系统接收各种数据，将它们转变为信息，将数据与信息加以存储并提供给用户。管理信息系统具有辅助计划、控制、预测和辅助决策等功能。

（1）计划功能。根据现存条件和约束条件，提供各职能部门的计划（如生产计划、财务计划、采购计划等），然后按照不同的管理层次提供相应的计划报告。

（2）控制功能。根据各职能部门提供的数据，对计划执行情况进行监督、检查、比较执行与计划的差异、分析差异及产生差异的原因，辅助管理人员及时加以控制。

（3）预测功能。运用现代数学方法、统计方法或模拟方法，根据现有数据预测企业未来的发展前景，从而规划企业的发展目标和方向。

（4）辅助决策功能。采用相应的数学模型，从大量数据中推导出有关问题的最优解和满意解，辅助管理人员进行决策。以期合理利用资源，获取较大的经济效益。

#### 4. 信息系统的主要应用类型

信息系统的应用已经遍及社会的各个行业及各个部门，其类别由于应用企业的规模和组织结构不同、行业不同、所采用的技术不同以及系统对外界环境的反应能力不同，呈现出的状况也千差万别。目前，对信息系统的分类也没有统一的模式。

（1）按照应用的行业分类。管理信息系统可分为制造业的应用系统、金融业的应用系统、服务业的应用系统和教育业的应用系统等。

（2）根据服务对象划分。管理信息系统可分为国家经济信息系统、企业管理信息系统、事物型管理信息系统、行政机关办公型管理信息系统、特定行业的管理信息系统等。

（3）按照业务处理方式划分。按照业务处理方式可划分为办公自动化系统、过程控制系统、管理信息系统等，其中管理信息系统又可以划分为事物系统、管理信息系统以及决策支持系统。

## 二、常用管理信息系统简介

### （一）ERP 系统

#### 1. ERP 系统的内涵

几种典型的且广泛应用于制造业的管理信息系统有物料需求计划（Material Requiring Planning，简称 MRP）、制造资源计划（Manufacturing Resource Planning，简称 MRP Ⅱ）和企业资源计划（Enterprise Resource Planning，简称 ERP）。其中 ERP 系统正是由这些系统在适应外部环境的过程中逐渐演变而来的。

ERP 是用以描述下一代制造业经营系统和制造资源计划（MRP Ⅱ）软件，它包括客户机/服务器构架，使用图形用户接口，应用开发系统制作，除了已有的标准功能，还包括其他特性（如质量、流程运作管理及调整报告等）。

ERP 的主要宗旨是对企业所拥有的人、财、物、信息、时间和空间等资源进行综合平衡和优化管理，面向全球市场，协调企业内部各管理部门，围绕市场导向开展业务活动，使企业在激烈的市场竞争中全方位地发挥能力，从而取得最好的经济效益。这里，我们可以从三个方面来理解 ERP 概念。

（1）ERP 是一种管理思想。ERP 的实质是在 MRP Ⅱ 基础上的进一步扩展，将管理的范围从制造部门扩展到企业的各个环节。就管理功能而言，ERP 可以实现对企业业务流程上所有环节的有效管理，包括订单、采购、库存、计划、生产制造、质量控制、运输、分销、服务与维护等，而先进的 MRP Ⅱ 只是 ERP 中的一个功能模块。

ERP 管理思想的核心是实现对企业内部价值链的有效管理，主要体现在以下三个方面。

①实现对整个企业内部资源进行管理的思想；

②实现精益生产、同步工程和敏捷制造的思想；

③实现事先计划和事中控制的思想。

（2）ERP 是一种软件产品。ERP 必须依附于计算机软件系统的运行，它是综合应用客户机/服务器体系（C/S）、关系数据库结构、面向对象技术、图形用户界面、第四代语言（4GL）、网络通信等信息产业发展成果，以 ERP 管理思想为灵魂的软件产品。它能支持 Internet/Intranet/Extranet、电子商务、电子数据交换，还能实现在不同平台上的操作。

（3）ERP 是一种管理系统。ERP 整合了企业管理理念、业务流程、基础数据、人力物力、计算机硬件和软件于一体的企业资源管理系统。ERP 通过企业内部网实现对内部信息化孤岛的集成，将企业各个业务环节连接在一起，使得各种业务和信息能够实现集成与共享。

概括地说，ERP 是建立在信息技术基础上，利用现代企业的先进管理思想，全面地集成了企业所有资源信息，为企业提供决策、计划、控制与经营业绩评估的全方位和系统化的管理平台。

**2. ERP 的构成**

ERP 的一般构成如图 7-16 所示，它融合了离散型生产和流程型生产的特点，扩大了管理的范围，更加灵活和柔性地开展业务活动，实时响应市场需求，进一步提高企业的管理水平和竞争力。

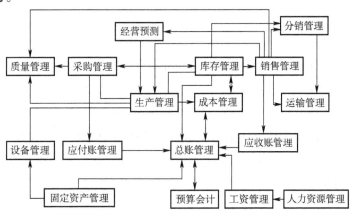

图 7-16　ERP 的一般构成

ERP 除继承了 MRP Ⅱ 的基本思想外，还大大扩展了管理的功能模块，图 7 - 17 是 ERP 在前几个系统上的功能扩展示意图。可见，它不仅可用于生产企业的管理，而且还可用于一些非生产、公益事业等其他类型的企业。

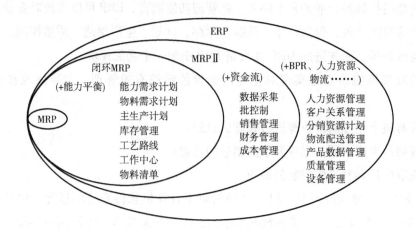

图 7 - 17　ERP 的功能扩展示意图

### （二）供应链管理

#### 1. 供应链的概念

近年来，随着全球制造业企业的大量出现，供应链（Supply Chain）在制造业管理中得到普遍应用，已成为一种新的管理模式。实际上，单纯的供应链只是一种企业生产中的业务流程模型。对于企业而言，可以将这种供应链分为内部供应链和外部供应链。内部供应链是指企业内部产品生产流通过程中所涉及的原材料采购部门、生产部门、仓储部门、销售部门等组成的一条供需网络；外部供应链则是从企业的上下游来看，与企业生产某一产品相关的上游部门（如供应商、材料运输、仓储、零部件生产商、产品组织厂等）及下游部门（如储运商、零售商与最终的消费者等）共同组成的一个商业网络。若从最终消费者开始往回推，供应链就是一条需求链。

#### 2. 供应链管理的含义

供应链管理（Supply Chain Management，简称 SCM）是指人们在认识和掌握了供应链环节内在规律和相互联系等的基础上，对整个供应链中各参与组织、部门之间的物流、信息流和资金流进行计划、协调与控制，以达到最佳组合和最高效率，提高所有相关过程的速度和确定性，通过前馈信息流（如订货合同、采购订单等）和反馈信息流（如完工报告、库存量、销售量等）将供应商、核心企业直至消费者连成一个整体的管理模式。

#### 3. 供应链管理的意义

供应链管理强调的是伙伴合作关系和战略联盟关系，所以供应链管理的意义可以从以下三方面来认识。

（1）从供应链所包含的活动来看，供应链管理是涵盖了从企业接受顾客订单到将产品交给顾客的过程中所有的活动，这些活动可能由单一企业的各部门共同完成，也可由不同企业共同完成，当活动执行时，这些单位就形成了一条供应链。一般而言，供应链管理讨论的重点在于不同企业个体所形成的供应链关系，而这种"链"的关系有别于一般渠道松散的供需关系。形成供应链形态的因素很多，最主要的原因是为了提高参与供应链企业的市场竞争力。

（2）从组织结构演化的角度看，供应链管理也可视为物流管理的发展。传统的物流只是集中在仓储与运输上，之后逐步发展到物流配送。当组织结构以任务为导向而偏重于流程，物流管理又将重点集中在流程上，出现整合性渠道或整合性流通。当出现组织结构开始走向虚拟化，物流管理就将供应链看作一个整体，并突破了以往企业间的界线，增强供应链的营运绩效，因而产生了供应链管理。

（3）从战略的发展角度来看，供应链的兴起，主因源于外界竞争环境的变化，使得企业习以为常的经营模式受到挑战，企业无法独立应付，基于战略上的考虑，必须联合供应链上的成员，形成新的合伙或联盟关系，通过信息技术协助有效地进行供应链管理，提升企业的竞争力。

### 4. 供应链管理的主要功能要素

从管理的程序上看，SCM 系统可分为三个主要部分：供应链规划、供应链执行和供应链绩效评估，这三种要素的功能与主要目的见表 7-5。

表 7-5 供应链管理三要素的功能及目的

| 项目 | | 主要功能 | 主要目的 |
|---|---|---|---|
| 供应链规划 | | 供应链网络设计、需求规划与预测、供货规划、制造规划与调度、分销规划 | 处理各种制造与分销的规划和模拟；拟定订单，根据订单进行调度，根据生产需求产生配送方案…… |
| 供应链执行 | | 订单管理、库存管理、国际贸易后勤作业、分销管理系统、运输管理系统 | 处理每日实际供货、分销程序作业的执行 |
| 供应链评价 | 定性 | 顾客满意度（包括交易前满意度、交易时满意度、交易后满意度）、信息流与物流整合性 | 定性指标 |
| | 定量 | 有效风险管理、供应商绩效、以成本或获利为基础（包括成本最小化、销售最大化、利润最大化、库存投资最小化、投资回报最大化）、以顾客影响为基础（包括供货量最大化、产品延迟最小化、响应顾客时间最小化、功能重复最小化） | 定量指标 |

### （三）客户关系管理

#### 1. 客户关系的定义

对客户关系管理（Customer Relationship Management，简称 CRM）的定义很多，最早

提出此概念的著名信息技术咨询企业 Gartner Group 对它的定义是：CRM 是一项商务策略，它按照客户的分割情况有效地组织企业资源，培养以客户为中心的经营行为，实施以客户为中心的业务流程，并以此为手段来提高企业的获利能力、收入水平及客户满意度。此定义表明客户管理涉及三个方面的内容：一是研究客户、确定市场；二是解决如何提供优质服务，并吸引新顾客；三是通过客户研究来确定企业管理内容。由于 CRM 的理念必须借助现代信息技术才能有效实施，也可将客户关系管理定义为：在建立客户关系的基础上，企业整合各种与客户互动的渠道与媒介，并利用信息技术对客户数据/信息进行分析，以创造客户与企业双方价值的一种解决方案。

现实中，人们对 CRM 的认识往往存在某种误区，认为客户关系管理就是为客户服务，百分百满足客户的需要就能留住客户。但 CRM 作为一种商业策略，其最终目的是企业的利益，满足客户的需求也是为此目的，否则不计成本地使客户满意就会偏离方向。也有人直接将 CRM 等同于一个大型的软件项目，将其看作是和 ERP 一样的巨大工程，动辄需要上百万资金的投入，不敢贸然涉足，或者只将其视为一个部门级的管理软件。这种想法显然也过于片面。CRM 首先是一种管理理念，信息技术或软件的实体只是实现这种理念的手段，根据企业或组织的实际需求，软件可大可小，既可从局部开始，也可以整体方案的方式入手。

**2. CRM 主要功能模块**

按照客户关系管理的内容，可将 CRM 系统的总体功能用图 7 - 18 表示。图中除了企业后台的应用模块外，其余部分都可以看作是 CRM 所包含的功能。总体而言，CRM 的功能可以归纳为三个方面：对销售、营销和客户服务三个部分商业流程的信息化；与客户进行沟通所需要的手段的集成和自动化处理；将上面两部分所产生的信息进行加工处理，产生商业智能，用以支持战略战术的决策。

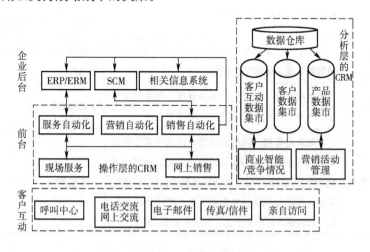

图 7 - 18    CRM 功能模块

**3. 实施 CRM 的作用**

成功实施 CRM 后取得的企业效益，通常体现在以下几个方面。

（1）提高效益，节省开支。

①让销售、营销人员和服务人员共享客户信息，节省花在客户信息搜寻上的时间；

②通过对业务流程的优化，减少各种手工作业产生的人为错误，销售人员不必过多地将时间耗在事物性的管理活动中，从而缩短完成经营活动的时间，信息化带来的"无纸办公"及网络营销方式，也有效减少了文件打印、文具消耗等费用；

③使用 CRM 的自助式服务，在提供客户个性化消费的同时，也减轻了客户服务人员的服务总量及人力成本；

④通过对客户信息的分析和客户消费行为的预测，使各种促销活动更有目的性，减少了盲目促销支出的"冤枉钱"。

（2）提高客户满意度。CRM 的实施在某些方面可以达到减少客户投诉的效果，如对各种客户服务请求的快速响应，减少客户等待时间；系统的不同自助服务内容，方便客户各种咨询及确定购买的时间。

（3）提升客户的忠诚度。完善的 CRM 系统可以通过以下几个方面来提高客户的忠诚度：首先，利用掌握的客户信息，适时自动发出提示诸如向顾客发送礼品、生日贺卡之类的客户关怀；其次，通过系统的网络功能，在用户中建立自己的"关系群"，使企业从中获利；最后，利用 CRM 的技术应用，长期不断地让客户享受企业的服务，并努力保持服务的一致性。

（4）增加企业营业收入。如果切实做到让客户满意，便能有效保留住老客户，还能不断吸引新顾客，并最终实现以客户为中心的理想营销模式，巩固企业自身在市场上的地位，并不断增加企业收入。

### （四）网络时代的信息系统——电子商务

#### 1. 电子商务的概念

电子商务（Electronic Commerce，简称为 EC）是指交易当事人或参与人利用计算机技术和网络技术（主要是互联网）等现代信息技术所进行的各类商务活动，包括货物交易、服务贸易和知识产权贸易。狭义的电子商务主要是指利用因特网进行的商务活动；广义的电子商务则是指所有利用电子工具从事的商务活动。

利用电子商务方式，企业可以构筑覆盖全球的商业营销体系，实施全球性经营战略，加强全球范围内行业间合作，进而增强全球性竞争能力。特别是对于小企业或小行业，通过电子商务了解全球范围的市场需求，促进其与遍布全球的公司间合作。

电子商务在给消费者和企业提供了更多的选择消费与开拓销售市场的机会之余，也提供了更加密切的信息交流场所，使企业可以迅速了解到消费者的偏好和购买习惯，从而提高企业把握市场的能力和消费者了解市场的能力，促进企业开发新产品和提供新型服务。

#### 2. 电子商务对现代企业经营管理的影响

网上交易功能的扩张与电子商务系统的发展，给现代企业的经营管理带来了深远的影响。

（1）跨国生产的时空界限被打破。电子商务打破了信息传递的限制，扩大了企业的知名度，有利于企业寻找最佳的国际合作伙伴；通过国际互联网上的各项网上服务，了解顾客的各项最新信息、其他公司动向，跟踪国际市场和国内外产业政策的变化，掌握最新市场动态，收集顾客的需求信息和对产品意见的反馈以及完善售后服务体系。此外，新型的电子商务系统从只提供信息服务的商情信息传递机构向着既提供商务与信息服务，又提供多功能交易组织服务的综合机构方向发展，把产品促销、网上的商机撮合、改进出口代理等贸易及服务功能统一起来，为企业尽快融入世界市场提供信息上的便利。

（2）为企业开拓国际市场创造了良好的条件。通过互联网的信息资源共享，中小企业不仅能获得自身以常规方式无法收集的市场信息，而且可以像大企业一样上网拓销，为其开拓国际市场创造机会。

（3）适应新的市场竞争规则。通过电子商务可以减少过去由于信息交流手段落后而产生的信息滞后和差错现象，从而加快企业现金和物资的流动，大大缩短企业的生产销售周期，也为按需生产提供了可能。

总之，电子商务的广泛应用，极大地改变了企业的经营管理模式，使企业对市场信息的搜索变得全面而方便，通过改变商品交换中的信息过程，从根本上改变了商品交换的方式。

### 3. 电子商务的主要模式

电子商务的业务范围非常广泛，根据电子商务的参与主体进行分类可分为企业与企业之间的电子商务（B2B）、企业与消费者之间的电子商务（B2C）、消费者与消费者之间的电子商务（C2C）、企业与政府之间的电子商务（B2G）和消费者与企业之间的电子商务（C2B）。

### 4. 电子商务的基本结构

电子商务是一个复杂的信息系统，由计算机、通信网络及程序化、标准化的商务流程和一系列安全、认证法律体系组成的集合，包括不同实体和不同层次组成的应用体系，如图7-19所示。电子商务系统内部的体系结构是：在电子商务的环境体系（如法律环境、经济环境、技术环境、政策环境体系等）下，由参与交易主体的信息化企业、信息化组织和使用网络的消费者主体，提供实物配送服务和支付服务的机构，以及提供网上商务服务的电子商务服务商组成，以Internet为存在基础的结构。

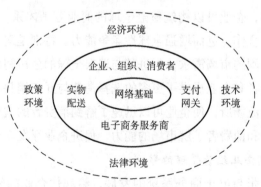

图7-19　电子商务系统结构

**5. 电子商务系统的特征**

电子商务系统的目的是利用信息技术与手段整合企业间的商务流程，帮助企业建立新的商务模式。电子商务在技术上与传统信息系统有共性，即需要与企业内部信息系统结合，服务于企业内部用户、企业客户及企业的合作伙伴，支持企业生产、销售、管理等整个环节。与传统信息系统相比，电子商务具有以下显著特征。

（1）高效性。电子商务的高效性是指提供买卖双方进行交易的一种高效的服务方式、场所和机会。它为消费者提供了一种方便、快捷的购物途径，也为商家提供了一个遍布世界各地的、广阔的、有巨大潜力的消费群。

（2）方便性。在电子商务环境中，传统贸易受时间和空间限制的局限性被打破，客户可以在全球范围内方便地寻找交易伙伴和选择商品。

（3）集成性。电子商务采用了大量计算机和网络通信等新技术，能够很好地协调新技术的开发运用和原有技术设备的改造利用，并使用户更有效的利用自己已有的资源和技术，从而更高效地完成商品的生产、销售与客户服务。

（4）可扩展性。电子商务网络能够适应用户及业务的增长状况，即使在网络用户激增及出现传输高峰时，系统仍能正常运行。

（5）协作性。利用电子商务网络将企业的供货方、购买方、有关的协作部门连接至企业的商务管理部门，使之协调运作，使企业缩短产品的开发与生产周期，从而避免了纸张文件传递带来的工作量大、出错率高、成本高的弱点，提高外贸企业的效率和收益。

**6. 电子商务的安全问题**

（1）电子商务的安全性需求。电子商务是建立在一个较为开放的网络环境上的，维护商业机密是电子商务全面推广应用的重要保障。互联网本身的开放性使电子商务系统面临着各种安全威胁，故其安全性要求比较高。电子商务的安全性主要包括保密性、认证性、完整性和不可否认性。

（2）电子商务的安全技术。目前，电子商务所采用的安全技术主要包括加密算法、数字信封、数字证书、数字签名与数字摘要等。

（3）电子商务的支付手段。电子商务的核心是电子支付，随着信息技术的发展，电子支付的方式越来越多，各有自己的特点和操作模式，适用于不同的交易过程，概括起来可以分为三大类别：电子货币（如电子现金和电子钱包等）、电子信用卡（如智能卡、借记卡和电话卡等）、电子支票（如电子支票、电子汇款和电子划款等）。

# 第四节　印染企业信息化建设

信息化是以现代通信、网络、数据库技术为基础，对所研究对象各要素汇总至数据库，供特定人群生活、工作、学习、辅助决策等，和人类息息相关的各种行为相结合的一种技术，使用该技术后，可以极大地提高各种行为的效率，为推动人类社会进步提供极大的技术支持。在计算机技术、网络技术和通信技术飞速发展的今天，信息化已成企业实现可持续化发展和提高市场竞争力的重要保障。

# 一、印染企业信息化建设的意义

## （一）业务管理的需要

作为传统的生产加工型企业，印染企业为了实现生产经营的各项目标，需要合理地组织人员、设备、原材料、资金、技术和信息，并对采购、生产、销售的全过程进行计划、决策和协调。印染企业业务管理主要具有如下特点：

（1）印染产品生产工序多。每一个生产环节都会对下一道工序的生产产生直接影响。

（2）生产周期长。生产过程中某一环节出现的细微失误，就可能造成无可挽救的损失。

（3）生产工艺复杂。几乎每一类型的产品都有与其相对应的生产工艺，并且需要根据客户的要求，编制特定的生产工艺。

（4）生产成本统计困难。因为生产原料进货方式与成品销售方式灵活多变、管理复杂，常常无法精确、及时地核算生产成本。

（5）工薪计算困难。印染行业工薪计算涉及工人计件生产、员工考核及产品质量责任管理，计算方式灵活复杂。

（6）技术人员流动较频繁。目前，大多数企业印染产品质量的控制依赖于技术人员的生产经验，其市场竞争力常因技术人员的流失而受到严重影响。

为此，印染企业迫切需要通过信息化手段来规范管理繁多的生产工艺，并达到降低成本、提高存货周转率和市场占有率的目的，同时尽可能地消除由人为失误而引起的生产隐患，为企业决策者制订生产计划、分析决策提供准确的数据参考与依据。

## （二）提高企业综合竞争力的必由之路

（1）信息化是加强企业基础管理的有效途径。信息技术在企业管理中的应用，是将管理技术与信息相结合，整合生产、营销、劳动力等要素，使企业管理水平进一步提高。信息技术应用是管理观念的延伸与固化，只有用信息化手段解决企业基础管理，才能取得更好的效果。

（2）信息化是实现跨越式发展的关键因素。信息时代的到来，使原有的竞争法则发生了根本性转变。信息社会改变了工业社会劳动力和资本决定企业利润的模式，信息决定企业利润成为新时代企业赢利的法则。

印染行业要实现可持续发展，就要走科技含量高、经济效益好、资源消耗低、环境污染少、劳动力资源得到充分发挥的新型工业化道路。因此，要以信息化带动工业化，通过对信息资源深入开发和广泛利用，不断提高生产、经营、管理、决策的效率和水平，从而提高行业、企业的经济效益和竞争力。

（3）信息化是企业顺应国际化与跨国竞争的迫切需要。经济全球化带来资本、市场、技术一体化，跨国生产、跨国采购、跨国营销成为主流，国内市场与国外市场逐步融合成为一个全球市场。目前，传统的生产要素（如人力、资源、资金等）对经济增长的拉动性日益减弱，而信息作为现代社会生产进程中的重要资源，其应用水平如何对印染行业竞争力强弱具有重要影响作用。欧美等发达国家正通过充分利用互联网广泛获取技术，以达到对产品、市场和技术的垄断地位。因此，印染行业只有抓住信息化的机遇，提高信息化应用水平，才能与世界同行的强手较量和抗衡。

（4）信息化是提高快速反应能力的重要手段。在全球印染生产和供应的产业链中，企业自身发展需要快速反应国际产业链的变化。由于时尚流转的周期正变得越来越短，印染企业正面临个性化、周期短、交货快、零库存的敏捷制造时期。对信息的收集、交流、反应和决策速度将是决定企业竞争力的重要因素。

依靠信息化加快企业市场反应能力，进一步开发印染面料快速反应系统，网上搜集国内外印染行业信息，瞄准国际印染面料发展趋势，采用高科技开发功能性和环保型印染产品，提高企业及时满足客户服务需求的能力，缩短产品开发周期，优化产品生产工艺，加强产品开发建设。

### （三）印染企业信息化的益处

印染企业信息化建设的益处主要表现在工作效率、新产品研发周期、按期交货率、客户满意度、产品质量等方面。

（1）工作效率。使设计人员、生产人员的工作效率随着数据库的完善提高 2～5 倍。

（2）新产品研发周期。可以在原有基础上缩短 20% 左右。

（3）按期交货率。不仅可以在原来基础上提高 15% 以上，而且可与客户进行同步设计和确认，更好地为客户服务。

（4）客户满意度。在企业原有信息化建设的基础上，集成已有系统，建立基于 Internet/Intranet 的客户服务系统，支持客户对订单的全程跟踪，快速响应客户和市场需求，将使客户满意度得到很大程度的提高。

（5）产品质量。在提高产品性能和质量方面，产品一次合格率通常可在现有基础上（约 85%）提高 3%～5%。

## 二、印染企业信息化建设存在的主要问题

目前，我国印染业信息技术的应用还不能满足行业快速发展的迫切需求，信息化推进印染行业由大变强的战略作用尚未充分发挥。主要表现为以下几个方面。

（1）很多印染企业信息化应用的意识不够，有的企业找不到合适的软件来用。

（2）装备信息化水平不高，印染企业生产设备来自不同的国家、不同的设备厂商，设

备难以互联，数据难以共享，严重影响整体应用效果。

（3）信息处理能力不强，配方信息、参数信息、生产信息、质量信息等尚未得到综合有效利用，企业关注点主要放在产品功能和色彩开发，而大量繁杂的打样、频繁的对色却未采用科学手段。

（4）信息化管理水平滞后，柔性生产、精细化管理能力不足，印染生产执行系统只在部分企业有部分应用，导致企业计划与实际生产的衔接不畅，整个生产流程无法得到高效准确管控。

## 三、印染企业信息化的主要内容

### （一）基础平台

印染是所有纺织品生产加工链中技术含量最丰富的一个过程。小批量、多品种、交货快、生态环保与节能、提高生产效率及产品重现性是当代印染行业的发展趋势。信息化建设是印染行业发展趋势所需，印染企业信息化的大环境包括国际互联网和企业内部网（简称互联网/内部网，Internet/Intranet）两个部分。印染企业信息化的主要阶段大致可以分为远程产品定制与交互设计、生产过程工艺监控和远程产品交付跟踪三个阶段，其中涉及的基本库主要有产品数据库、色彩知识库、印染知识库和生产工艺库。实际上，这四个基本库与互联网/内部网环境一起构成了印染企业信息化的基础平台，该平台贯穿企业信息化工程的各个阶段。印染企业信息化平台的主要内容如图7-20所示。

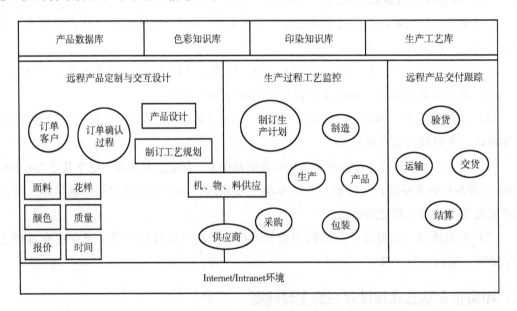

图7-20　印染企业信息化主要内容示意图

（1）远程产品定制与交互设计。印染企业首先必须与客户进行订单确认，在订单确认过程设计订单内容，如订单质量能否由企业设计部门、工艺部门等予以保证，订单价格和交货时间能否由企业供应链或企业机物料供应等部门予以保证，面料、花样和颜色等能否让客户满意等。显然，订单的确认过程是一个多次反复的过程，需要企业与客户之间通过上述基础平台经过多次交流与认同。然后，企业必须基于上述基础平台通过机物料供应、供应商等要素，将订单的处理流程传入过程工艺监控阶段。

（2）生产过程工艺监控。印染企业主要在该基础平台之上，在工厂层上完成原材料采购；在车间层上根据订单交货时间、质量要求等，综合考虑全厂现场信息、车间现场信息和单元现场信息等；在计划层上制订生产计划；在制造执行系统或设备控制层上完成制造及成品的包装等各个环节。此外，在实物流与信息流之间存在信息流的反馈。

（3）远程产品交付跟踪。远程产品交付跟踪阶段，主要是根据订单的详细要求，完成运输、验货、交货和结算 4 个方面的工作。

### （二）关键技术

印染企业信息化关键技术大致可划分为平台研究、基础研究、基本库研究、过程控制研究和因特网咨询。

#### 1. 平台研究

信息化建设就是使企业内外各种相对分散独立的信息组成一个统一的整体，企业管理者和员工能够通过统一的渠道访问和分享所需的信息。信息化建设的核心是建立网络化管理与 ERP 及电子商务三类平台，其中网络化管理平台是指公文流转、网上办公、网上审批、技术工艺等文档资料的管理平台。

#### 2. 基础研究

基础研究是指在产品数字化和工艺参数数字化基础上，建立数字化标识系统。建立标准的、规范的数字化标识系统，可以减少或避免因标识混乱而产生质量问题。数字化标识系统的建立应注意不同国家、不同区域间的差异，以免因标识不统一而给销售或贸易带来不必要的麻烦，例如，我国与欧洲规定黏胶纤维用 VISCOSE 标识，而美国规定黏胶使用 RAYON 标识。

#### 3. 基本数据库

基本数据库主要包括产品数据库、色彩知识库、生产工艺库和印染知识库。

（1）产品数据库。产品数据库应包括与产品生产及管理相关的所有信息，产品信息主要包括纤维材料、织物组织结构、颜色或花样、染料与化学助剂、工艺配方、加工工序、设备型号、各工序生产责任人、客户信息、返修情况、订单号、产品名称、交货数量、交货日期、品质指标、能耗数据及生产进度等。

（2）色彩数据库。对于印染产品而言，颜色是一项重要指标，决定了产品质量是否能够得到客户认同。目前，客户与企业间大多数通过实物邮递来确认颜色，该方法耗时长、效率低下。此外，印染企业对色彩信息的保存基本上也是以实物布样的形式保存，然而布样不仅占用空间大，而且样品查找困难，存储久了甚至还会发生色光变化。

通过测色配色软件将色彩信息转化为数字化信息进行存储，可以有效解决色彩信息确认与存储的难题。色彩数据库的主要内容包括染料信息（如供应商、力份、型号、色光等）、染料复配信息（如染料种类、染料配比、染料总用量等）、面料信息（如纤维种类、织物结构、染前织物白度与毛效等）、染色工艺（如始染温度、升温速率、保温时间、促染剂或缓染剂的用量及加入时间等）、色彩的 Lab 值或 XYZ 值。利用色彩的数字化信息进行确认时，应用同一台测色配色仪测试客户来样和染色样品，以确保色彩测试的一致性与准确性。

（3）生产工艺库。目前，印染企业生产以客户来样加工为主，致使加工工艺复杂而多变。为此，技术人员的工作经验显得尤为重要，工作经验丰富，便可有效提高仿样效率。然而，这种生产方式存在以下 3 个主要问题。

①没有一个经验丰富的技术人员能够仿制出所有产品，加之繁多的生产工序间存在相互影响，致使样品仿制过程中难免会出现新的质量问题，有些新的质量问题难以仅凭经验解决。

②印染企业的生存与发展在一定程度上受技术人员限制，技术人员一旦离职，产品生产在企业应聘到新的技术人员之前，就会受到严重影响，甚至难以维持。

③每个技术人员的生产经验不尽相同，技术人员的变更会在一定程度上影响企业的主打产品的类型，进而影响客户的信任度，甚至会导致客户流失。

构建生产工艺库就是要将产品信息（如织物材质、色彩、评价指标等）、生产工艺（如工艺配方、工艺流程、工艺条件等）、质量问题及其解决方案、生产过程注意事项等资料以数字的形式保存起来，并将其编制成标准文件，及时对技术人员及一线操作工进行培训，同时可供生产相关人员需要时进行查阅。由此可见，生产工艺库的建立，不仅可以解决依靠技术人员仿制生产的弊端，而且还可以提高产品质量及其稳定性。

（4）印染知识库。目前，大多数印染企业人员培训仍以"师傅带徒弟"的形式进行，生产经验占据主要地位，技术人员理论基础相对薄弱，致使企业创新能力不足，产品以仿制为主。此外，贸易业务员大多对印染知识、企业技术水平、产品信息（如产品种类、评价指标及其可达到的级别等）等内容理解不够到位，致使在与客户交流过程中存在一定的问题，如接的订单无法正常生产、可以生产的产品不敢接单等。

印染知识库是指将印染基础知识、产品信息、与企业产品相关的科技资讯及最新研究进展等知识进行收集与整理，形成具有企业特色的数据库。印染知识库的主要作用如下。

①有利于技术人员根据企业产品特色进行技术嫁接，开发出新产品。

②技术人员通过查阅知识库，有利于技术方案的改进，进而解决企业产品生产过程中存在的技术难题，提高产品质量。

③有利于贸易业务员深入掌握企业产品信息，提高接单质量。

**4. 过程控制研究**

目前，印染企业常用的过程控制系统主要有化验室计算机测色配色、自动滴料称量和小样染色机，车间现场自动称量、排缸、染色机自动控制和中央控制系统，工艺参数在线监控系统。过程控制系统的应用不仅可以提高产品质量及其稳定性，还可以实现节能降耗，提高经济效益。例如，江苏南通联发印染有限公司引入了杭州开源电脑技术有限公司研发的"面向数字化印染生产工艺检测控制及自动配送生产管理系统"，实现了工艺参数实时检测并预警，有效减少次品和回修产生，能源测控有效控制了水、电、汽的消耗，实现了生产用染液及助剂的自动计量、集中供给、自动配送，大大减少了化学品的浪费；数字化染色加工技术集成了数字化颜色技术、数字化自动检测和染色控制技术、智能染色调度技术和染色工艺优化技术的整体，并结合信息化网络技术和系统集成，从单个染色加工单元的高效，到整个印染厂自动化单元的整体协调配合，从而实现染色加工过程的管理和控制一体化。

## 四、印染企业信息化建设顺利推进的关键

信息化对于要寻求更大发展的传统印染业来说，不是一个选择与否的问题，而是一个必须面对并解决的问题，是一项长期的系统化工程，绝非某个阶段或某些项目就能完成的，需要不断深入。印染企业信息化建设推进的关键在人，所谓的人是指管理者和所有员工，而不仅仅是指具有丰富经验的实施者。

### 1. 强化企业管理者信息化建设意识

企业管理者信息化建设意识的强弱对信息化建设的顺利推进起着决定作用。企业管理者应正确认识信息化建设的实施过程及其带来的效益。

（1）信息化建设是一个长期的过程，需要不断收集、整理和分析生产过程中相关的所有数据信息。

（2）信息化建设不是拿来即用的软件或设备，不同企业的生产数据具有一定的差异性，需要根据本企业的具体特色进行建设。

（3）信息化建设是一种信息共享的过程，所有的信息资料都是为了便于管理者和各层员工查阅。

（4）信息化顺利实施可以提产品质量档次及其稳定性，扩大市场占有率，进而提高经济效益。

### 2. 正确引导职工的信息化管理思想

信息化建设的顺利推进不仅需要管理者从思想上高度重视，同时还需要各应用层人员的积极配合。信息化建设实施过程中需要一线员工及时收集、整理、分析生产信息，能够熟练操作计算机，这些劳动不会给员工带来既得利益，从而使员工容易产生抵触心理。此外，有些员工习惯了传统的生产模式，内心不愿接受新的理念，还有些员工不愿意将自己的生产经验与他人分享。为此，管理者需要正确面对职工的抵触心理，并采取积极应对措施，对其进行合理的引导。

（1）组织员工去信息化管理实施效果比较好的企业进行参观，让其耳闻目睹信息化带来的变化。

（2）建立信息化建设推进小组，不仅需要对职工的信息化管理理念进行培训，同时还要加强职工计算机操作能力的培训。在信息化管理理念培训过程中应注意以下几点。

①灌输信息化建设是企业发展的必然趋势，而且是必须要推进的，使职工意识到只有参与并推进信息化建设，企业才能发展，自己才能更好地工作。

②加强信息共享理念的培训，阐明经验共享是通过信息平台进行互相学习的过程，是丰富自己经验的一种有效而快捷的方式。

③信息化建设可以改善产品质量的稳定性，提高一次成功率，减少人为错误造成的质量问题，进而提高单位时间内的有效产量，直接关系到职工的工薪。

（3）建立相应的奖励制度，对信息化建设与实施效果好的部门或个人给予一定的奖励，对实施效果不好或未能严格执行的给予正确的引导，逐步实现全员参与。

# 复习指导

熟悉信息管理相关知识及常用信息管理系统，是对生产要素各信息进行有效管理的前提，进而实现提高生产效率和产品质量稳定性的目的。通过本章学习，主要掌握以下内容：

1. 熟悉数据、信息的概念及其相互间的关系。
2. 熟悉信息管理的主要内容及原则。
3. 熟悉信息管理的常用方法。
4. 熟悉常用管理信息系统。

# 思 考 题

1. 简述数据的含义。
2. 什么是信息？信息与数据之间有什么关系？
3. 信息具有哪些特征？简述各特征的具体含义。
4. 信息具有哪些功能？简述各功能的具体含义。
5. 什么是信息管理？信息管理包含哪些内容？
6. 信息管理的原则有哪些？
7. 信息管理的激活原则具体有哪些方法？
8. 什么是信息管理的系统原则？系统原则主要包含哪些内容？
9. 什么是信息管理的逻辑顺序法？该方法包括哪几个步骤？
10. 什么是信息管理的物理过程法？该方法包括哪几个阶段？

11. 信息收集的原则有哪些?

12. 信息收集的主要方法有哪些?

13. 什么是信息管理的企业系统规划法?

14. 按组织层次来划分,信息系统有哪些类型?

15. 简述管理信息系统的主要功能。

16. 简述信息管理对印染产品质量的影响作用。

# 第八章 产品开发与产权保护

## 第一节 产品开发概述

产品是武器，也是竞争策略，竞争需要产品，产品赢得竞争，这是企业发展的逻辑。任何时候、任何企业所拥有的产品优势都只是相对的、暂时的，没有产品创新思想，企业只会停留在原有产品的生产上，面对飞速发展的市场无能为力，最终被淘汰。所以，产品创新是企业的"灵魂"，是企业在竞争激烈的环境下取得成功的钥匙。

### 一、产品与新产品

#### （一）产品的概念

产品是指人们为了某种社会需要，通过一系列有目的的劳动而创造出来的物质实体。美国著名市场学家菲利普·卡特勒教授从理论上将产品分成核心层、结构层和无形层三个层次。核心层是指消费者通过使用产品可以获得的基本消费利益，即产品的功能和效用；结构层是指产品的外形结构和内在质量，主要包括产品的质量、价格及设计等；无形层是指产品销售方式和伴随产品销售提供的各种服务以及生产商或经销商的声誉等，也称为延伸层。

近年来，也有观点提出产品可分为核心层（即顾客真正需要的基本效用或利益）、基础层或形式层（即产品的基本形式，如款式、质量、品牌等）、期望层（即购买期望的属性和条件）、附加层（即售后服务和保证，如"三包""三保"等）和潜在层（即产品可能的发展前景）五个层次。

两者虽然分的层次不同，但都将产品的概念按现代的观念进行了延伸，对我们全面理解产品概念很有帮助，对产品的构思创新也十分有益。

#### （二）新产品的概念

新产品是指采用新技术原理和新设计构思研制并生产的全新型产品或在结构、性能、用途、材料、技术、成本等某个内容上有创新和提高的产品。新产品是一个相对的概念，是同原有产品相比，在结构性能等方面有较大突破的产品。

1. **按地域范围分类**

（1）国际新产品，指在世界范围内第一生产和销售的产品，这类产品具有重大的发明创造性，企业应注意保护，必要时应申请专利。

（2）国内新产品，指国外已有而在国内第一次生产和销售的产品，通常称为"填补国内空白"。开发这类产品，对赶超世界先进水平，加快我国经济建设具有重大意义。

（3）地区新产品，指国内已有但在本地区尚未试制过的产品。当其他地区生产的此类产品不能满足国内外需求时，开发此类产品就很有必要了。

**2. 按创新程度分类**

（1）全新型，指具有新原理、新材料、新工艺、新技术、新功能、新用途的产品。

（2）换代型，指在原产品的基础上利用新材料、新技术制成性能有所提高的产品。

（3）改进型，指一部分性能特点有所提高的产品。

**3. 按决策方式分类**

（1）企业自主开发的新产品，指企业通过市场调查来预测用户的需求趋势，并以此决定开发和销售的新产品。

（2）用户订货开发的新产品，指企业根据用户提出的具体产品方案而进行开发的新产品。

从市场角度出发，那些试制成功后只放在陈列室供参观或展览的产品，不能纳入新产品之列。新产品必须是正式生产并投入市场的产品，因为只有接受消费者的选择，产品才能真正为企业和社会创造效益。

## 二、产品开发

### （一）产品开发的含义

产品开发也叫产品创新，是把科研成果和理论知识应用于产品和工艺的技术活动。狭义上，是指运用技术设计和生产产品；广义上，是指产品研究设计、生产加工、推广使用、结果服务的全过程。因此，新产品开发是指运用科技研制新产品的全部技术活动。产品开发主要包括新材料的研制应用、产品结构的设计、产品功能的设计、产品外观的设计和设备工艺的研制改造五个方面。

按照产品层次理论，产品创新类型可分为技术型和市场型两种。技术型产品创新是一般意义上的创新，是产品核心层或结构层的变革创新；市场型产品创新只是采用新的营销方式或进入新的市场领域，使客户得到新的满足，而产品性能和质量并无显著变化，是产品延伸层的变革。

### （二）产品创新原则

**1. 市场需求原则**

市场需求是产品创新的源泉，要善于发现需求，及时捕捉需求信息，提高新产品的市场占有率。

**2. 时尚流行原则**

随着社会的进步，纺织品已不仅仅是驱寒遮羞的功能表现，而是人们个性化表现、美化生活的艺术品。因此，产品创新必须了解流行趋势和最新的时尚需求，掌握其变化规律，利用超前的意识引导市场。

### 3. 性能创新原则

生活质量的提高，要求纺织品在环保安全的前提下，具有满足人们某种需求的特殊性能，促使产品创新工作一定要在技术、材料方面不断创新，增强终端产品的功能性。

### 4. 经济和社会效益第一原则

追求经济效益是企业的本质要求，产品创新并不是一味的要求新、奇、特，关键还要适应市场需求及企业能力。此外，产品创新在保障企业经济效益基础上，同时还要满足环保安全的社会效益。

### 5. 强化知识产权保护、优化创新环境原则

企业要重视知识产权保护和创新意识的开发，要加大知识产品保护力度，切实保护企业技术、产品创新和品牌培育的利益与积极性。强化企业知识产权保护意识，引导企业提高运用、管理和保护知识产权的能力，促进我国纺织品原产地自主知识产权品种的开发与注册，塑造和提升我国纺织品原产地形象。研究制订纺织品的登记备案制度，以适应国际化的生产需要，促进新型纺织品品牌的创新发展。

## （三）产品创新方式

### 1. 自主研制

根据市场需求和目前产品存在的不足加以改进，生产具有企业特色的新产品。优点是"独树一帜"，可提高企业知名度，但研发时间长、成本高、技术要求高。

### 2. 技术引进

利用外部成熟技术，直接开发适合于市场急需的供不应求的产品。该方法耗时少、见效快，但需要一定的投资（用于费用较高的技术引进）。

### 3. 技术联合

结合自主研制和技术引进两种方式，进行综合创新。该方式投资适当、见效快、技术含量高。

## （四）产品创新策略

### 1. 定位策略

所谓的"定位"，指的是产品创新是定位于什么基础上的。产品创新应以市场需求为基础和目标，同时考虑市场竞争的因素及特定的技术。定位策略主要有市场需求拉动型、技术推动型和竞争互动型三个类型。

（1）市场需求拉动型。市场需求拉动型定位策略是指从已有的或潜在的市场需求出发，开发新技术与新工艺，或应用现有的技术工艺开发市场需求的新产品。

（2）技术推动型。技术推动型定位策略是指从已有的科学发现、技术发明出发，利用

现有的尚未被生产利用的技术与工艺构思新产品，寻找可能的市场需求，即为现有技术寻找新的产品领域和市场领域。例如，20 世纪 50 年代的人们对问世不久的晶体管生产技术的应用潜力认识不足，甚至其诞生地美国也认为"晶体管只能用于制备助听器之类的东西"。然而，富有创新精神的 SONY 公司冒着很大风险，决定支付巨额专利费（约 900 万日元）从美国引进一项被认为是没有前途的技术（晶体管生产技术），他们把该技术与潜在市场需求结合，在大众化产品收音机上取得了巨大成功。

（3）竞争互动型。竞争互动型定位策略是指从竞争的角度出发，根据竞争状况尤其是竞争对手的情况决定是否实施产品创新和如何创新，以适应市场竞争的要求。例如，一种新产品问世后，不久就会有很多模仿型产品出现，对新产品形成冲击。而仿制品的开发成本低，获利空间大。对于首创企业来讲，如何应对模仿型产品对新产品的冲击显得尤为重要。根据霍特林模型，当产品品种增多时，不仅价格下降，而且两种差异品之间的顾客越来越少。此时，进入两种变异产品之间的另一新产品的获利空间就很小。所以，对于首创企业来讲，以大量的变异品充斥市场，既构筑了一种市场壁垒，又能使其他企业很难以模仿产品进入市场。

**2. 层次策略**

不同企业输出的不同类型产品，可以是中间性产品，也可以是最终产品，其中最终产品由各部分中间性产品配装构成。根据最终产品各部分的作用，可以将中间性产品划分为核心产品、功能性产品和结构性产品三个层次，由此可以确定产品创新的三个层次策略。

（1）"核心产品"开发。核心产品指的是最关键部分，如电冰箱的压缩机、电视机的显像管等。目前，我国 VCD 和 DVD 市场竞争激烈，品牌众多，但绝大多数品牌用的都是菲利浦的主板。虽然菲利浦 VCD 的市场占有率不高，但它通过建立在国际先进解码技术基础上的具有较强纠错能力的 VCD 核心主板却几乎垄断了市场。菲利浦 VCD 核心主板就是介于菲利浦的技术优势（解码技术）与最终产品 VCD 之间的核心产品。

（2）"功能性产品"开发。企业可以在现有产品基础上，研究开发各种辅助功能和配套功能，使产品功能更全、效能更佳。如电视机中的环绕声、重低音、定时开机、自动关机等各种功能，就能够适应各种不同目标市场的需求。

（3）"结构性产品"开发。结构性产品创新是指侧重于产品的结构、形体、外观方面的创新，如体积更小更方便、色彩更柔和、包装更美观等。

当前，我国许多企业热衷于购买别人的核心产品，进行简单的加工组装。即使创新，也仅局限于在最终产品上搞功能性开发，却忽视了对核心产品的研究，这样或许可以得到一些短期利益，却不能形成核心竞争力，没有自己的发展基础，所以注定是"短命"的创新。

**3. 时机策略**

时机选择是否合理对产品创新能否成功具有重要的影响作用。过于超前，产品无人问津，往往导致失败；过于滞后，又会被竞争对手抢占市场，使自己丧失优势地位。产品创新的时机策略主要有抢先策略、紧随策略和模仿策略三种类型。

（1）抢先策略。抢先策略是指抢先研发新产品，在其他企业成功之前抢先投入市场，取得先入为主的竞争优势，赢得超额利润。但是，抢先策略风险性大，因为研发需要大量的资金和人力投资，万一失败，会给企业带来巨大损失。所以，这种策略适用于实力雄厚的市场领先企业对核心产品的研发，因为核心产品是竞争力的关键，丧失时机就丧失市场。

（2）紧随策略。紧随策略适合实力稍逊，而又不甘落后于市场领先者的企业。密切关注相关技术、工艺、产品的开发动态，随时准备切入新产品领域，让自己保持在业内的领先方队中。

（3）模仿策略。一般企业或许缺乏创新实力，但是也要注意产品的更新换代。当有新产品问世时，可以借鉴、改进和仿制，利用成本优势，介入新产品市场。这种策略的风险性小，适用于中小型企业。但一味模仿，步人后尘，企业将不会有大的发展，甚至会被淘汰出局。

### （五）产品创新的内容

#### 1. 产品标准创新

企业在产品开发过程中，应按照国家标准、国际标准进行创新，使之符合 ISO 9000 产品品种、花色、样式创新。随着科技的迅速发展，产品生命周期日趋缩短，产品的流行色、流行式变化更快，所以企业必须不断加速产品的更新换代，适时推出新品种、新花色、新样式，以变应变。

#### 2. 产品包装创新

包装创新要与产品的特性和价值相符，进行适度包装，防止过度包装和过简包装，包装材料的选用也要从有利于环保出发，尽量节约有限资源，并防止"货卖一张皮"的现象蔓延。

#### 3. 产品品牌创新

一方面要根据时代的发展和竞争的变化对品牌的设计与使用加以更新；另一方面要根据企业的发展扩大品牌的知名度，争创全国名牌和国际名牌。

#### 4. 产品服务创新

服务是有形产品的延伸，能够给消费者带来更大的利益和更好的满足，目前已成为产品的一个重要组成部分，其作用也变得越来越重要。如著名的 IBM 公司在其广告中强调"IBM 就是服务"，反映了该公司十分重视产品服务的思想。

产品服务创新就是强调不断改进和提高服务水平和服务质量，不断推出新的服务项目和服务措施，力图让消费者得到最大的满足或满意。

产品创新还要顺应国际大趋势，朝着多能化、多样化、微型化、简便化、健美化、舒适化、环保化、新奇化等方向发展，并注重实施产品陈旧化战略。产品陈旧化战略是企业根据市场需求变化规律有意识地淘汰老产品、推出新产品的战略，通过企业自己对产品加以否定而不断地注入"新鲜血液"，使得企业成长曲线呈平稳上升态势。

**（六）产品的创新程序**

所谓新产品的创新程序，是指从调查研究、总体构想、设计构思、产品设计、样品鉴定、试产试销、生产销售及售后服务所经历的步骤和阶段。不同的阶段有着不同的操作特征，使设计开发工作有着不同的侧重和内容。

**1. 市场调查和前期开发阶段**

（1）新产品的初步构想。构想也就是构思和设想，其内容包括新产品的市场定位、价位构思、原材料、结构特征、工艺过程与质量性能等。构想是新产品能够获得成功的关键，它统领着后续各个阶段的大方向和基本策略。好构想的产生取决于三个方面的因素：考察市场动态，收集用户意见；分析竞争对手，做到知己知彼；熟悉自身实力，精心测算投资风险和生产周期。

（2）构思方案筛选。产品设计必须提供数套方案进行筛选，参与筛选的部门应包括财务部、生产部、技术部、供应部及销售部等。方案筛选应遵循以下两个原则：首先，该构想是否符合企业的生产目标；其次，本企业的资源是否满足该构想的需要。

（3）销售预测。销售预测是指通过新产品的技术分析，进一步评价其商业成功的可能性。这一阶段的重点是从财务上分析预测该新产品的预期销售量、成本、利润以及投资回收期等，进而判断该产品是否有发展前途。销售预测要建立在科学的可行性研究基础上，使预测真正成为新产品决策的依据。

（4）汇总。中型企业可以采用讨论意见汇总和评价打分的方法，在此基础上，由技术部提出新产品开发建议书，并对可能涉及的新造型、新结构和新材料进行必要的试验，以掌握其工艺特性。新产品开发建议书的内容包括开发新产品的名称和类型、市场理由（指市场有无需求）、初步构想方案、产品的性能和用途、技术的先进性、经济的合理性、组织方式及经费概算等。

**2. 产品的设计和试制阶段**

（1）编制新产品设计任务书。根据建议书编制新产品设计任务书，其内容包括产品的造型风格、主要结构参数和规格参数、使用功能和外观质量、预期达到的技术经济指标（如计划投产的成本、销售量等）、产品研制方式与分析（如工艺研制费用与条件等）。

（2）样品设计与试制。产品设计师将开发部形成的构想绘制成产品造型图，只有通过具体材料和具体的生产过程，才能形成具体的视觉效果。样品试制后，需写出相应的试验报告，其内容包括造型效果是否与设计任务书相符、样品改进意见、样品与市场上的竞争产品的比较情况等。

新产品试制完成后，由技术部组织对新产品的造型效果、技术性能和经济效益进行全面评价和鉴定。样品鉴定内容包括：设计资料是否完整，样品是否符合技术规定；检查加工质量，使用材料是否恰当，工时记录是否准确完整；对样品的效果、结构、工艺性和经济性做出评价和结论，并提出改进意见。之后，填写样品鉴定书，给出能否转入小批量试生产的建议。

### 3. 小批量试生产阶段

小批量试生产的目的在于考验工艺规程和工艺装备，对于产品的工艺性进一步做出审查，通过试产试销，为大批量生产创造条件。小批量试制的产品通过以下几个方面肯定后，才能正式转入批量生产。

（1）确认产品具有良好的技术性能和经济效益；

（2）企业能够保证必要的生产能力，包括人、财、物和时间；

（3）原材料、燃料、动力及外协的供应确实可靠；

（4）销售市场的势头良好。

### 4. 正式投产和销售服务阶段

当产品设计图纸和工艺技术文件全部定型，质量标准、工艺准备和生产组织已经完善，售后服务的准备工作已经基本到位之后，新产品才达到了批量生产和市场销售的要求。销售服务主要包括以下内容。

（1）为客户或用户提供咨询服务。服务方式可以多种多样，如组织技术研讨会，积极解答用户提出的问题，使用户了解该产品的特点。

（2）到销售现场进行服务。如派技术人员辅导营业员布置销售现场，讲解产品性能特点，给代理商讲解销售技巧等。

（3）销售部门提供产品说明书。产品说明书上需说明使用方法及注意事项。

（4）为客户提供产品样本。

以上四个阶段彼此紧密联系，但每个阶段之间的节奏与要求各不相同。从第三个阶段到第四个阶段，要严防市场抄袭。最后通过市场销售，将销售信息反馈到新一轮产品开发的第一阶段，形成新产品开发的回路系统。

### （七）产品开发的风险及对策

企业进行产品创新的风险性很大，失败率也很高。如美国福特汽车公司 1957 年推出了一种新车，营销失败，损失近 2.5 亿元；杜邦公司于 1961 年投资 2500 万美元将一种研究多年的"Cortam"的人造皮革正式投产，由于产品营销失败，造成达 1 亿美元的损失。美国的一项研究指出，开发新产品的失败率，消费品约为 40%、产业用品约为 20%、服务业约为 18%。造成新产品失败的原因很多，如技术工艺不适合市场要求、市场调研不准确、同行企业产品捷足先登、竞争太强等。此外，要求日益严格的政府和社会的限制（安全及生态要求等）增加了新产品开发的难度。尽管如此，为了维护企业的声誉，占领市场和适应新潮流，现在世界上颇具规模的企业，在新产品开发上还是不惜代价。企业进行产品创新过程中存在的风险主要有研究开发的风险、需求不定的风险和顾客抗拒的风险三类。

### 1. 研究开发的风险及对策

企业在确定产品创新的方向和领域时，要注意研究社会经济、文化、环境对产品的要求，保证新产品符合国家的方针与政策，适于产业结构的优化、环境保护、消费者权益的保护以及行业准入、有序竞争等要求，这是企业进行产品创新的最基本原则。

针对产品研发周期长、投入大、风险高的特点，企业可采取如下对策进行缓解或消除。

（1）集中力量，缩短产品开发周期；

（2）开发系列产品，以降低产品研发成本；

（3）使产品小型化、方便化、智能化，既能降低产品成本，又能使高新技术逐步发展成熟；

（4）保持自然特色，节约原始材料，适应人们返璞归真、保护环境的要求；

（5）继承文化传统，体现民族特色；

（6）联合开发，分担风险。

**2. 需求不定的风险及对策**

由于创新产品属新生事物，能否被顾客接受和在多大程度上被接受都是不确定的，市场成长周期难以预测。企业可以采用下列方法对市场需求进行分析判断。

（1）培养营销人员的直觉判断能力。统计方法对于挖掘消费者的潜在需求往往无能为力，所以直觉判断能力对于进行产品创新的企业十分重要。目前，市场上畅销的许多产品都是直觉判断力的杰作，如 SONY 公司的随身听单放机、佳能公司的复印机、MOTOROLA 公司的移动通信电话等。

（2）多定性分析，少定量分析。新产品的需求预测应主要采用定性分析，定量分析只适用于产品上市之后。

**3. 顾客抗拒的风险及对策**

对消费者来说，由于缺乏相关知识，对刚上市的新产品往往会产生怀疑或抗拒的心理。新产品较高的价格也增加了消费者的接受难度。企业可采取下列对策缓解顾客抗拒的风险。

（1）让消费者参与产品创新，主张个性化、多功能产品，提高顾客的满意程度；

（2）简化产品操作程序；

（3）新产品与旧产品兼容，免除产品更新换代给用户带来的损失；

（4）加强对新产品知识的宣传和对消费者的培训，做好市场教育。

# 第二节　新产品开发管理

## 一、研发管理概述

### （一）研发管理的定义

研发管理就是在研发体系结构设计和各种管理理论基础之上，借助信息平台对研发过程中进行的团队建设、流程设计、绩效管理、风险管理、成本管理、项目管理和知识管理等的一系列协调活动。研发管理是一个较为宽泛的管理范畴，可以从狭义和广义两个方面来进行理解。狭义的定义是指对研发或技术部门及其工作进行管理，重点是产品开发及测试过程；广义的定义涵盖产品战略与规划、市场分析与产品规划、产品及研发组织结构设计、研发项目管理、研发质量管理、研发团队管理、研发绩效管理、研发人力资源管理、平台开发与技术预研等领域。

### （二）研发管理的内容

#### 1. 团队建设

研发是一项创造性的工作，卓有成效的研发需要优秀的研发团队来完成。可以说，有什么样的研发团队，就有什么样的研发成果。卓越的研发团队由团队中的个人、团队机制和团队文化三个因素决定。

#### 2. 流程设计

研发优势的唯一可持续源泉就是卓越的研发管理流程。以某项卓越设计、天赐良机、对手的某个失策或某一次幸运为基础的优势是不可能长久的。而优越的研发流程则始终能够发现最佳的机遇，推出有竞争力的产品和服务，并以最快的速度把这些研发成果投入市场。研发流程改进也是个持续的过程，需要不断的持续改进研发流程。研发流程管控保证了研发流程设计与改进的持续性、规范化、程序化。

#### 3. 成本管理

随着微利时代的来临，企业要从各个方面节约成本，当然研发成本也在控制范围。研发成本控制并非指压缩研发规模或者减少研发投资，而是指减少研发中不必要的开支，用较少的投入获取较大的研发成果。研发成本管理要和研发成果的收益结合起来。

产品在其生命周期的不同阶段，所能获取的利益不同，研发要在产品的不同生命周期有不同的投入。例如，在新产品开发的时候，研发投入较大，但是研发收益几乎没有，一旦新产品开发出来，受到市场的欢迎，则要加大研发投入，改进产品性能。产品的成熟期，市场竞争激烈，产品改进研发投入要收缩，直至完全取消。

#### 4. 项目管理

研发属于动态作业，整个流程横跨所有部门。因此，项目管理是研发管理的核心手段，不可或缺。

#### 5. 绩效管理

研发团队的绩效管理能够有效激励研发团队的积极性，提高工作效率。研发管理的绩效管理过程也同样包括绩效计划、绩效辅导、绩效评价和结果运用四个部分。绩效评价指标通常会围绕研发绩效管理，应该考虑企业的整体战略，应用平衡记分卡等工具制订研发绩效评估系统。

#### 6. 风险管理

研发信息风险是指研发信息可能被研发人员泄密或者破坏，也可能因为遭受灾难、意外事件或者别人的攻击导致风险。研发成果风险是指研发出来的产品或者服务可能是过时的或者是不受欢迎的，或者研发的投入太大引至企业经营风险，或者研发的投入大于研发产生的效益。研发风险管理则是以风险为主要的控制目标，制订一系列规章制度有效地将风险降低到可接受水准以下，否则就必须强化控制措施。

### （三）研发管理的方法

#### 1. 传统方法

（1）双岗制。"双岗制"是我国许多科研企业针对人员流动造成知识产权流失提出的一种解决方法。所谓"双岗制"，是在研发过程的重要位置上设立两个岗，完成同样的工作，互为备份。但"双岗制"同时存在下述缺点。

①由于重要的岗位用两套人马使用两套设备完成同样的工作，造成人力资源和设备资源浪费；

②如果两套人马完成的结果不一致，造成确认成本的增加；

③由于研发过程有许多环节，如开发过程：设计、仿真、调试、测试；研制阶段：原料件、工程件、工艺件、试验件、试用等。如果两套人马生成的两套版本都要通过验证过程的所有环节，将大大增加研制成本、研制周期，并造成资源浪费。

（2）重要的部分由多个人分解承担。重要的部分由多个人分解承担，是我国许多科研企业针对人员流动造成知识产权流失提出的另一种解决方法。所谓"重要的部分由多个人分解承担"，是研发过程中将重要的部分和环节进行任务分解，由多个人共同承担和协作完成。该方法的缺陷主要有以下几个方面。

①如果将重要的部分和环节进行任务分解，将增加系统内部通信开销和协作成本；

②如果重要的人员不再承担其他重要的工作，将造成人力资源的浪费；如果重要的人员还承担其他重要的工作，一旦人员流动，将会造成多个重要任务的知识产权流失，涉及和影响的面会更大；

③由于研发过程环节很多，重要任务的分解和多个人员的参与将会大大增加研发成本和研制周期。

（3）"记者式"的研发方法。"记者式"研发方法根据上级领导的要求立项和接受项目，自行搜寻和定义市场需求、归纳核定系统功能需求、独立自由完成功能的实现，并自行定义测试和验收的标准。该方法存在的问题如下。

①以个人为主体，从接收任务、搜集需求、定义功能、独立研究、自行测试到任务交付，整个研发过程都由个人控制完成，从而受到了个人认知能力的限制；

②由于个人专业分工的限制，"记者式"研发管理方法往往只突出了个人专业领域的应用，而忽视了其他专业领域的有效介入；

③自行定义测试和验收标准属于自己立法、自己执法，与研发产品质量控制和最终确认的基本原则相违背；

④"记者式"研发管理方法将导致知识产权落入个人控制之中。

（4）"逐级下达式"研发管理方法。上级领导选择决策，由承担任务书个人的能力和理解力确定系统功能，项目组各自为政，自定义测试与验收标准。该方法存在的主要问题如下。

①以责任传递为研发控制流程的主线，以任务书为研发任务完成的目标，忽略了研发过程和研制状态节点的控制与检验；

②责任书和任务书难以全面反映市场需求和产品功能定义，把市场需求和产品功能定义交给任务组来完成，从而受到任务组认知能力的限制，难以体现多专业系统综合和企业整体水平的有效发挥，造成产品研制目标与市场需求脱钩；

③各任务组以任务书为研发任务完成目标，以责任书为交付状态，各自为政，造成各任务组之间技术协调和系统综合难度增大，难以有效实现系统总体目标；

④各任务组根据责任书和任务书自行定义自己承担任务的测试和验收标准，不仅造成自己立法、自己执法状态，违背了研发产品质量控制最终确认的基本原则，而且由于各任务组承担任务的角度和认知能力的不同，各自定义的测试和验收标准难以统一合并形成系统统一的测试和验收标准。

**2. 现代方法**

（1）产品周期优化法。产品周期优化法（Product and Cycle - time Excellence，简称为 PACE）是一个为产品开发制作的流程参考模式，它是经过检验的、以广泛的经验和对最佳实例的理解为基础的方法。PACE 将产品开发中的关键因素综合起来，并解决许多现有产品开发流程的缺陷。

PACE 认为，产品开发要关注阶段评审决策、项目小组构成、开发活动的结构、开发工具与技术、产品战略流程、技术管理及管道管理七个核心要素。

（2）集成产品开发。集成产品开发（Integrated Product Development，简称为 IPD）是一套产品开发的模式、理念和方法。软件工程研究院对 IPD 的定义为：IPD 是一种面向客户需求，将贯穿于产品生命周期的活动进行集成协同的产品开发系统。IPD 基本框架可用图 8 - 1 表示。

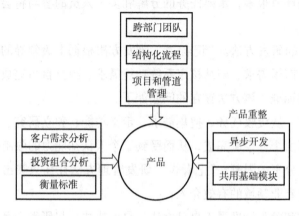

图 8 - 1　IPD 框架示意图

（3）门径管理系统。门径管理系统（Stage－gate System，简称为 SGS）是一种新产品开发流程的管理技术。这一技术被美国、欧洲、日本的企业广泛应用于指导新产品开发，被视为新产品开发过程中的一项基础程序和产品创新的过程管理工具。

门径管理系统以过程解析为前提，把创新流程分成一系列预先设定的阶段，每个阶段由一组预先规定的跨职能的并行活动组成。通向每个阶段的是一个入口，这些入口控制着流程，并起到治疗控制和过关/淘汰决策检测点的作用。从这些阶段和入口的结构得到了"门径管理流程"这个名字，如图 8 - 2 所示。

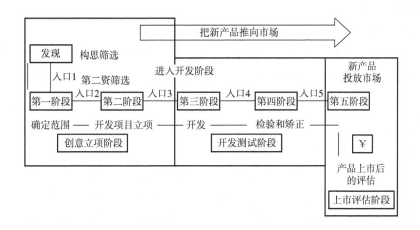

图 8 - 2 一个五阶段、五入口的门径管理流程示意图

（4）结构化产品创新管理。结构化产品创新管理（Structured Product Innovation Management，简称为 SPIM）是知行信公司为客户提供咨询服务活动中总结的一套产品开发管理体系。SPIM 从流程视角，将产品创新分为四个阶段（图 8 - 3），称为结构化产品创新管理体系。

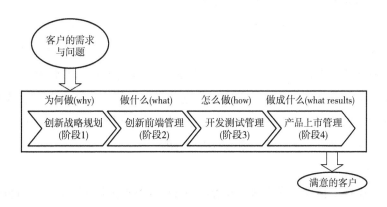

图 8 - 3 结构化产品创新管理体系示意图

SPIM 体系强调基于客户需求进行端到端的产品创新管理，即"从客户中来，到客户中去"。企业应该在洞察客户需求的基础上，采取创新的技术、商业模式与流程来开发和

交付满足客户需求，甚至超出客户期望的新产品。

### （四）中国企业研发管理的十大典型问题

#### 1. 未形成正确、系统的研发观念

系统研发过程是一项复杂的系统工程，企业高层管理者必须认真考虑新产品开发战略，灌输正确的、系统的研发观念，而这正是我国企业的薄弱之处。明的新产品开发战略，能够指引企业的新产品开发活动朝着正确的方向迈进，系统的研发理念是企业新产品开发中各项活动的指针。

#### 2. 缺乏前瞻性的、有效的产品规划

在经济全球化、市场环境瞬息万变的背景下，企业要高瞻远瞩，时刻关注市场和顾客需求以及竞争对手策略的变化，做好众多产品的开发规划和组合管理。我国企业往往缺乏前瞻性的、有效的产品规划，导致了企业研发资源的浪费和迟缓的市场反应，进而导致企业发展后劲不足。

#### 3. 在开发过程中缺乏投资决策评审

研发活动占用资金量大、投资回收期长，风险往往很大，但对企业的长期生存和发展具有重要意义。所以，应将投资决策纳入企业重大决策之一。我国企业在研发过程中缺乏投资决策评审，为研发活动埋下了隐患，往往造成资源的巨大浪费和企业危机。

#### 4. 职能化结构带来的协调困难

研发活动需要员工积极参与、对员工充分授权和顺畅的沟通，这就需要企业灵活地选择研发组织结构。我国不少企业仍然采用职能化结构，部门间沟通不畅，有问题时相互推卸责任，给协调和合作带来极大的困难。今后，我国企业应多采用矩阵式、跨职能团队等组织结构，为研发活动增效。

#### 5. 不规范、不一致、接力式/串行的开发流程

我国企业研发往往缺乏规范性和一致性，开发流程多为接力式/串行式，这使得研发效率低下、模块可重复利用率低、对顾客需求的满足度不足。企业应多采用并行工程，使产品开发人员一开始就考虑到产品全生命周期内各阶段的因素，并强调各部门的协同工作，通过建立各决策者之间的有效信息交流与通信机制，综合考虑各相关因素的影响，使后续环节中可能出现的问题在设计的早期阶段就被发现并得到解决，最大限度地减少开发设计的反复性，缩短设计、生产准备和制造的周期。

#### 6. 项目管理薄弱

研发都是一次性的活动，采取项目的形式进行。我国企业项目管理能力普遍薄弱，这给研发带来了众多本可避免的风险。因此，我国企业必须加强项目管理，使研发活动围绕着明确的目标，在特定的时间、预算、资源限定内，依据要求和规范完成。

#### 7. 技术开发与产品开发分离

在市场导向和顾客驱动的市场环境下，技术开发和产品开发应分开。我国仍有不少企

业尚存在技术开发与产品开发未分离的情况，往往导致不能有效利用外部资源和技术引进、不能及时有效的满足用户需求、对市场变化不敏感等弊端，进而影响企业研发活动的成功。

**8. 缺乏经验教训的积累和知识共享机制**

我国企业在研发活动中缺乏经验教训的积累和知识共享机制，这从企业重复犯同类错误、随人员流失而出现的技能知识短缺、不同项目中重复劳动等方面得到体现。企业应重视知识共享机制的建立和经验教训的积累与学习。

**9. 研发人员职业化素质不高，缺乏有效培养**

我国的研发人员职业化素质还不高，并缺乏持续有效的培养，这使得企业严重缺乏可以独当一面的创新型研发人才，制约了企业持续健康发展。企业应重视优秀研发人才的引进、职业化发展规划辅导和培训、学习型团队和组织的建设。

**10. 缺乏有效的研发考评与激励机制**

缺乏有效的研发考评与激励机制也是我国企业在研发管理中存在的一大典型问题。单一和静态的研发考评指标不足以反映研发活动的真实绩效，不能及时暴露研发过程中存在的问题；以团队为主的激励方式难免有失公平，对个人潜能的激发仍需探索更加适合的综合激励机制和方案。

## 二、产品开发管理模式

### （一）新产品开发管理的运行模式

新产品开发过程与各环节之间的关系可以用图8-4表示，其中各环节之间可根据企业的情况采取串行模式或者并行模式进行。

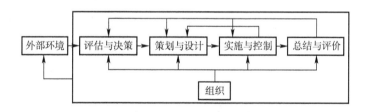

图8-4 新产品开发管理的运行模式示意图

**1. 评估与决策环节**

评估与决策环节是指企业要以市场为导向，以企业的能力和储备为基础，把科技进步与市场需求在企业行为中有机结合起来，通过对市场的分析与预测，寻找企业实际的发展目标和开发对象，充分考虑企业的发展战略和现实条件，做出恰当的决策。评估与决策环节的主要内容包括市场分析、项目选择、可行性分析、项目决策等。

**2. 策划与设计环节**

策划与设计环节是指根据企业的决策，结合市场的要求确定新产品的性能、质量、进度、费用等项目要求，依据企业技术积累和特点进行开发设计。其主要内容包括项目制造方案的确定、项目计划、项目设计等。

### 3. 实施与控制环节

实施与控制环节是指根据新产品及企业情况组织各种资源来实施项目以实现项目的预定目标。其主要内容包括对项目进度、质量、成本等要素进行控制的手段和方法及资源分配的方法。

### 4. 总结与评价环节

总结与评价环节是指对项目的结果与目标进行比较，并对项目各环节工作进行总结分析和评价，同时对项目整个过程中的技术、管理经验等方面进行有组织的归纳总结。其主要内容有项目总结、技术总结、相关数据的分析归档等。

企业技术开发过程中的运作机制模式不是一个简单的直线模式，而是一个系统的动态模式。通过过程中的循环反馈，促使技术创新不断深入。新产品开发过程需要多个部门的密切配合，通过运行模式的流程可以较好地界定各部门在各个环节中的作用和任务。通过模型的整体及内部的动态运作，使企业整体处于不断改进的状态。因此，可以通过该模式对开发过程进行有效的控制。

### （二）新产品开发管理的组织结构模式

企业应根据自身特点选择恰当的组织结构，即产品经理领导下的矩阵小组制。产品开发的组织结构可用图8-5表示。

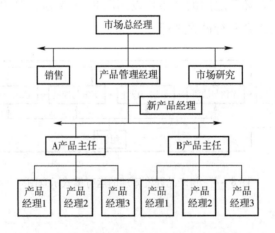

图8-5 新产品开发管理的组织结构模式示意图

企业产品开发组织结构应具有以下优势。

### 1. 新产品开发工作和现有的程序化工作相分离

从各部门选调优秀人员组建技术开发小组，把他们的创造性活动在结构上、业务上都与正常的生产经营活动分离。

## 2. 新产品开发组织具有充分的决策自主权

新产品开发作为创新工作不同于程序化工作，它无章可循，每时每刻都可能碰到非程序化决策，因此需要掌握大量的信息。如果创新组织没有决策权，则很容易使创造性人才无法发挥其创造力，也不利于企业抓住创新机会。

## 3. 新产品开发不能很快给企业带来眼前利益

对创造性工作的人员评价基准不能是直接收益的多少，相应地报酬和奖励也不能依据常规的办法分配。企业研发考评应主要注重结果，产品创新组织实行的是一种柔性管理。

## 4. 产品开发的管理职权由组织的最高层直接负责

产品开发的管理不纳入一般管理组织的现有等级体系之中，这不仅是因为新产品开发关系到组织的未来，还因其规模、经费、收入等低层级组织领导一般无法给予其应有的保障。

### （三）新产品开发管理的团队模式

#### 1. 新产品开发团队类型选择

新产品开发团队的组织形式是由新产品开发项目的性质决定的。根据企业的不同需要，新产品的开发团队一般可以选用表8-1中的三种类型。

表8-1　新产品开发团队类型

| 新产品项目性质 | 团队类型 | 团队特点 | 管理要素 |
| --- | --- | --- | --- |
| 新平台产品开发 | 独立的专职团队 | 独立于企业日常运营 | 保持独立财务目标 |
| 完善现有产品线 | 跨部门临时团队 | 开发与日常工作并行 | 部门协调机制 |
| 产品技术改进 | 技术改进团队 | 范围最小、方式灵活 | 把握项目运行机制 |

"跨部门临时团队"的组织形式是消费品的新产品开发中最常见的、难于管理的组织形式。说它"基本"，是因为在其他两种团队类型的早期，经常以"跨部门临时团队"的形式出现；说它"难于管理"，是因为部门之间存在着观念和信息的"壁垒"，这些"壁垒"的打破是新产品开发管理的关键。在很多高技术企业，技术开发团队多采用独立的专职团队形式，开发人员被安置在一个舒适的"与世隔绝"的场所，在特定的时间内展开"科研攻关"。

#### 2. 建立研发团队良好的工作机制

建设研发团队的工作机制的目的在于沟通信息、明确责任、协调进度。在很多消费品生产企业，新产品开发项目的主要责任者是市场部门和研发部门，因为他们是新产品的设计师、知识源和专家。开发团队的工作机制首先是这两个部门的协调机制，然后才是由这两个部门主导的团队工作机制（表8-2）。

表8-2 产品开发工作的工作机制

| 参与部门 | 主要内容 | 关键 | 备注 |
|---|---|---|---|
| 研发与市场部门联席会议 | 市场部、研发部定期交流所有项目情况，确定开发方向，产生新项目 | 长期坚持 | 有些企业将之称为"新产品开发委员会"，范围也有所扩大 |
| 项目运行会议 | 项目组所有成员 | 在某个项目里程碑完成后，评估项目运行情况，做下一步计划 | 完成情况的可靠性 |
| 项目回顾会议 | 项目组所有成员 | 项目完成或终止后，对项目整体运行的总结 | 明确失败原因，避免犯同样的错误，形成指示和经验积累 |
| 总结报告制度 | 市场部或研发部项目经理负责 | 项目每一阶段结束后，汇总项目运行情况，并发给每位项目组成员 | 保证决策信息的真实性 |

### 3. 新产品开发团队文化模式

新产品开发团队文化是企业整体文化的组成部分，因此新产品开发团队文化具有企业文化的共有特性，又有它的独特性和自身要求（表8-3）。

表8-3 新产品开发的团队文化

| 新产品开发活动的特点 | 新产品开发活动的文化要求 |
|---|---|
| 创新性 | 鼓励原创性的工作 |
| 协同性 | 鼓励随时随地通畅的交流 |
| 风险性 | 重视细节和不同意见 |
| 时间性 | 强烈的时间观念和责任意识 |

新产品开发团队文化与新产品开发所需要的专业知识和技能无关，但是它却深刻地影响着新产品开发工作的质量，甚至可以说是团队文化塑造了新产品。

## 三、新产品开发质量管理

### （一）产品开发质量管理体系

对新产品开发的质量进行管理使企业获得的收益非常显著，它在保证产品质量的同时还加快了产品开发的进程，节约了开发成本。新产品开发的质量已成为影响公司研发绩效的一个关键因素。新产品开发活动具有决策的高风险性、收益评价的长期性、人员协调的困难性等特点，这些都会影响开发活动的质量管理。因此，建立有效的新产品开发质量管理体系对于提高新产品成功率、完善企业内部管理、增强企业竞争力等都具有十分重要的意义。ISO 9001、CMM、国家军用标准、TS 16949 等标准和框架可以为新产品开发质量管理体系的框架和运作提供借鉴与指导。

### 1. ISO 9001

ISO 9001：2008 标准规定设计质量控制实施的主要活动有设计策划、设计输入、设计输出、设计评审、设计验证、设计确认和设计更改七个控制环节。实施产品开发质量管理时，为了使产品具有国际竞争力，必须按照 ISO 9001 标准的规定执行。

### 2. CMM

CMM（即 Capability Maturity Model）是指能力成熟度模型，是一种描述有效软件过程的关键元素框架，这个框架与产品生命周期无关，也与所采用的开发技术无关。根据这个框架开发企业内部具体产品的过程，可以提高按计划时间和成本提交有质量保证的产品的能力。CMM 描述一个有效过程的各个关键元素，指出了一个企业从无序的、不成熟的过程到成熟的、有纪律的过程进化的改进途径。以具体实践为基础，包括对产品开发和维护进行策划、工程化和管理的实践，遵循这些关键实践就能改进组织在实现有关成本、进度、功能和产品质量等目标的能力。

### 3. 国军标

中华人民共和国国家军用标准（简称国军标）所规定的质量管理体系要求是对产品要求的补充，能用于内部和外部（包括认证机构）评定组织满足顾客、法律法规和组织自身能力的要求。该标准的制定已经考虑了 GB/T 19000 和 GB/T 19004 中所阐明的质量管理原则。

### 4. TS 16949

ISO 9000 和 ISO 10006 指出其可以应用于不同组织、项目和产品，是一种通用质量管理标准，故其专业指导性较弱。国际标准化组织在 ISO 9001 标准的基础上，吸收各国企业行业质量管理体系标准的精华，提出 ISO/TS 16949 企业行业质量管理体系标准。TS 16949 标准的目标是建立持续改进、强调缺陷预防、减少变差和浪费的质量管理体系。

### （二）产品开发质量管理方法

新产品开发质量管理方法与工具保证了开发质量管理的有效性，对成本的节约、资源的有效利用、快速适应外部环境变化都大有裨益。企业应选用适用的方法与工具，更好地理解顾客需求，更科学地进行团队沟通，更精确地控制质量，使产品开发高质、高效地运行。

### 1. 全面质量管理方法

为了保证和提高产品开发项目质量，综合运用从产品的研究、设计、制造到售后服务的一套开发项目质量管理体系、手段和方法所进行的系统管理活动。企业组织全体员工和各部门参加，把专业技术、经营管理结合起来，综合运用现代科学和管理技术成果，控制影响开发项目质量全过程的各因素，从而有效地利用人力、物力、财力、信息等资源，提供用户满意的产品和服务。

### 2. 质量功能展开

质量功能展开（Quality Function Deployment，简称为 QFD）是开发项目质量计划的一个结构化方法。许多研发组织现在已经采用更为结构化的方法制订开发项目质量计划，开发项目质量计划是一个逐步跟进的结构化过程，它从消费者开始，收集对开发一种新产品和新方法有用的信息。质量功能展开把顾客对产品的需求进行多层次的演绎分析，转化为产品开发的要求、零部件特性、工艺要求、生产要求，有效地指导产品的健康开发。

### 3. 统计分析法

将开发项目质量控制转移到以预防为重点，人们正努力研发一种能消除不合格产品根源的方法。基于这一目的，近年来出现了许多开发项目统计技术方法，运用这些方法不需要做大量的统计计算，容易被工厂基层员工掌握。这些技术采用数据分析的方法来评价产品开发项目质量的有效成本，建立产品的公差界限和控制整个生产过程。常用的统计技术和工具见图 8 - 6 所示。

图 8 - 6　常用的质量统计方法和工具

### 4. 质量控制小组法

质量控制小组（即项目开发质量管理小组）是指开发项目小组里从事各种任务的员工，围绕新产品的开发项目质量和现场存在的问题，以改进开发质量、降低消耗、提高经济效益和人的素质为目的而组织起来，运用开发质量管理理论和方法开展活动的群体组织。其特点是，质量控制小组确定现有开发质量环节的薄弱之处，通过对主要原因的分析，找出解决问题的方法，取得相应成果后，能够将遗留问题作为质量控制小组下个循环的课题，这样就使质量控制小组的活动能够持久深入地开展。

# 第三节　知识产权与产权保护

新产品开发的过程与一般的生产过程不同，一般的生产过程纯粹是实物产品的产出过程，而新产品开发过程不仅仅产出实物产品，更主要的是体现在新产品上的新技术，它是一种无形的知识。对于创新主体以外的其他竞争者而言，他们会被新产品所产生的高额利润吸引，并对产品进行逆向工程和物理化学分析等，以获取生产技术，并制造相同产品进入市场，从而夺走一部分市场。因此，在技术创新的过程中，如果没有保护这些无形知识资产的知识产权制度，将会对创新主体造成巨大损失，甚至无法收回预期的投资。因此，对新产品开发过程中所形成的知识产权进行保护显得尤其重要。

# 一、知识产权概述

## （一）知识产权的定义

关于"知识产权"的这一概念，无论在学术研究，还是在立法、司法实践的运用中都存在着许多不严谨、不恰当的情况。对于知识产权，国内外学术界都有不同的看法，就国内而言，主要有以下几种说法。

（1）知识产权是智力成果的创造人或工商业活动中的标记所有人依法所享有的权利的统称。

（2）知识产权是指人们可以就其智力创造的成果所依法享有的专有权利。

（3）知识产权是一种人们就其创造的非物质财产——智力成果和工商信誉所依法享有的权利。

广义的知识产权，是指公民、法人和其他社会组织就其智力创造的成果所依法享有的专有权利。可分为两大类：第一类是创造性成果权利，包括专利权、集成电路权、专有技术权、版权、计算机软件权等；第二类是识别性标记权，包括商标权、商号权、其他与制止不正当竞争有关的识别性标记权利（如原产地名）。狭义的知识产权仅包括工业产权和著作权。工业产权是指人们在生产活动中对其取得的创造性的脑力劳动成果依法取得的权利，工业产权除专利权外，还包括商标、服务标记、厂商名称、货源标记或者原产地名称等产权；著作权是指文学、艺术、科学技术作品的原创作者依法对其作品所享有的一种民事权利。

## （二）知识产权的特点

### 1. 识产权是一种无形财产

知识产权从本质上说，是一种无形财产权，它的客体是智力成果或者知识产品，是一种无形财产或者一种没有形体的精神财富，是创造性的智力劳动所创造的劳动成果。它与房屋、汽车等有形财产一样，都受到国家法律的保护，都具有价值和使用价值。

### 2. 专有性

知识产权的专有性是指知识产权的独占性或垄断性，除权利人同意或法律规定外，权利人以外的任何人不得享有或使用该项权利。这表明权利人独占或垄断的专有权利受严格保护，不受他人侵犯，只有通过"强制许可""征用"等法律程序，才能变更权利人的专有权。知识产权的客体是人的智力成果，既不是人身或人格，也不是外界的有体物或无体物。所以，知识产权既不能属于人格权，也不属于财产权。另外，知识产权是一个完整的权利，只是作为权利内容的利益兼具经济性与非经济性，但也不能把知识产权说成是两类权利的结合。为此，知识产权应该与人格权、财产权并立而自成一类。

### 3. 时间性

知识产权只在规定期限内受法律保护，即法律对各项权利的保护具有一定的有效期，各国法律对保护期限的长短可能一致，也可能不完全相同，只有参加国际协定或进行国际申请时，才对某项权利有统一的保护期限。

### 4. 地域性

只在所确认和保护的地域内有效。除签有国际公约或双边互惠协定外，经一国法律所保护的某项权利只在该国范围内发生法律效力。所以，知识产权既具有地域性，在一定条件下又具有国际性。

### (三) 知识产权的作用

世界知识产权组织（World Intellectual Property Organization，简称为 WIPO）把知识产权制度的作用归结为五个方面：一是鼓励研究开发新技术；二是为新技术成功地应用于产业创造环境；三是促进技术的扩散；四是为制订技术发展规划和战略提供依据；五是为吸引外资、共同合作和引进技术提供制度化保障。而《世界贸易组织与贸易有关的知识产权保护协议》指出："知识产权保护和实施的目的，应有利于促进新产品开发、技术转让和技术传播，有利于生产者和技术知识所有者的互相利益，保护和实施的方式应有利于社会和经济福利，并有利于权利与义务的平衡。"

无论是构造生产者和技术知识所有者的相互利益，还是有效地促进知识的传播和利用，都离不开切实有效的知识产权制度的保护。知识产权制度对知识经济发展的作用，主要表现在以下几个方面。

#### 1. 对知识创造的激励作用

知识产权制度依法对授予知识产权创造者或拥有者在一定期限内的排他独占权，并保护这种独占权不受侵权，侵权者要受到法律的制裁。有了这种独占性，就使得知识产权创造者或拥有者可以通过转让或实施生产取得经济利益、收回投资，这样才有继续研究开发的积极性和物质条件，从而调动知识创新者的积极性。

此外，知识产权拥有者的同行或竞争对手要想得到这一知识产权或取得许可使用的权力，往往要付出高额费用，而在很多情况下，知识产权的拥有者不同意转让或许可。这就使得同行或竞争对手为取得市场竞争优势，必须在已有知识成果的基础上进行创新，并依法取得自主知识产权。这种站在他人肩膀上不断前进的循环往复，有力地推动了科技的进步与发展。

#### 2. 知识产权制度具有调节公共利益的作用

知识产权制度虽然保护知识创造者的利益，但并不等于垄断。知识产权制度有两大功能：一是保护功能，使知识创造者的正当权益能够得到保护，从而调动了人们从事创造活动的积极性；二是公开功能，是指知识创造者在申请知识产权保护的同时，要向社会公开自己创造的内容。保护与公开这两者看似矛盾的两个方面，正是通过知识产权制度以保护换取公开的调节，这就实现了公平、公正与合理。如对于技术发明来说，由于技术发明得到了法律保护，因此对技术发明内容向社会公众公开也就不必担心了。而这些智力成果信息，对知识的再创造具有极为重要的作用。在科技研究或立项之前，如果能充分利用有关信息，进行检索，就能准确把握国内外的发展现状，不仅能避免重复研究、节约费用，同时也有利于在研究生产中抢时间、争主动。据世界知识产权组织介绍，在研究开发工作中，如能充分利用专利文献信息，不仅能提高研究起点，而且能节约经费60%，时间40%。

### 3. 知识产权制度具有保护投资的作用

科学技术的发展需要新的投入，才能有新的突破。一项科技成果的取得，需要经过基础研究、应用研究、开发研究的复杂过程，需要大量的投入和付出艰辛的劳动。而这种科技发明成果作为知识财产是一种无形财产，属于信息财富的范畴，在经济学上它作为"易逝财产"极易丢失，难以控制，因为复制这些知识几乎没有什么成本。在信息时代的今天，这种现象就更严重，越是有市场前景的智力成果，就越容易被任意仿制或剽窃。因此，这种无形财产的流通需要法制化、规范化，使得知识产品的流通向着健康的方向发展，而知识产权制度的建立正是适应了这个需要。

知识产权制度通过确认成果属性，保障主要物质技术投入单位或个人充分享有由此产生的合法权益，通过保护专利、商标、服务标记、厂商名称、货源名称等专属权利和制止不正当竞争，维护投资企业的竞争优势，维护市场的公平和有序竞争，并用法律正确规范人们的行为，促使人们自觉尊重或被迫尊重他人的知识产权，使社会形成尊重知识、尊重人才、尊重他人智力劳动成果的良好社会环境和公平、公正的市场竞争机制，从而使其有更多的财力、物力和智力资源投向研究开发。

### 4. 有利于促进国际间经济、技术交流与合作

知识经济在本质上是一种全球化的经济。当今，世界经济与科技向着全球化的发展，既为知识经济的发展创造了条件，同时又是知识经济发展的一个突出表现。随着信息网络的发展，知识在世界范围内传播、扩散速度大大加快，这为各国获取知识成果、进行交流与合作提供了一个非常好的机遇。同时，在知识成果贸易和知识含量高的产品贸易在世界贸易中所占比例越来越大的情况下，必须有一个各国共同遵守的规则。尽管知识产权法是国内法，由各国制定，但是，其中有许多共性的内容，如时间性、地域性、独占性等。为了与国际惯例接轨，许多国家加入了世界性的知识产权组织或条约，遵守共同的原则，如国民待遇原则、优先权等。

不仅如此，世界贸易组织还从发展世界贸易的角度制定了"与贸易有关的知识产权协议"，提出在世界贸易发展中，各国在知识产权方面必须遵守的若干规定。如果没有这种规则，没有知识产权制度，知识成果的引进、合作、交流就难以进行。在当今世界，任何一个国家经济发展所需要的知识，都不可能只靠自己创造，即使像美国这样的国家也是如此。对于发展中国家来说，在大力发展拥有自主知识产权的高新技术及其产品的同时，从国外大量引进先进技术和引进外资，仍然是促进本国经济发展的一条重要途径。

在知识经济时代，国际间双边、多边的知识成果的交流与合作，必将更加依赖于知识产权制度。知识经济的发展为各国企业参与国际市场竞争创造了条件，而在激烈的国际市

场中要保持企业的竞争优势、保护企业自身的合法权益，也越来越离不开知识产权制度。

## 二、新产品开发与知识产权保护

### （一）新产品开发过程的知识产权问题

新产品开发过程大致可以分为技术研究阶段、技术引进阶段、合作研究阶段、产品开发阶段以及商品化阶段，新产品开发所面临的知识产权问题因这五个阶段性质上的区别而不同。

#### 1. 技术研究阶段的知识产权问题

一个新产品的开发，可能有很多人在同时进行，甚至是他人已经申请了专利，如不能全面准确地掌握专利信息就无法全面了解技术动态。对哪些属于公有技术，哪些属于别人的知识产权，一无所知，这样极易落入别人的专利陷阱，使自己花费巨大人力、物力、财力研制出来的产品却是早已被别人申请专利的侵权产品。创新主体若能合理地利用专利文献，则可有效地防止侵权行为的发生。

此外，在进行技术研究过程中，许多研发主体习惯于在研究尚未成功阶段，便急于发表论文或交流学术的成果。这种做法极易导致因技术内容公开而失去申请专利的可能，很容易被竞争对手借鉴，将其稍作改进作为自己的发明创造申请专利，合法的"窃"为己有。从这个意义上，做好技术保密工作，不失为一种知识产权前期保护的好办法。

#### 2. 技术引进阶段的知识产权问题

技术引进中、前期主要是利用专利文献，弄清欲引进技术的情况，为决策及随后的谈判提供依据。通过分析相关技术所属领域的专利量的变化，就可以了解该类技术发展前沿、先进程度及发展趋势，从而决定是否引进；分析欲引进技术专利的内容和保护范围，就能判断出其复杂程度，从而判断本企业对该技术的消化吸收能力和再开发能力；分析欲引进技术中的专利保护期限和有效性、专利保护的地域范围，就能对引进技术的价格做到心中有数，为谈判定价提供依据。

技术引进后期的二次创新中，专利策略主要表现在对创新成果实施专利申请及专利权利上，目的是垄断技术、控制市场，形成后发优势。

#### 3. 合作研究阶段的知识产权问题

当今时代，一项新产品开发往往是各方通力协作、内外配合支持的结果，往往涉及创新成果的权益归属和分享问题。由于科技成果权益归属问题环节多、单位多，经常出现成果权益不清的扯皮现象和权益受到侵害的情况。

科研成果的权益包括发现权、发明权、专利权、非专利技术成果权、著作权等，这些权利归属可按国家有关法律规定确认。在合作研究中，成果归属多数由合同约定。因此，合同约定是合作研究中知识产权权属主要策略。

在合同中，尤其是联合开发合同，关于技术成果权利归属应该明确如下几方面内容。

（1）专利申请权、专利权归属和处理；

（2）非专利技术使用权、转让权归属和处理；

（3）关于技术成果发表的形式、署名方式、申报奖励的方式；

（4）实施该技术方式；

（5）由该技术成果产生经济利益的分享。

权属确定中，另一个重要问题是职务技术成果与非职务技术成果的区分和确定。专利法和合同法对此问题有明确规定，区分职务与非职务原则是既要保护和调动科研人员开展科技活动积极性，又要维护企业的权益。

### 4. 产品开发阶段的知识产权问题

产品开发中试阶段是新产品开发理论向实践飞跃的阶段。知识产权问题的关键，是如何防止同类企业在了解技术状况后，抢先使用同样工艺或产品占领市场获得在专利权或同类竞争主体抢先申请专利，使研究者耗费的人力、物力、财力化为乌有。因此，及时申请专利，使创新成果获取法律保护，是保护新技术产品开发安全的有效保障。

有些创新主体专利战略意识淡薄，总是等到研究成果处于十分成熟时才去申请专利。这样，往往会被同时在进行此项技术研究的竞争者抢先申请专利。而知识产权的归属并不一定归属于最早研究并最早出成果的创新者，而是归于最先申请的创新者。为了防止自己的研究成果失去产权价值，抢先申请战略在产品开发阶段显然重要。

### 5. 商品化阶段的知识产权问题

在新产品开发商品化阶段，几乎处处可以碰到知识产权问题。新技术产品的商业化上市，要最大限度地占领国内外市场，就必须保证自己的产品不被侵权。要达到这一点，就必须持有自己的专利权、商标权等知识产权。如果这些新技术产品尚未权利化，不仅会失去市场占有，甚至会被诉诸法庭。因此，技术商品化阶段，加强对新工艺、新产品等的知识产权综合保护是其重点。

不同的知识产权部门所保护的客体虽不同，但在特定的情况下又存在一定的交叉关系。在许多情况下，知识产权的保护表现为一种系统工程，仅仅会应用某种知识产权的保护手段，往往不能起到良好的预期效果，而根据不同的情况，综合应用多种法律途径保护知识产权却是行之有效的方法。一项新产品的开发应用，其方法可以申请发明专利，结构可申请实用新型专利，产品外形及包装可申请外观设计专利，必要时还可保留部分技术秘密以增加保护的实际效果，再加上商标申请，这样就可以使该产品拥有一个知识产权立体防卫系统，起到交叉保护的作用，使侵权者无懈可击。

### （二）新产品开发模式与知识产权策略

新产品开发模式，按照不同的范畴可作不同的分类。按创新的技术来源与创新活动方式大致可划分为自主创新的新产品开发、模仿创新的新产品开发、合作创新的新产品开发三大类。由于不同模式的创新有不同的特征，因而在知识产权保护方面也有各自的合理选择和相应的知识产权战略。

### 1. 自主创新模式下的知识产权保护策略

自主创新形成的新技术本身存在一定的自然壁垒，模仿跟随者要复制或仿制新技术成果存在一定的困难，也需要一定的时间。但由于现代检测分析手段不断发展，对复杂技术的解密能力也日益提高，使技术本身的自然壁垒有弱化的趋势。因此，要保证创新企业对新技术的独占，仅仅依靠技术壁垒是远远不够的，还必须求助于知识产权制度的法律保护。对于不同的创新技术成果，其保护策略也各异。但归纳起来主要有以下三种。

（1）公开模式。创新主体将技术成果公开，以获取在一定时期内的独占权。对于新产品开发而言，主要指获得专利权等知识产权。这可以使权利人的权利在法定期限内处于非常稳定的状态。但它容易造成技术服务成果的不合理扩张，并且由于其权利取得要经过行政审查，权利取得成本也较高。

（2）保密模式。采用技术秘密方式来保护技术成果。这种权利的取得无需登记，获取成本最低，且足可严格控制技术成果的扩散。但是，由于该权利的存在完全依赖于成果的保密状态，极有可能不慎泄露或其他人通过合法途径取得而被公开，一旦进入公有领域，权利人的权利将不复存在。

（3）混合模式。成果拥有主体将成果的部分内容用公开模式保护，而将其余部分内容用技术秘密方式予以保密。采用此种模式，结合了公开模式和保密模式的优点，弥补了两种模式的不足。权利人既能有效地控制成果的扩散和使用，又能获取较长的控制时间。

比较而言，上述三种模式在权利的专有性方面，公开模式＞混合模式＞保密模式；在控制技术成果的扩散力度方面，保密模式＞混合模式＞公开模式。对于具体某项自主创新成果，必须结合具体成果的特性，来选择合理的保护模式。对于一些较为直观、易于复制的自主创新成果，选择公开模式获取专利权较为理想；技术壁垒较高的创新成果，则宜采用保密模式；但对于大部分创新成果而言，采用混合模式更显适宜，该模式可有效地控制技术扩散和取得较长的权利占有时间。

但是，某项创新成果采取某种模式被保护后，并非就一劳永逸。因为时间的变化和外界环境的不断作用会改变技术成果的法律状态。以采用技术秘密方式保护的技术成果为例，当权利人得知或预测有他人可能已掌握或短期内很快会掌握自己的技术秘密后，如果该技术秘密同时也属于专利的保护范围，应考虑申请专利保护来代替原来的技术秘密保护。以防止他人抢先申请专利而使自己处于十分被动的地位。这样，即使他人已经通过合法或非法手段获取了该项成果，由于专利权的存在，对方也不能非法使用。一般情况下，当带有技术秘密的产品上市时，相关利益者总是设法破密。因此，以技术秘密形式保护一段时期后再转为专利保护，即由保密模式转向公开模式，不仅保险系数大，同时也延长了对该技术的独占期间。

另外，自主创新企业还可对该创新成果进行合理的转让。这里的合理有两层含义：一是适时，实践表明，不转让、过早转让或过晚转让自主开发的新技术，对企业自身发展都是不利的；二是适度，全盘托出毫无保留地转让技术，只会培养出一批威胁性过大的竞争对手，不利于企业获得预期利润，选择适当的需求者对技术进行适当的转让，有利于培植一批理想的同业竞争者，这些竞争者的出现不仅不会削弱自主创新者在行业中的地位，反而由于动力和压力的双重存在有助于创新者核心地位的提高。

### 2. 模仿创新模式下的知识产权保护策略

模仿创新虽然以模仿为基础，但并非单纯机械模仿。再则，不少模仿创新是以技术引进为基础展开，但两者并非完全相同的概念，技术引进不一定导致模仿创新。很多人认为，模仿创新一定导致知识产权侵权。事实上，在模仿创新与侵犯知识产权两者之间划等号是错误的。模仿创新主体只要按照相应的知识产权法律，按适当的形式给予技术提供方以符合法律、双方认可的物质与精神补偿，就不会构成侵权行为。

通过知识产权的合法交易，节约了模仿创新者在技术开发方面的资金和时间耗费，使模仿创新者能更快地接近和掌握领先创新者的核心技术，为模仿者创新奠定了良好的基础。从社会层面来看，没有模仿创新，就没有技术的扩散，更谈不上整个社会的科技进步与经济发展。

模仿创新者可以根据被引进技术成果的法律状态来决定引进与否和引进的价格，不至于引进价值低甚至无效或非法的技术成果。模仿创新者对于自己进一步开发所获得的创新成果，也应该采取自己的知识产权战略。其保护策略和自主创新的知识产权战略基本相同，但要注意的是模仿创新者在以后将技术转让给第三者时已经是一种分许可，根据技术转让法，引进方模仿创新者向第三方转让技术所得的收益，要与原转让方进行分成。否则，必须承担知识产权侵权责任。

技术引进是模仿创新的主要源头之一。因为，一开始便对模仿创新成功与否起着关键作用。而技术成果引进的优劣与否，关键在于引进之前掌握该技术成果的法律状态。不同法律状态下的技术成果的价值一般不同。总体而言，成果受法律保护的程度越高，其技术的"含金量"就越高，引进的价值和产生的效益也就越大。技术成果的法律状态评价方法见图 8 −7。

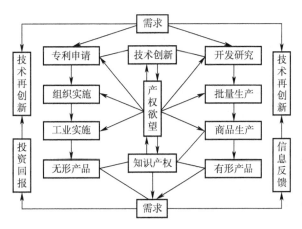

图 8 −7　技术成果的法律状态评价图

### 3. 合作创新模式下的知识产权保护策略

合作创新产生的成果为共有知识产权。所谓共有知识产权，一般是指当事人各方就某一研发项目在资金、技术、人才多方面共同合作，相互协作或达成共有约定基础上形成的无形资产的共有。由于创新主体各方受利益的驱动，常常产生因利益分配的冲突而引起共有知识产权纠纷。一般认为，避免共有知识产权纠纷的最好办法是，在合作研发之前，参与各方就有关的共有问题达成一致意见并签订书面的合作协议。合作协议应至少包括以下几个方面内容。

（1）明确项目负责人及参加者的具体分工，明确各自应投入的人力、物力、财力等；

（2）按原计划完成以后成果的署名与排序，包括整体成果的署名及分项成果的署名；

（3）针对在研究过程中有意料之外的特殊贡献者的奖励原则与办法；

（4）明确分享的原则与分享比例，规定使用范围，约定收益、处分的办法；

（5）明确后续改进成果的分享原则及办法等。

另外，为避免共有知识产权纠纷的发生，还应注意，保存好一切与研究有关的原始研究资料，尤其是设计图纸、实验数据、研究论文及手稿等。每一份资料都应注意谁负责谁签名，这样有利于在证据充分的前提下合理解决纠纷。

一旦共有知识产权纠纷发生时，应本着贡献大小原则，即贡献大者多得利，小者少得利原则；还应本着有利于使用的原则，即调解处理应注意有利于新产品开发活动成果的使用，否则不利于技术成果的转化与推广应用。合理地调解处理共有知识产权纠纷，有利于新产品开发活动的顺利进行，并为各创新主体再次合作创新打下良好的基础。近年来，共有知识产权纠纷呈上升趋势，只有根据合理的利益分配机制和知识产权制度妥善处理好共有纠纷，合作创新方可顺利进行。

# 复习指导

熟悉新产品的概念是进行新产品开发的前提，熟悉新产品开发的主要途径、方法、风险及其对策是成功开发新产品的关键，熟悉知识产权的特征及产权纠纷的对策才能保护研发成果。通过本章学习，主要掌握以下内容：

1. 熟悉新产品的概念及新产品开发的意义。

2. 熟悉新产品创新内容、原则、方法和策略。

3. 掌握新产品开发常见风险及其主要对策。

4. 熟悉新产品开发管理模式及其主要方法。

5. 熟悉新产品开发质量管理体系及主要方法。

6. 熟悉知识产权的主要特征及作用。

7. 熟悉新产品开发中常见的产权纠纷及其主要对策。

# 思 考 题

1. 什么是新产品?

2. 新产品有哪些分类方法? 分别可以分为哪几类?

3. 简述新产品开发的具体含义。

4. 产品创新应遵循哪些原则?

5. 产品创新方式有哪些? 分别具有哪些特征?

6. 产品创新的定位策略具有哪些类型? 简述各类型的特点。

7. 产品创新的时机策略具有哪些类型? 简述各类型的特点。

8. 产品创新的主要内容有哪些?

9. 简述产品的创新程序。

10. 简述产品开发过程中常见的主要分析及其对策。

11. 什么是研发管理? 研发管理的内容有哪些?

12. 研发管理的传统方法有哪些? 简述各种方法的特点。

13. 研发管理的现代方法有哪些? 简述各种方法的特点。

14. 中国企业研发管理常见的十大典型问题是什么?

15. 简述知识产权的具体含义。

16. 知识产权具有哪些特点?

17. 知识产权的主要作用有哪些?

18. 新产品自主创新模式下的知识产权保护策略有哪些?

19. 新产品模仿创新模式下的知识产权保护策略有哪些?

20. 新产品合作创新模式下的知识产权保护策略有哪些?

21. 知识产权保护对新产品开发具有哪些作用?

# 第九章 实验设计项目

## 实验一 棉织物退煮漂一浴法前处理

### 一、实验目的

（1）掌握前处理工艺参数协同作用对处理效果的影响规律。

（2）掌握前处理主要评价指标的测试方法。

（3）掌握工艺条件最优化实验设计方法。

### 二、实验原理

棉织物坯布含有大量的天然杂质（如果胶、脂蜡质、色素等）、浆料（机织物）和污垢等。这些杂质的存在，不但使织物色泽泛黄、手感粗硬，而且织物吸水性很差，严重影响了染整加工的顺利进行。

棉织物的前处理加工通常是指退浆、煮练和漂白三个工序，主要目的是去除各种杂质，提高织物的白度和吸水性，以满足后续染整加工的需要。棉织物退煮漂一浴法前处理加工是在一定温度下，通过多种化学助剂（主要有精练剂、氢氧化钠、过氧化氢、过氧化氢稳定剂）的共同作用完成。化学助剂之间以及助剂与处理条件（温度与时间）之间对前处理效果具有协同作用。所以，在分析前处理工艺参数协同作用对处理效果影响规律的基础上，采用最优化实验设计优化工艺条件不仅可以达到理想的处理效果，还可以降低能耗、节约成本。

### 三、实验材料

**1. 实验材料**

棉坯布。

**2. 主要化学助剂**

精练剂、氢氧化钠、过氧化氢、过氧化氢稳定剂、硫酸。

**3. 主要仪器设备**

烧杯、量筒、电子天平、水浴锅、烘箱、万能材料强力测试仪、白度仪、毛细管效应测定仪。

## 四、实验内容与要求建议

### 1. 实验内容

（1）前处理液组成：精练剂、氢氧化钠、过氧化氢、过氧化氢稳定剂对处理效果的影响。

（2）前处理液中各组成含量、处理温度、处理时间对处理效果的影响。

（3）处理工艺参数（包括助剂种类、助剂用量、处理温度、处理时间）协同作用对处理效果的影响。

### 2. 实验要求

（1）采用教师引导、学生自主设计的方式进行。

（2）采用单因素实验设计确定工艺参数的最佳范围，每个因素实验水平不少于5个。

（3）采用最优化实验设计（即正交实验）优化主要工艺参数，并探究处理工艺参数协同作用，每个主要工艺参数的实验水平不少于3个。

## 五、测试指标

（1）白度。

（2）毛细管效应值。

（3）强力。

（4）聚合度。

## 六、思考题

（1）测试聚合度的目的是什么？

（2）简要分析棉织物退煮漂一浴法加工的注意事项。

# 实验二　中空聚酯与棉纤维混纺织物前处理

## 一、实验目的

（1）掌握中空聚酯与棉纤维混纺织物前处理的基本方法。

（2）掌握中空聚酯与棉纤维混纺织物前处理效果评价方法。

## 二、实验原理

中空聚酯纤维由于其中空结构，具有良好的保暖性和透湿性。通过与纤维素纤维等天然纤维混纺，适合于开发针织保暖面料和高档次休闲运动面料。中空聚酯与棉混纺面料属棉型织物，因棉纤维含有一定量的非纤维素物质（如果胶、脂蜡质、色素等），这些不仅影响织物的外观与手感，还使织物吸湿性变差。所以，中空聚酯与棉纤维素混纺同其他棉型织物一样，需要采用化学助剂进行前处理。棉型织物前处理常用化学助剂有氢氧化钠和过氧化氢，而聚酯纤维耐碱性较差。为此，对中空聚酯与棉纤维混纺织物前处理效果进行合理评价显得尤其重要。

## 三、实验材料

### 1. 实验材料

中空聚酯与棉纤维混纺坯布。

### 2. 主要化学助剂

精练剂、氢氧化钠、过氧化氢、过氧化氢稳定剂、硫酸。

### 3. 主要仪器设备

烧杯、量筒、电子天平、水浴锅、烘箱、万能材料强力测试仪、白度仪、毛细管效应测定仪、电子扫描显微镜、保暖性测试仪、透湿性测试仪。

## 四、实验内容与要求建议

### 1. 实验内容

（1）前处理液中精练剂、氢氧化钠、过氧化氢、过氧化氢稳定剂对处理效果的影响。

（2）前处理液中各组成含量、处理温度、处理时间对处理效果的影响。

（3）处理工艺参数（包括助剂种类、助剂用量、处理温度、处理时间）协同作用对处理效果的影响。

### 2. 实验要求

（1）采用教师引导、学生自主设计的方式进行。

（2）采用单因素实验设计确定工艺参数的最佳范围，每个因素实验水平不少于5个。

（3）采用最优化实验设计（即正交实验）优化主要工艺参数，并探究处理工艺参数协同作用，每个主要工艺参数的实验水平不少于3个。

## 五、测试指标

（1）白度。

（2）毛细管效应值。

（3）强力。

（4）中空聚酯纤维纵向表面结构。

（5）保暖性。

（6）透湿性。

## 六、思考题

（1）中空聚酯与棉纤维混纺织物在前处理过程中发生强损的原因有哪些？

（2）简述影响织物保暖性和透湿性的因素。

# 实验三　棉织物活性染料染色

## 一、实验目的

（1）掌握棉织物活性染料染色常规工艺。

（2）掌握盐、碱对活性染料染色效果的影响。

（3）掌握拼色用染料的筛选原则。

## 二、实验原理

活性染料是一种在分子结构中带有活性基团的水溶性染料，能与纤维素纤维上的羟基（—OH）及蛋白质纤维上的氨基发生共价键结合，也称为反应性染料。活性染料按反应基团或应用性能进行分类，国产的有 X 型、K 型、KN 型、M 型、E 型、ME 型、KD 型等十几种。活性染料具有色谱齐全、色泽鲜艳、匀染性好、色牢度相对较高等特点。活性染料染色主要有浸染和轧染两种方法，染色过程可分为吸附上染和固色两个阶段。

## 三、实验材料

**1. 实验材料**

漂白丝光棉织物。

**2. 主要化学助剂**

活性染料 3 ~ 5 只、碳酸钠、碳酸氢钠、氢氧化钠、食盐、硫酸钠、渗透剂、皂片。

**3. 主要仪器设备**

烧杯、量筒、电子天平、水浴锅、烘箱、紫外可见分光光度仪、Datacolor 测色配色仪。

## 四、实验内容与要求建议

**1. 实验内容**

（1）盐的种类及用量对上染百分率和固色率的影响。

（2）碱剂种类及用量对上染百分率和固色率的影响。

（3）染色温度对上染百分率和固色率的影响。

（4）染料类型对拼色效果的影响。

（5）染色时间对上染百分率和固色率的影响。

**2. 实验要求**

（1）采用教师引导、学生自主设计的方式进行。

（2）每个因素的实验水平不少于5个。

## 五、测试指标

（1）染液与染色残液的吸光度和最大吸收波长。

（2）皂洗前织物与皂洗后织物的 $K/S$ 值及 $L$、$a$、$b$。

（3）计算上染百分率、固色率。

## 六、思考题

（1）拼色染色时，染液最大吸收波长和染色残液最大吸收波长是否一致？简要分析原因。

（2）对比分析皂洗前后，染色织物的 $K/S$ 值、$L$、$a$、$b$ 四个参数的变化情况，简要分析原因。

# 实验四　腈纶纱线阳离子染料染色

## 一、实验目的

（1）熟悉影响染色均匀性的主要因素。

（2）掌握染色匀染性的评价方法。

（3）掌握腈纶阳离子染料染色的基本方法。

## 二、实验原理

聚丙烯腈纤维因在生产中加入了含酸性基团（如磺酸基、羧酸基等）的第三单体，在染色中形成带负电荷的染座，可用阳离子染料染色。

腈纶染色时，染料上染速率受温度影响很大。在玻璃化温度（即 $T_g$，也称为纤维分子运动二级转变温度）以下几乎不上染，超过玻璃化温度以后，上染速率剧增，极易染色不匀。因此，正确控制加热过程，并添加适合的匀染剂，是获得均匀染色效果的关键。

## 三、实验材料

**1. 实验材料**

腈纶纱线。

**2. 主要化学助剂**

阳离子性染料3~5只、乙酸、乙酸钠、匀染剂。

**3. 主要仪器设备**

烧杯、量筒、电子天平、水浴锅、烘箱。

## 四、实验内容与要求建议

**1. 实验内容**

（1）升温速率、保温温度和保温时间对染色效果的影响。

（2）染浴 pH 对染色效果的影响。

（3）匀染剂对染色效果的影响。

**2. 实验要求**

（1）采用教师引导、学生自主设计的方式进行。

（2）每个因素的实验水平不少于5个。

## 五、测试指标

（1）$K/S$ 值。

（2）匀染性。

## 六、思考题

（1）简述匀染剂在腈纶阳离子染料染色过程中的作用原理。

（2）什么是染色匀染性？简述温度控制对腈纶阳离子染料染色匀染性的作用效果。

# 实验五 烂花印花工艺

## 一、实验目的

（1）掌握烂花印花的基本方法。

（2）熟悉影响印花轮廓清晰度的主要因素。

## 二、实验原理

烂花印花是指用印花的方法将织物中的一种纤维或局部纤维烂去而形成半透明或镂空状花纹的印花工艺。其原理是利用纤维耐化学助剂的性能不同，利用化学助剂将织物中一种纤维或局部纤维降解去除，而其他纤维或区域纤维不受影响。烂花印花织物可以是单一组分织物，也可以是两种或多种纤维通过交织、混纺或包芯等形式织造而成的织物。

印花浆中不添加染料，形成的花纹呈白色或镂空状。在印花浆中加入适用于耐腐蚀纤维且不受印花浆影响的染料时，可印制形成彩色烂花效应。

## 三、实验材料

### 1. 实验材料

纯棉漂白织物、涤/棉包芯纱漂白织物、涤棉混纺织物、涤棉交织物或其他适用于烂花印花织物中的一种。

### 2. 主要化学助剂

白糊精、合成龙胶、合成增稠剂、纤维素纤维腐蚀剂（如硫酸铝、三氯化铝、硫酸等）、分散染料。

### 3. 主要仪器设备

烧杯、量筒、电子天平、印花工具、蒸化机、烘箱。

## 四、实验内容与要求建议

### 1. 实验内容

（1）印花浆组成及各成分含量对印花效果的影响。

（2）蒸化条件对印花效果的影响。

### 2. 实验要求

（1）采用教师引导、学生自主设计的方式进行。

（2）每个因素的实验水平不少于5个。

## 五、测试指标

轮廓清晰度。

## 六、思考题

（1）烂花印花对糊料有什么要求？

（2）影响烂花印花轮廓清晰度的主要因素有哪些？

# 实验六　涤棉混纺织物分散/活性染料同浆直接印花

## 一、实验目的

（1）掌握分散/活性染料对涤棉混纺织物进行同浆印花的基本方法。

（2）熟悉不同固色工艺的固色效果。

## 二、实验原理

涤棉混纺织物常用分散染料和活性染料分别对涤纶和棉进行着色。采用分散染料和活性染料进行同浆印花时，要兼顾两种染料的上染条件。分散染料需热熔或高温高压汽蒸固色，而活性染料仅需汽蒸（饱和蒸汽）固色，固色条件不同。同浆印花时，固色工艺可分为一次固色和两次固色，前者是指常压高温汽蒸（175～180℃）或高温高压汽蒸固色，后者又可分为先汽蒸后热熔焙烘或先热熔焙烘后汽蒸固色。实际生产中，常采用一次固色工艺。

## 三、实验材料

### 1. 实验材料
涤棉混纺织物。

### 2. 主要化学助剂
活性染料、分散染料、尿素、小苏打、防染盐、海藻酸钠、皂洗剂。

### 3. 主要仪器设备
烧杯、量筒、电子天平、印花工具、蒸化机、烘箱。

## 四、实验工艺

### 1. 实验内容
（1）印花浆组成及各成分含量对印花效果的影响。
（2）染料结构对印花效果的影响。
（3）固色工艺对印花效果的影响。

### 2. 实验要求
（1）采用教师引导、学生自主设计的方式进行。
（2）每个因素的实验水平不少于5个。

## 五、测试指标

（1）着色均一性。
（2）色牢度（主要包括耐水洗色牢度和耐摩擦色牢度）。

## 六、思考题

（1）分散染料与活性染料同浆印花对染料有哪些要求？
（2）固色工艺对得色情况有什么影响？简述原因。

# 实验七　棉织物无甲醛防皱整理

## 一、实验目的

（1）掌握多元羧酸防皱整理的基本方法。

（2）掌握二元醛防皱整理的基本方法。

（3）掌握防皱整理织物的性能变化及测试方法。

## 二、实验原理

防皱整理主要用于纤维素纤维及其混纺织物，其原理主要有树脂沉积理论和树脂交联理论。树脂沉积理论主要通过物理—机械作用改变纤维素纤维中大分子或基本结构单元的相对移动来达到防皱的目的。树脂交联理论主要是指整理剂与纤维素大分子上的羟基（—OH）形成交联，降低织物在形变时由于纤维大分子上羟基之间氢键的拆散和重建而导致的折皱，提高织物的防皱性能。

目前，研究较多的交联剂主要是脲醛树脂、多元羧酸和二元醛类化合物三大类。脲醛树脂整理剂整理工艺成熟且效果好，但在整理、存储及使用过程中都有甲醛释放，甲醛的释放不仅对环境造成污染，同时危害车间工作者及消费者的身体健康。多元羧酸和二元醛是目前研究较多的无甲醛防皱整理剂。

## 三、实验材料

### 1. 实验材料

漂白棉织物、黏胶织物。

### 2. 主要化学助剂

多元羧酸（如柠檬酸、1，2，3，4-丁烷四羧酸、聚马来酸）、二醛（如乙二醛、戊二醛）、催化剂（如次亚磷酸钠、硫酸铝、氯化镁、氯化铵等）。

### 3. 主要仪器设备

烧杯、量筒、电子天平、轧车、热定型机、织物折皱回复性能测试仪、织物撕破强力测试仪、白度测试仪。

## 四、实验工艺

### 1. 实验内容

（1）催化剂种类对防皱效果及织物性能的影响。

（2）交联剂种类对防皱效果及织物性能的影响。

（3）整理液组成、工艺参数对防皱效果及织物性能的影响。

2. **实验要求**

（1）采用教师引导、学生自主设计的方式进行。

（2）选择多元羧酸或二元醛中的一种进行实验。

（3）每个因素的实验水平不少于5个。

## 五、测试指标

（1）折皱回复角。

（2）耐洗性。

（3）撕破强力。

（4）白度。

## 六、思考题

（1）简述DP整理、耐久压烫整理、防皱整理三者的含义及其相互间的区别。

（2）为什么防皱整理织物要测试撕破强力？

（3）多元羧酸防皱整理综合效果的主要影响因素有哪些？

（4）二元醛类交联剂防皱整理综合效果的主要影响因素有哪些？

# 实验八 棉织物"三防"整理及性能测试

## 一、实验目的

（1）熟悉棉织物"三防"整理的基本方法。

（2）熟悉"三防"整理棉织物评价指标及其测试方法。

## 二、实验原理

"三防"具体是指拒水、拒油和防污。"三防"整理是通过物理和机械的作用，在织物表面形成一层由低表面能原子团组成的保护膜，不损伤织物天然手感的情况下赋予织物耐久性的拒水、拒油和防污的性能，使水、油等液体污渍不能润湿并在织物表面形成小球而滚落，但不封闭织物的孔隙而保护织物原有的透气性能，使织物的亲水性降低，疏水性达到最佳状态。

## 三、实验材料

1. **实验材料**

漂白棉织物。

### 2. 主要化学助剂

三防整理剂、交联剂、冰醋酸、醋酸钠、异丙醇、拒油测试助剂（见 GB/T 19977—2014）、防污测试助剂（见 GB/T 30159.1—2013）。

### 3. 主要仪器设备

烧杯、量筒、电子天平、轧车、热定型机。

## 四、实验工艺

### 1. 实验内容

（1）交联剂对"三防"整理效果及耐久性的影响。

（2）整理工艺参数（如整理液浓度、pH、轧液率、焙烘条件等）对"三防"整理效果及耐久性的影响。

### 2. 实验要求

（1）采用教师引导、学生自主设计的方式进行。

（2）每个因素的实验水平不少于 5 个。

## 五、测试指标

（1）拒水性。

（2）拒油性。

（3）防污性。

（4）耐久性。

## 六、思考题

（1）简述交联剂在"三防"整理中的作用。

（2）评价拒水性的方法有哪些？

（3）简述防污、易去污的含义及其相互间的区别。

# 参考文献

［1］ 石盛林. 质量管理: 理论方法与实践［M］. 南京: 东南大学出版社, 2014.

［2］ 梁工谦. 质量管理学［M］. 北京: 中国人民大学出版社, 2014.

［3］ 温德成. 质量管理学［M］. 北京: 中国计量出版社, 2009.

［4］ 吴卫刚. 现代印染企业管理［M］. 北京: 中国纺织出版社, 2005.

［5］ 曹修平. 印染产品质量控制［M］. 北京: 中国纺织出版社, 2002.

［6］ 宁俊. 服装企业生产现场管理［M］. 北京: 中国纺织出版社, 2008.

［7］ 张一风. 纺织企业管理［M］. 上海: 东华大学出版社, 2008.

［8］ DB 33/685—2012 印染布可比单位综合能耗限额及计算方法［S］. 浙江: 浙江省质量技术监督局, 2012.

［9］ http: //www. sohu. com/a/218944244_ 368281.

［10］ 张兆麟. 纺织品质量管理手册［M］. 北京: 中国纺织出版社, 2005.

［11］ 徐谷仓. 印染企业能源管理现状与思考［J］. 纺织导报, 2011 (6): 81 - 83.

［12］ 龚海华, 陈亢利, 沈玉东. 印染余热的综合利用［J］. 中国资源综合利用, 2011, 29 (4): 35 - 38.

［13］ 柴化珍, 马学亚. 印染企业推行精细化管理 提高核心竞争力［J］. 染整技术, 2009, 31 (7): 1 - 5.

［14］ 林康. 浅谈企业精细化管理［J］. 中国高新技术企业, 2014, 16: 157 - 158.

［15］ 程宏. 管理信息系统［M］. 浙江: 浙江大学出版社, 2006.

［16］ 马慧编. 管理信息系统［M］. 北京: 清华大学出版社, 2010.

［17］ 李朝明. 信息管理学教程［M］. 北京: 清华大学出版社, 2011.

［18］ http: //baike. baidu. com/link? url = rEJIbyoKZZA1mNP5N5Gxax2DI - r6tqSKzT2JRfcDJwNF - FQszjUuU1 - Ox8CAOQi4_E - gIt7aY0gS3H8ErainLK.

［19］ 甘伟. 企业新产品开发模式探析［J］. 商场现代化, 2007, 500: 65 - 66.

［20］ 熊伟, 苏秦著. 设计开发质量管理［M］. 北京: 中国人民大学出版社, 2013.

［21］ 孙玮. 新产品开发与知识产权保护的互动关系研究［D］. 天津: 天津大学, 2009.

［22］ 陈渊. 企业精细化管理方式探讨［J］. 中国管理信息化, 2014, 17 (8): 68 - 69.

［23］ 刘晖. 精细化管理的涵义及其操作［J］. 企业改革与管理, 2007, 4: 15 - 16.

［24］ 张广安. 企业的精细化管理探析［J］. 陕西师范大学学报 (哲学社会科学版), 2009, 38 (7): 74 - 76.

［25］ 王丽静. 精细化管理思想在企业培训体系中的应用研究［D］. 北京: 首都经济贸易

大学，2010.

[26] 于宏. 企业精细化管理的问题与对策分析 [J]. 科技情报开发与经济，2007，17 (15)：209－210.

[27] 孙涵芳. 精细化管理规范化的探索与实践 [J]. 改革与开放，2010，22：61.

[28] 张长欢，陈丽华. 生态纺织品及其标准的发展 [J]. 中国个体防护装备，2009， (1)：27－32.

[29] 上海市质量协会. 能源管理体系的建立与实施 [M]. 北京：中国纺织出版社，2010.

[30] http：//www. baike. com/wiki/% E7% B2% BE% E7% BB% 86% E5% 8C% 96% E7% AE% A1% E7% 90% 86.

[31] 朱平. 功能纤维及功能纺织品 [M]. 北京：中国纺织出版社，2016.

[32] 商成杰. 功能纺织品 [M]. 2 版. 北京：中国纺织出版社，2017.

[33] 屠天民. 现代染整实验教程 [M]. 北京：中国纺织出版社，2009.

[34] 陈英. 染整工艺实验教程 [M]. 北京：中国纺织出版社，2004.

[35] 李仁旺，朱泽飞，张思荣，等. 印染企业信息化及其关键技术 [J]. 纺织学报，2006，27 (2)：95－97，104.

[36] 张海燕，郭静娜. 微悬浮体染色技术应用概括 [J]. 纺织导报，2013，10：40－41.

[37] 刘永庆. 再谈静电印花 [J]. 网印工业，2009，7：48－52.

[38] 郭珊，王春梅. 纺织品涂料染色研究进展 [J]. 染整技术，2014，10：93－96.

[39] 彭攀. 在可控电场中还原染料的电化学还原行为研究及染色工艺探讨 [D]. 东华大学，2014.

[40] 唐杰，吴赞敏. 分散染料微胶囊无助剂免水洗染色的研究进展 [J]. 印染助剂，2014，31 (3)：6－10.

[41] 王华君，董婷婷，李美真. 阳离子改性棉织物的无盐低碱染色工艺研究 [J]. 染整技术，2015，37 (3)：9－12.

[42] 孟祥玲，毛志平，王建庆，等. 纤维素纤维活性染料无尿素印花工艺 [J]. 染整技术，2019，41 (3)：33－37.

# 附录1 常用能源与能耗工质折标煤参考系数

**表1 常用能源折标煤参考系数**

| 能源名称 | 系数单位 | 折标煤系数 |
|---|---|---|
| 原煤 | kgce/kg | 0.7143 |
| 洗精煤 | kgce/kg | 0.9000 |
| 气口天然气 | kgce/Nm³ | 1.2143 |
| 液化石油气 | kgce/kg | 1.7143 |
| 水煤气 | kgce/kg | 0.3571 |
| 焦炭（含石油焦） | kgce/kg | 0.9714 |
| 汽油 | kgce/kg | 1.4714 |
| 柴油 | kgce/kg | 1.4571 |
| 煤油 | kgce/kg | 1.4714 |
| 燃料油 | kgce/kg | 1.4286 |
| 渣油 | kgce/kg | 1.4286 |
| 电力 | kgce/kWh | 0.1229（当量） |
| 蒸汽（低压） | kgce/kg | 0.1286 |

**表2 常用能耗工质折标煤参考系数**

| 品种 | 系数单位 | 折标煤系数 |
|---|---|---|
| 新水 | kgce/t | 0.0857 |
| 软水 | kgce/t | 0.4857 |
| 压缩空气 | kgce/Nm³ | 0.0400 |

# 附录2  常用单位换算表

1 米（m）＝39.37 英寸（in）＝1.09 码（yd）

1 厘米（cm）＝0.39 英寸（in）

1 千克（kg）＝35.27 盎司（oz）＝2.20 磅（lb）

1 克（g）＝0.035 盎司（oz）

1 克（g）＝0.0022 磅（lb）＝15.43 格令（gr）

英制支数 $N_e = \dfrac{\text{长度（码）}}{840 \times \text{重量（磅）}}$

公制支数 $N_m = \dfrac{\text{长度（米）}}{\text{重量（克）}}$

# 附录3　机织物折合标准品修正系数

### 附表1　机织物折合标准品重量修正系数表（一）

| 重量档次 kg/100m | 产品类别 | | | | | | | | | | | |
|---|---|---|---|---|---|---|---|---|---|---|---|---|
| | 棉类（包括维棉、丙棉等） | | | | | 起毛绒类 | | | 灯芯绒类 | | | |
| | 本光漂白 | 丝光漂白 | 色布 | 花布 | 色织整理 | 漂白 | 色布 | 花布 | 漂白 | 轧染 | 卷染 | 花布 |
| 10.01－12.00 | 0.3512 | 0.5911 | 1.0000 | 1.6960 | 0.5677 | 0.3555 | 0.7604 | 1.6695 | 1.3043 | 2.0741 | 1.9493 | 3.4697 |
| 12.01－14.00 | 0.3625 | 0.6082 | 1.0829 | 1.7329 | 0.5847 | 0.3668 | 0.7802 | 1.7092 | 1.3270 | 2.1025 | 1.9720 | 3.5094 |
| 14.01－16.00 | 0.3739 | 0.6251 | 1.1113 | 1.7694 | 0.6017 | 0.3782 | 0.8001 | 1.7489 | 1.3497 | 2.1308 | 1.9947 | 3.5490 |
| 16.01－18.00 | 0.3852 | 0.6421 | 1.1396 | 1.8066 | 0.6187 | 0.3895 | 0.8199 | 1.7885 | 1.3724 | 2.1692 | 2.0174 | 3.5887 |
| 18.01－20.00 | 0.3966 | 0.6591 | 1.1680 | 1.8434 | 0.6357 | 0.4009 | 0.8398 | 1.8283 | 1.3950 | 2.1875 | 2.0400 | 3.6284 |
| 20.01－22.00 | 0.4079 | 0.6761 | 1.1963 | 1.8803 | 0.6527 | 0.4122 | 0.8596 | 1.8679 | 1.4177 | 1.2159 | 2.0627 | 3.6681 |
| 22.01－24.00 | 0.4192 | 0.6932 | 1.2247 | 1.9171 | 0.6698 | 0.4235 | 0.8795 | 1.9076 | 1.4404 | 2.2442 | 2.0854 | 3.7078 |
| 24.01－26.00 | 0.4306 | 0.7102 | 1.2530 | 1.9540 | 0.6868 | 0.4349 | 0.8993 | 1.9473 | 1.4631 | 2.2725 | 2.1081 | 3.7475 |
| 26.01－28.00 | 0.4419 | 0.7272 | 1.2814 | 1.9908 | 0.7038 | 0.4462 | 0.9192 | 1.9670 | 1.4858 | 2.3009 | 2.1308 | 3.7872 |
| 28.01－30.00 | 0.4533 | 0.7442 | 1.3097 | 2.0277 | 0.7208 | 0.4576 | 0.9390 | 2.0267 | 1.5084 | 2.3292 | 2.1534 | 3.8259 |
| 30.01－32.00 | 0.4646 | 0.7612 | 1.3381 | 2.0645 | 0.7378 | 0.4669 | 0.9588 | 2.0664 | 1.5311 | 2.3576 | 2.1761 | 3.8666 |
| 32.01－34.00 | 0.4759 | 0.7782 | 1.3664 | 2.1014 | 0.7548 | 0.4802 | 0.9787 | 2.1061 | 1.5538 | 2.3859 | 2.1988 | 3.9052 |
| 34.01－36.00 | 0.4873 | 0.7952 | 1.3946 | 2.1362 | 0.7718 | 0.4916 | 0.9985 | 2.1458 | 1.5765 | 2.4143 | 2.2215 | 3.9459 |
| 36.01－38.00 | 0.4986 | 0.8122 | 1.4231 | 2.1751 | 0.7888 | 0.5029 | 1.0184 | 2.1854 | 1.5992 | 2.4426 | 2.2442 | 3.9856 |
| 38.01－40.00 | 0.5100 | 0.8292 | 1.4515 | 2.2119 | 0.8058 | 0.5143 | 1.0382 | 2.2251 | 1.6218 | 2.4710 | 2.2668 | 4.0253 |

### 附表2　机织物折合标准品重量修正系数（二）

| 重量档次 kg/100m | 产品类别 | | | | | | | | | |
|---|---|---|---|---|---|---|---|---|---|---|
| | 涤棉类（棉与涤纶或其他合成纤维、人造纤维） | | | | 中长类 | | | 黏纤类［黏胶（人造纤维与合成纤维）］ | | |
| | 漂白 | 色布 | 花布 | 色织整理 | 轧染 | 卷染 | 色织整理 | 漂白 | 色布 | 花布 |
| 4.01－6.00 | 1.1118 | 1.5567 | 2.1192 | 0.6002 | 1.8742 | 1.3492 | 0.8557 | 0.2040 | 0.5185 | 1.2571 |
| 6.01－8.00 | 1.1313 | 1.5567 | 2.1192 | 0.6002 | 1.8742 | 1.3492 | 0.8557 | 0.2040 | 0.5185 | 1.2571 |
| 8.01－10.00 | 1.1508 | 1.6035 | 2.1738 | 0.6314 | 1.9132 | 1.3648 | 0.8713 | 0.2337 | 0.5780 | 1.3538 |
| 10.01－12.00 | 1.1703 | 1.6269 | 2.2011 | 0.6470 | 1.9326 | 1.3726 | 0.8791 | 0.2488 | 0.6078 | 1.4022 |

| 重量档次 kg/100m | 产品类别 | | | | | | | | | |
|---|---|---|---|---|---|---|---|---|---|---|
| | 涤棉类（棉与涤纶或其他合成纤维、人造纤维） | | | | 中长类 | | | 黏纤类［黏胶（人造纤维与合成纤维）］ | | |
| | 漂白 | 色布 | 花布 | 色织整理 | 轧染 | 卷染 | 色织整理 | 漂白 | 色布 | 花布 |
| 12.01 - 14.00 | 1.1898 | 1.6503 | 2.2284 | 0.6626 | 1.9521 | 1.3804 | 0.8869 | 0.2635 | 0.6376 | 1.4506 |
| 14.01 - 16.00 | 1.2093 | 1.6737 | 2.2557 | 0.6782 | 1.9716 | 1.3882 | 0.8947 | 0.2784 | 0.6673 | 1.4989 |
| 16.01 - 18.00 | 1.2288 | 1.6971 | 2.2830 | 0.6938 | 1.9911 | 1.3960 | 0.8025 | 0.2932 | 0.6971 | 1.5473 |
| 18.01 - 20.00 | 1.2483 | 1.7205 | 2.3102 | 0.7094 | 2.0106 | 1.4038 | 0.9103 | 0.3081 | 0.7269 | 1.5957 |
| 20.01 - 22.00 | 1.2677 | 1.7438 | 2.3375 | 0.7250 | 2.0301 | 1.4116 | 0.9181 | 0.3230 | 0.7566 | 1.6440 |
| 22.01 - 24.00 | 1.2872 | 1.7672 | 2.3648 | 0.7406 | 2.0496 | 1.4194 | 0.9259 | 0.3379 | 0.7864 | 1.6924 |
| 24.01 - 26.00 | 1.3067 | 1.7906 | 2.3921 | 0.7561 | 2.0691 | 1.4272 | 0.9337 | 0.3528 | 0.8162 | 1.7408 |
| 26.01 - 28.00 | 1.3262 | 1.7140 | 2.4194 | 0.7717 | 2.0886 | 1.4350 | 0.9415 | 0.3677 | 0.8459 | 1.7882 |
| 28.01 - 30.00 | 1.3457 | 1.8374 | 2.4467 | 0.7875 | 2.1080 | 1.4428 | 0.9493 | 0.3825 | 0.8757 | 1.8375 |
| 30.01 - 32.00 | 1.3652 | 1.8608 | 2.4740 | 0.8029 | 2.1275 | 1.4506 | 0.9571 | 0.3974 | 0.9055 | 1.8859 |
| 32.01 - 34.00 | 1.3847 | 1.8842 | 2.5012 | 0.8185 | 2.1470 | 1.4584 | 0.9649 | 0.4123 | 0.9352 | 1.9343 |
| 34.01 - 36.00 | 1.4042 | 1.9076 | 2.5285 | 0.8341 | 2.1665 | 1.4662 | 0.9727 | 0.4272 | 0.9650 | 1.9826 |
| 36.01 - 38.00 | 1.4237 | 1.9309 | 2.5568 | 0.8497 | 2.1860 | 1.4740 | 0.9805 | 0.4421 | 0.9948 | 2.0310 |
| 38.01 - 40.00 | 1.4432 | 1.9543 | 2.5631 | 0.8653 | 2.2055 | 1.4818 | 0.9883 | 0.4570 | 1.0245 | 2.0794 |
| 40.01 - 42.00 | 1.4625 | 1.9777 | 2.6104 | 0.8809 | 2.2250 | 1.4896 | 0.9961 | 0.4718 | 1.0543 | 2.1277 |
| 42.01 - 44.00 | 1.4821 | 2.0011 | 2.6377 | 0.8965 | 2.2445 | 1.4974 | 1.0039 | 0.4867 | 1.0641 | 2.1781 |
| 44.01 - 46.00 | 1.5016 | 2.0245 | 2.6650 | 0.9121 | 2.2540 | 1.5051 | 1.0116 | 0.5016 | 1.1138 | 2.2245 |
| 46.01 - 48.00 | 1.5211 | 2.0479 | 2.6922 | 0.9277 | 2.2835 | 1.5129 | 1.0194 | 0.5165 | 1.1436 | 2.2729 |
| 48.01 - 50.00 | 1.5405 | 2.0713 | 2.7195 | 0.9432 | 2.3029 | 1.5207 | 1.0272 | 0.5314 | 1.1734 | 2.3212 |
| 50.01 以上 | 1.6445 | 2.1954 | 2.8631 | 1.0281 | 2.4047 | 1.5607 | 1.0676 | 0.6179 | 1.3437 | 2.5912 |

**附表3　机织物折合标准品阔幅修正系数表**

| 门幅档次 | ≤106cm | ≤158cm | ≤228cm | ≤260cm | ≥260cm |
|---|---|---|---|---|---|
| 折合系数 | 1.00 | 1.10 | 1.25 | 1.30 | 1.35 |